21世纪高等学校物联网专业规划教材

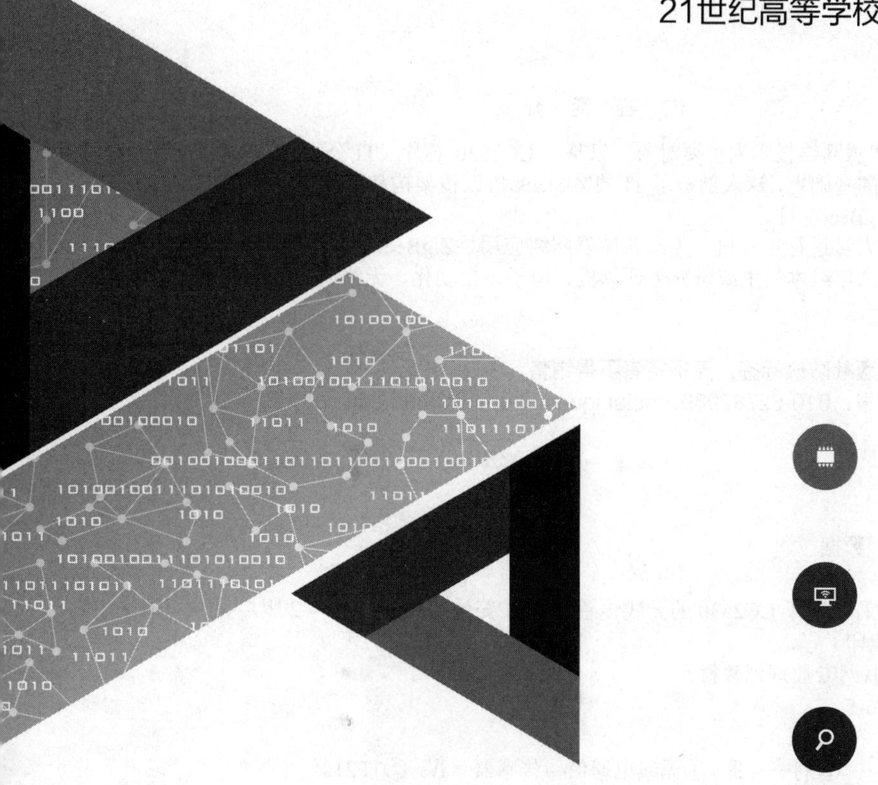

ZigBee 技术与实训教程

——基于CC2530的无线传感网技术(第2版)

姜仲 刘丹 编著

清华大学出版社
北京

内 容 简 介

本书以 ZigBee 无线传感网络技术为主要对象，以基于 CC2530 芯片（TI 公司）为核心的硬件平台，在介绍了常用传感器编程的基础上，深入剖析了 TI 的 Z-Stack 协议栈架构和编程接口，并详细讲述了如何在此基础上开发自己的 ZigBee 项目。

本书可作为工程技术人员进行单片机、无线传感器网络应用、ZigBee 技术等项目开发的学习、参考用书，也可作为高等院校高年级本科生或研究生计算机、电子、自动化、无线通信等课程的教材。

图书在版编目（CIP）数据

ZigBee 技术与实训教程：基于 CC2530 的无线传感网技术/姜仲，刘丹编著. —2 版.—北京：清华大学出版社，2018（2023. 8 重印）
（21 世纪高等学校物联网专业规划教材）
ISBN 978-7-302-49646-5

Ⅰ. ①Z… Ⅱ. ①姜… ②刘… Ⅲ. ①无线电通信—传感器 Ⅳ. ①TP212

中国版本图书馆 CIP 数据核字（2018）第 033880 号

责任编辑：魏江江 薛 阳
封面设计：刘 键
责任校对：梁 毅
责任印制：曹婉颖

出版发行：清华大学出版社
网 址：http：//www.tup.com.cn， http：//www.wqbook.com
地 址：北京清华大学学研大厦 A 座 **邮 编：**100084
社 总 机：010-83470000 **邮 购：**010-62786544
投稿与读者服务：010-62776969, c-service@tup.tsinghua.edu.cn
质量反馈：010-62772015, zhiliang@tup.tsinghua.edu.cn
课件下载： http：//www.tup.com.cn,010-83470236
印 装 者：天津安泰印刷有限公司
经 销：全国新华书店
开 本：185mm×260mm **印 张：**21 **字 数：**512 千字
版 次：2014 年 5 月第 1 版 2018 年 8 月第 2 版 **印 次：**2023 年 8 月第13次印刷
印 数：59501～64500
定 价：49.50 元

产品编号：076090-01

前言

FOREWORD

无线传感器网络综合了传感器、嵌入式计算、现代网络及无线通信和分布式信息处理等技术，能够通过各类集成化的微型传感器协同完成对各种环境或监测对象的信息的实时监测、感知和采集，这些信息通过无线方式被发送，并以自组多跳的网络方式传送到用户终端，从而实现物理世界、计算世界以及人类社会这三元世界的连通。传统的无线网络关心的是如何在保证通信质量的情况下实现最大的数据吞吐率，而无线传感器网络主要用于实现不同环境下各种缓慢变化参数的检测，通信速率并不是其主要考虑的因素，它最关心的问题是在体积小、布局方便以及能量有限的情况下尽可能地延续目前网络的生命周期。

ZigBee 技术是一种近距离、低复杂度、低功耗、低速率、低成本的双向无线通信技术。主要用于距离短、功耗低且传输速率不高的各种电子设备之间进行数据传输以及典型的有周期性数据、间歇性数据和低反应时间数据传输的应用。因此非常适用于家电和小型电子设备的无线控制指令传输。其典型的传输数据类型有周期性数据（如传感器）、间歇性数据（如照明控制）和重复低反应时间数据（如鼠标）。由于其节点体积小，且能自动组网，所以布局十分方便；又因其强调由大量的节点进行群体协作，网络具有很强的自愈能力，任何一个节点的失效都不会对整体任务的完成造成致命性影响，所以特别适合用来组建无线传感器网络。

用 ZigBee 技术来实现无线传感器网络，主要需要考虑通信节点的硬件设计，包括传感数据的获得及发送，以及实现相应数据处理功能所必需的应用软件开发。TI（得州仪器公司）的 CC2530 芯片实现 ZigBee 技术的优秀解决方案，完全符合 ZigBee 技术对节点“体积小、能耗低”的要求，另外，TI 还提供了 Z-Stack 协议栈，尽可能地减轻了开发者的开发通信程序的工作量，使开发者能专注于实现业务逻辑。

编写本书的主要目的是从实训的角度使用 CC2530 芯片和 Z-Stack 协议栈来实现无线传感器网络，为读者解析用 ZigBee 技术开发无线传感器网络的各个要点，由浅入深地讲述如何开发具体的无线传感器网络系统。

◆ 内容概述

本书分为 6 个部分：

第 1 部分包括第 1～3 章，概述了无线传感器网络的基本理论。第 1 章概述了无线传感器网络的主要概念；第 2 章主要介绍了 IEEE 802.15.4 无线传感器网络通信标准；第 3 章主要介绍了 ZigBee 协议规范基础理论知识，使读者对无线传感器网络有整体上的认识。

第 2 部分包括第 4 章，讲述了开发具体项目所依赖的软硬件平台。

第 3 部分包括第 5 章，基于核心芯片 CC2530 内部硬件模块设计了若干个实验，使读者熟悉核心芯片 CC2530 的主要功能。

第 4 部分包括第 6 章和第 7 章，介绍如何使用 CC2530 控制各种常见的传感器。第 6 章讲述常用传感器数字温湿度传感器 DHT11、光强度传感器模块等常见的传感器操作方法；第 7 章介绍使用 CC2530 实现红外信号的收发操作。

第 5 部分包括第 8 章，深入介绍 Z-Stack 协议栈，使读者初步掌握 Z-Stack 的工作机制，讲述了使用 Z-Stack 的一些基本概念，讲述了 Z-Stack 轮转查询式操作系统的工作原理，以及 Z-Stack 串口机制和绑定机制。

第 6 部分包括第 9~11 章，介绍了 TI-Stack 协议栈开发的三个项目，第 9 章为智能家居系统；第 10 章为智能温室系统；第 11 章为学生考勤管理系统。

编　者

2018 年 1 月

目录

CONTENTS

第 1 章 CHAPTER 1 无线传感器网络

无线传感器网络（Wireless Sensor Networks，WSN）是当前在国际上备受关注的、涉及多学科高度交叉、知识高度集成的前沿热点研究领域。它综合了传感器、嵌入式计算、现代网络及无线通信和分布式信息处理等技术，能够通过各类集成化的微型传感器协同完成对各种环境或监测对象的信息的实时监测、感知和采集，这些信息通过无线方式被发送，并以自组多跳的网络方式传送到用户终端，从而实现物理世界、计算世界以及人类社会这三元世界的连通。

1.1 无线传感器网络概述

无线传感器网络，是由部署在检测区域内的大量廉价微型传感器节点组成的，通过无线通信的方式形成一个多跳的自组织的网络系统，是当前国内外备受关注的新兴的科学技术网络，最早的研究来源于美国军方。无线传感器网络由多学科高度交叉而成，综合了传感器技术、嵌入式计算技术、网络通信技术、分布式信息处理技术和微电子制造技术等，能够通过各类集成化的微型传感器节点协作对各种环境或检测对象的信息进行实时监测、感知和采集，并对采集到的信息进行处理，通过无线自组织网络以多跳中继方式将所感知的信息传送给终端用户。

作为一种全新的信息获取平台，无线传感器网络能够实时监测和采集网络区域内各种监控对象的信息，并将这些采集信息传送到网关节点，从而实现规定区域内目标监测、跟踪和远程控制。无线传感器网络是一个由大量各种类型且廉价的传感器节点（如电磁、气体、温度、湿度、噪声、光强度、压力、土壤成分等传感器）组成的无线自组织网络。每个传感器节点由传感单元、信息处理单元、无线通信单元和能量供给单元等构成。一种普遍被人们接受的无线传感器网络的定义是：无线传感器网络是一种大规模、自组织、多跳、无基础设施支持的无线网络，网络中节点是同构的，成本较低，体积和耗电量较小，大部分节点不移动，被随意地散布在监测区域，要求网络具有尽可能长的工作时间和使用寿命。

无线传感器网络在农业、医疗、工业、交通、军事、物流以及个人家庭等众多领域都具有广泛的应用，其研究、开发和应用很大程度上关系到国家安全、经济发展等各个方面。因为无线传感器网络广阔的应用前景和潜在的巨大应用价值，近年来在国内外引起了广泛的重视。另一方面，由于国际上各个机构、组织和企业对无线传感器网络技术及相关研究的高度重视，也大大促进了无线传感器网络的高速发展，使无线传感器网络在越来越多的应用领域开始发挥其独特的作用。

与各种现有网络相比，无线传感器网络具有以下显著特点：

（1）节点数量多，网络密度高。

无线传感器网络通常密集部署在大范围无人的监测区域中，通过网络中大量冗余节点的协同工作来提高系统的工作质量。

（2）分布式的拓扑结构。

无线传感器网络中没有固定的网络基础设施，所有节点地位平等，通过分布式协议协调各个节点以协作完成特定任务。节点可以随时加入或离开网络，不会影响网络的正常运行，具有很强的抗毁性。

（3）自组织特性。

无线传感器网络所应用的物理环境及网络自身具有很多不可预测因素，因此需要网络节点具有自组织能力。即在无人干预和其他任何网络基础设施支持的情况下，可以随时随地自动组网，自动进行配置和管理，并使用适合的路由协议实现监测数据的转发。

1.2 无线传感器网络的发展历程

第一阶段：最早可以追溯到20世纪70年代越战时期使用的传统的传感器系统。

当年美越双方在密林覆盖的“胡志明小道”进行了一场血腥较量，这条道路是胡志明部队向南方游击队源源不断输送物资的秘密通道，美军曾经绞尽脑汁动用空中力量狂轰滥炸，但效果不大。后来，美军投放了两万多个“热带树”传感器。所谓“热带树”实际上是由振动和声响传感器组成的系统，它由飞机投放，落地后插入泥土中，只露出伪装成树枝的无线电天线，因而被称为“热带树”。只要对方车队经过，传感器探测出目标产生的振动和声响信息，自动发送到指挥中心，美机立即展开追杀，总共炸毁或炸坏4.6万辆卡车。

第二阶段：20世纪80—90年代。

主要是美军研制的分布式传感器网络系统、海军协同交战能力系统、远程战场传感器系统等。这种现代微型化的传感器具备感知能力、计算能力和通信能力。因此，在1999年，商业周刊将传感器网络列为21世纪最具影响的21项技术之一。

第三阶段：21世纪开始至今。这个阶段的传感器网络的技术特点在于网络传输自组织、节点设计低功耗。

除了应用于情报部门反恐活动以外，在其他领域更是获得了很好的应用，所以2002年美国国家重点实验室——橡树岭实验室提出了“网络就是传感器”的论断。

由于无线传感网在国际上被认为是继互联网之后的第二大网络，2003年美国《技术评论》杂志评出对人类未来生活产生深远影响的十大新兴技术，传感器网络被列为第一位。

在现代意义上的无线传感网研究及其应用方面，我国与发达国家几乎同步启动，它已经成为我国信息领域位居世界前列的少数方向之一。在2006年我国发布的《国家中长期科学与技术发展规划纲要》中，为信息技术确定了三个前沿方向，其中有两项就与传感器网络直接相关，这就是智能感知和自组网技术。当然，传感器网络的发展也符合计算设备的演化规律。

1.3　无线传感器网络的研究现状和前景

无线传感器网络技术是典型的具有交叉学科性质的军民两用高科技技术，可以广泛应用于军事、国家安全、交通管理、灾害预测、医疗卫生、制造业和城市信息化建设等领域。无线传感器网络由许多功能相同或不同的无线传感器节点组成，每一个传感器节点又由数据采集模块（传感器、A/D 转换器）、数据处理和控制模块（微处理器、存储器）、通信模块（无线收发器）和供电模块（电池、DC/AC 能量转换器）等组成。近期，微机电系统（MEMS）技术的发展为传感器的微型化提供了可能，微处理技术的发展促进了传感器的智能化，通过 MEMS 技术和射频（RF）通信技术的融合促进了无线传感器及其网络的诞生。传统的传感器正逐步实现微型化、智能化、信息化、网络化，正经历着一个从传统传感器到智能传感器再到嵌入式 Web 传感器的内涵不断丰富的发展过程，具有非常广泛的应用前景，其发展和应用将会给人类的生活和生产各个领域带来深远影响。

2001 年 1 月，《MIT 技术评论》将无线传感器列于 10 种改变未来世界新兴技术之首。

2003 年 8 月，《商业周刊》预测：无线传感器网络将会在不远的将来掀起新的产业浪潮。

2004 年，*IEEE Spectrum* 杂志发表一期专辑《传感器的国度》，论述无线传感器网络的发展和可能的广泛应用。

我国在未来 20 年预见技术的调查报告中，信息领域 157 项技术课题有 7 项与传感器网络直接相关。2006 年年初发布的《国家中长期科学与技术发展规划纲要》为信息技术确定了三个前沿方向，其中两个与无线传感器的研究直接相关，即智能感知技术和自组织网络技术。可以预计，无线传感器网络的研究与应用是一种必然趋势，它的出现将会给人类社会带来极大的变革。

1.4　无线传感器网络的特点

目前常见的无线网络包括移动通信网、无线局域网、蓝牙网络、Ad Hoc 网络等，无线传感器网络在通信方式、动态组网以及多跳通信等方面有许多相似之处，但同时也存在很大的差别。无线传感器网络具有许多鲜明的特点：

1．硬件资源有限

节点由于受价格、体积和功耗的限制，其计算能力、程序空间和内存空间比普通的计算机功能要弱很多。这一点决定了在节点操作系统设计中，协议层次不能太复杂。

2．电源容量有限

传感器节点体积微小，通常携带能量十分有限的电池。电池的容量一般不是很大。由于传感器节点数目庞大，成本要求低廉，分布区域广，而且部署区域环境复杂，有些区域甚至人员不能到达，所以传感器节点通过更换电池的方式来补充能源是不现实的，如果不能给电池充电或更换电池，一旦电池能量用完，这个节点也就失去了作用（死亡）。因此在传感器网络设计过程中，任何技术和协议的使用都要以节能为前提。如何在使用过程中节省能源，最大化网络的生命周期，是传感器网络面临的首要挑战。

3. 通信能量有限

传感器网络的通信带宽窄而且经常变化，通信覆盖范围只有几十到几百米。传感器节点之间的通信断接频繁，经常容易导致通信失败。由于传感器网络更多地受到高山、建筑物、障碍物等地势地貌以及风雨雷电等自然环境的影响，传感器可能会长时间脱离网络，离线工作。如何在有限通信能力的条件下高质量地完成感知信息的处理与传输，是传感器网络面临的挑战之一。

4. 计算能力有限

传感器节点是一种微型嵌入式设备，要求它价格低功耗小，这些限制必然导致其携带的处理器能力比较弱，存储器容量比较小。为了完成各种任务，传感器节点需要完成监测数据的采集和转换、数据的管理和处理、应答汇聚节点的任务请求和节点控制等多种工作。如何利用有限的计算和存储资源完成诸多协同任务成为传感器网络设计的挑战。

5. 节点数量众多，分布密集

传感器网络中的节点分布密集，数量巨大，可能达到几百、几千万，甚至更多。此外，为了对一个区域执行监测任务，往往有成千上万传感器节点空投到该区域。传感器节点分布非常密集，利用节点之间高度连接性来保证系统的容错性和抗毁性。传感器网络的这一特点使得网络的维护十分困难甚至不可维护，因此传感器网络的软硬件必须具有高强壮性和容错性，以满足传感器网络的功能要求。

6. 自组织、动态性网络

在传感器网络应用中，节点通常被放置在没有基础结构的地方。传感器节点的位置不能预先精确设定，节点之间的相互邻居关系预先也不知道，而是通过随机布撒的方式实现。这就要求传感器节点具有自组织能力，能够自动进行配置和管理，通过拓扑控制机制和网络协议自动形成转发监控数据的多跳无线网络系统。同时，由于部分传感器节点能量耗尽或环境因素造成失效，以及经常有新的节点加入，或是网络中的传感器、感知对象和观察者这三要素都可能具有移动性，这就要求传感器网络必须具有很强的动态性，以适应网络拓扑结构的动态变化。

7. 以数据为中心的网络

传感器网络的核心是感知数据，而不是网络硬件。观察者感兴趣的是传感器产生的数据，而不是传感器本身。观察者不会提出这样的查询："从 A 节点到 B 节点的连接是如何实现的?"他们经常会提出如下的查询："网络覆盖区域中哪些地区出现毒气?"在传感器网络中，传感器节点不需要地址之类的标识。因此，传感器网络是一种以数据为中心的网络。

8. 多跳路由

网络中节点通信距离有限，一般在几百米范围内，节点只能与它的邻居直接通信。如果希望与其射频覆盖范围之外的节点进行通信，则需要通过中间节点进行路由。固定网络的多跳路由使用网关和路由器来实现，而无线传感器网络中的多跳路由是由普通网络节点完成的，没有专门的路由设备。这样每个节点既可以是信息的发起者，也是信息的转发者。

9. 应用相关的网络

传感器网络用来感知客观物理世界，获取物理世界的信息量。不同的传感器网络应用关心不同的物理量，因此对传感器的应用系统也有多种多样的要求。不同的应用背景对传感器网络的要求不同，其硬件平台、软件系统和网络协议必然有很大差别，在开发传感器网络应用中，更关心传感器网络差异。针对每个具体应用来研究传感器网络技术，这是传感器网络设计不同于传统网络的显著特征。

10. 传感器节点出现故障的可能性较大

由于 WSN 中的节点数目庞大，分布密度超过如 Ad Hoc 网络那样的普通网络，而且所处环境可能会十分恶劣，所以出现故障的可能性会很大。有些节点可能是一次性使用，可能会无法修复，所以要求其有一定的容错率。

1.5 无线传感器网络体系结构

体系结构是无线传感器网络的研究热点之一。无线传感器网络是一种大规模自组织网络，拥有和传统无线网络不同的体系结构，如无线传感器节点结构、网络结构以及网络协议体系结构。

一般而言，传感器节点由 4 部分组成：传感器模块、处理器模块、无线通信模块和电源，如图 1.1 所示。它们各自负责自己的工作：传感器模块负责采集监测区域内的信息采集，并进行数据格式的转换，将原始的模拟信号转换成数字信号，将交流信号转换成直流信号，以供后续模块使用；处理器模块又分成两部分，分别是处理器和存储器，它们分别负责处理节点的控制和数据存储的工作；无线通信模块专门负责节点之间的相互通信；电源就用来为传感器节点提供能量，一般都是采用微型电池供电。

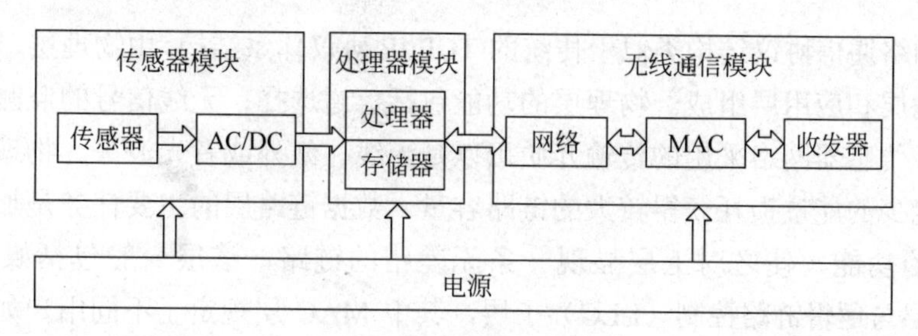

图 1.1 传感器节点的结构

无线传感器网络系统通常包括传感器节点、汇聚节点和管理节点，如图 1.2 所示。大量传感器节点随机部署在监测区域，通过自组织的方式构成网络。传感器节点采集的数据通过其他传感器节点逐跳地在网络中传输，传输过程中数据可能被多个节点处理，经过多跳后路由到汇聚节点，最后通过互联网或者卫星到达数据处理中心。也可以沿着相反的方向，通过管理节点对传感器网络进行管理，发布监测任务以及收集监测数据。

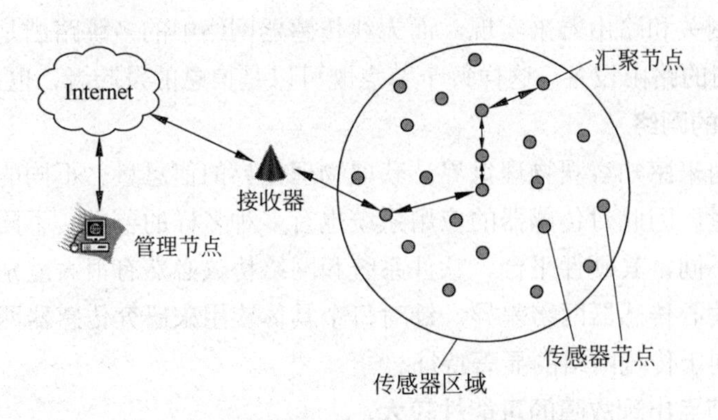

图 1.2 无线传感器网络体系结构

网络协议体系结构是无线传感器网络的“软件”部分，包括网络的协议分层以及网络协议的集合，是对网络及其部件应完成功能的定义与描述。由网络通信协议、传感器网络管理以及应用支撑技术组成，如图 1.3 所示。

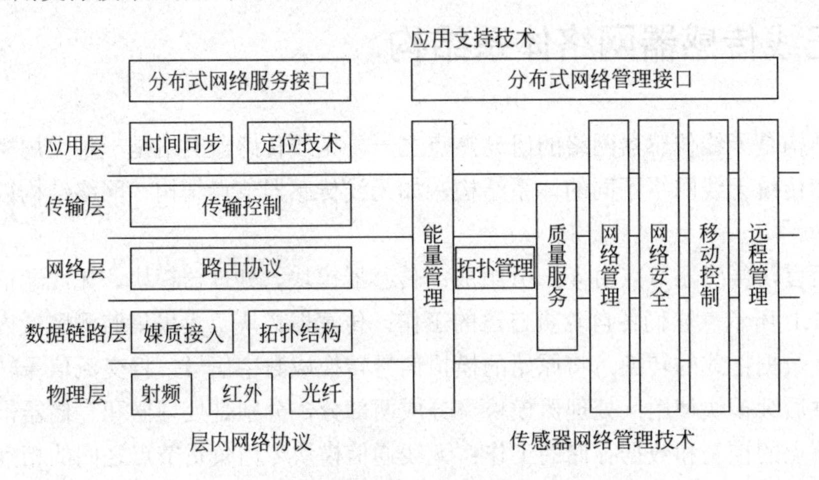

图 1.3 无线传感器网络协议体系结构

分层的网络通信协议结构类似于传统的 TCP/IP 协议体系结构，由物理层、数据链路层、网络层、传输层和应用层组成。物理层的功能包括信道选择、无线信号的监测、信号的发送与接收等。传感器网络采用的传输介质可以是无线、红外或者光波等。物理层的设计目标是以尽可能少的能量损耗获得较大的链路容量。数据链路层的主要任务是加权物理层传输原始比特的功能，使之对上层显现一条无差错的链路，该层一般包括媒体访问控制（MAC）子层与逻辑链路控制（LLC）子层，其中 MAC 层规定了不同用户如何共享信道资源，LLC 层负责向网络层提供统一的服务接口。网络层的主要功能包括分组路由、网络互联等。传输层负责数据流的传输控制，提供可靠高效的数据传输服务。

网络管理技术主要是对传感器节点自身的管理以及用户对传感器网络的管理。网络管理模块是网络故障管理、计费管理、配置管理、性能管理的总和。其他还包括网络安全模块、移动控制模块、远程管理模块。传感器网络的应用支撑技术为用户提供各种应用支撑，包括时间同步、节点定位，以及向用户提供协调应用服务接口。

无线传感器网络多采用 5 层协议标准：应用层、传输层、网络层、数据链路层、物理层。与互联网协议栈的 5 层协议相对应。另外，协议栈还包括能量管理平台、移动管理平台和任务管理平台。这些管理平台使得传感器节点能够按照能源高效的方式协同工作，在节点移动的传感器网络中转发数据，并支持多任务和资源共享。各层协议和平台的功能如下：

（1）物理层提供简单但健壮的信号调制和无线收发技术。

（2）数据链路层负责数据成帧、帧检测、媒体访问和差错控制。

（3）网络层主要负责路由生成与路由选择。

（4）传输层负责数据流的传输控制，是保证通信服务质量的重要部分。

（5）应用层包括一系列基于监测任务的应用层软件。

（6）能量管理平台管理传感器节点如何使用能源，在各个协议层都需要考虑节省能量。

（7）移动管理平台检测并注册传感器节点的移动，维护到汇聚节点的路由，使得传感器节点能够动态跟踪其邻居的位置。

（8）任务管理平台在一个给定的区域内平衡和调度监测任务。

物理层负责数据的调制发送与接收，该层的设计将直接影响电路的复杂度和能耗。研究的目标是设计低成本、低功耗、小体积的传感器节点。无线传感器网络的传输介质可以是射频、红外、光纤，实践中大量采用的是基于无线电射频电路。

数据链路层负责数据流的多路复用、数据帧检测、媒体介入和差错控制，以保证无线传感器网络中节点之间的连接。

网络层：无线传感器网络中节点和接收器节点之间需要特殊的多跳无线路由协议。传统的 Ad Hoc 网络多基于点对点的通信。而为了增加路由可达度，并考虑到无线传感器网络的节点并非稳定，在传感器节点中多使用广播通信。路由算法也基于广播方式进行优化。此外，与传统的 Ad Hoc 网络路由技术相比，无线传感器的路由算法在设计时需要特别考虑能耗问题。无线传感器网络的网络层设计特色还体现在以数据为中心。

传输层：传输层负责数据流的传输控制，协作维护数据流，是保障通信质量的重要部分。

WSN 节点的典型硬件结构如图 1.4 所示，主要包括电池及电源管理电路、传感器、信号调理电路、A/D 转换器、存储器、微处理器和射频模块等。节点采用电池供电，一旦电源耗尽，节点就失去了工作能力。为了最大限度地节约电源，在硬件设计方面，要尽量采用低功耗器件，在没有通信任务的时候，切断射频部分电源；在软件设计方面，各层通信协议都应该以节能为中心，必要时可以牺牲其他的一些网络性能指标，以获得更高的电源效率。

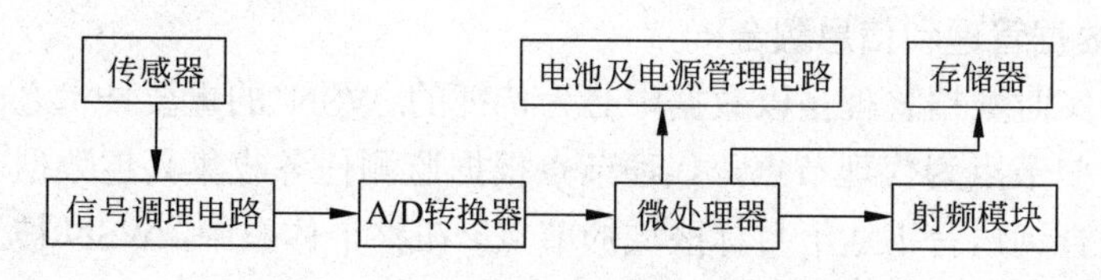

图 1.4　无线传感器网络节点结构图

1.6 无线传感器网络的关键技术

1．时间同步技术

时间同步技术是完成实时信息采集的基本要求，也是提高定位精度的关键手段。常用方法是通过时间同步协议完成节点间的对时，通过滤波技术抑制时钟噪声和漂移。最近，利用耦合振荡器的同步技术实现网络无状态自然同步方法也备受关注，这是一种高效的、可无限扩展的时间同步新技术。

由于无线传感器网络节点配置低，节点晶振漂移现象严重，为了保证节点间能以一个统一步调运作，必须对各节点进行定期时间同步。时间同步对时间敏感监测应用非常关键，同时它也是一些依赖于局部同步或全局同步的网络协议设计的基础。传统因特网上的时间同步技术（如NTP）由于实现复杂及开销大不利于无线传感器网路应用，现已有很多国内外学者针对无线传感器网络的时间同步问题展开了工作。例如，J.Elson等人提出了一个基于广播参考的时间同步算法（Reference-Broadcast Synchronization，RBS）。该算法与传统的由一个服务器广播同步信号给多个客户进行时间同步的思想不同，在该算法中，相邻节点间定期广播参考信号，各节点以自己的时钟记录事件，随后用接收到的广播的参考时间加以校正。这种同步算法应用在确定来自不同节点的监测事件的先后关系时有足够的精度。

2．定位技术

定位跟踪技术包括节点自定位和网络区域内的目标定位跟踪。节点自定位是指确定网络中节点自身位置，这是随机部署组网的基本要求。GPS技术是室外惯常采用的自定位手段，但一方面成本较高，另一方面在有遮挡的地区会失效。传感器网络更多采用混合定位方法：手动部署少量的锚节点（携带GPS模块），其他节点根据拓扑和距离关系进行间接位置估计。目标定位跟踪通过网络中节点之间的配合完成对网络区域中特定目标的定位和跟踪，一般建立在节点自定位的基础上。

定位技术是大多数无线传感器网络应用的基础，同时也是一些网络协议设计的必备基础。无线传感器网络定位算法的研究有基于TOA、TDOA以及信号接收强度（RSSI）估计方法进行扩展的定位算法。这些算法受环境多径传播及信号衰落的影响较大，因此也有研究人员提出通过多点协作的定位算法，如质心算法（Centroid Algorithm）、无定型定位算法（Amorphous Positioning Algorithm）等，这些算法不同于传统的定位算法而是通过节点间的相互关系进行定位。Pathirana P.N.等人还提出了一个基于移动机器人的新颖的定位算法，在该算法中，机器人带有GPS装置，在各节点间移动，每个节点在接收到它发出的信号后判断与它的位置关系从而确定出自己的位置。

3．分布式数据管理和信息融合

分布式动态实时数据管理是以数据中心为特征的WSN的重要技术之一。该技术通过部署或者指定一些节点为代理节点，代理节点根据监测任务收集兴趣数据。监测任务通过分布式数据库的查询语言下达给目标区域的节点。在整个体系中，WSN被当作分布式数据库独立存在，实现对客观物理世界的实时动态监测。

信息融合技术是指节点根据类型、采集时间、地点、重要程度等信息标度，通过聚类技术将收集到的数据进行本地的融合和压缩，一方面排除信息冗余，减小网络通信开销，节省能量；另一方面可以通过贝叶斯推理技术实现本地的智能决策。

4．安全技术

安全通信和认证技术在军事和金融等敏感信息传递应用中有直接需求。传感器网络由于部署环境和传播介质的开放性，很容易受到各种攻击。但受无线传感器网络资源限制，直接应用安全通信、完整性认证、数据新鲜性、广播认证等现有算法存在实现的困难。鉴于此，研究人员一方面探讨在不同组网形式、网络协议设计中可能遭到的各种攻击形式；另一方面设计安全强度可控的简化算法和精巧协议，满足传感器网络的现实需求。

5．精细控制、深度嵌入的操作系统技术

作为深度嵌入的网络系统，WSN 对操作系统也有特别的要求，既要能够完成基本体系结构支持的各项功能，又不能过于复杂。从目前发展状况来看，TinyOS 是最成功的 WSN 专用操作系统。但随着芯片低功耗设计技术和能量工程技术水平的提高，更复杂的嵌入式操作系统，如 VxWorks、μCLinux 和 μCOS 等，也可能被 WSN 所采用。

6．能量工程

能量工程包括能量的获取和存储两方面。能量获取主要指将自然环境的能量转换成节点可以利用的电能，如太阳能、振动能量、地热、风能等。2007 年在无线能量传递方面有了新的研究成果：通过磁场的共振传递技术将使远程能量传递。这项技术对 WSN 技术的成熟和发展带来革命性的影响。在能量存储技术方面，高容量电池技术是延长节点寿命，全面提高节点能力的关键性技术。纳米电池技术是目前最有希望的技术之一。

1.7　无线传感器网络的应用与发展

作为一种新型网络，无线传感器网络在军事、工业、农业、交通、土木建筑、安全、医疗、家庭和办公自动化等领域都有着广泛的用途，其在国家安全、经济发展等方面发挥了巨大作用。随着无线传感器网络不断快速地发展，它还将被拓展到越来越多新的应用领域。

1．智能交通

这是与交通运输相关的一类应用，埋在街道或道路边的传感器在较高分辨率下收集交通状况的信息，即所谓的“智能交通”，它还可以与汽车进行信息交互，比如，道路状况危险警告或前方交通拥塞等。

2．智能农业

无线传感器网络可以应用于农业，即将温度/土壤组合传感器放置在农田中计算出精确的灌溉量和施肥量。此应用所需传感器的数据相对较少，大约近万平方米面积配备一个传感器就可以了。类似地，病虫害防治也可得益于对农田进行高分辨率的检测。另外，对于畜牧业，可以在猪或牛身上佩戴传感器，通过传感器监控动物的健康状况，一旦测量值超过阈值就会发出警告，以此提高畜牧业的产量和收益。

3．医疗健康

传统模式下的医疗检测需要病人必须躺在病床上，很不方便。利用无线传感器网络技术，通过让病人佩戴具有特殊功能的微型传感器，医生可以使用手持PDA等设备，随时查询病人健康状况或接收报警消息。另外，利用这种医护人员和病人之间的跟踪系统可以及时地救治伤患。

4．工业监控

工业生产环境一般都非常恶劣，温度、压力、湿度、振动、噪声和电磁等因素实时变化明显，且一些工作环境还存在一定的高危性，如煤矿、石油钻井、核电厂等。利用无线传感器网络对工业生产过程中环境状况、人员活动等敏感数据和信息进行监控，可以减少生产过程中人力和物力的损失，进而保证工厂工人或者公众的生命安全。

5．军事应用

和其他许多技术一样，无线传感器网络最早是面向军事应用的。在战场上，使用无线传感器网络采集的部队、武器装备和军用物资供给等信息，并通过汇聚节点将数据送至指挥所，再转发到指挥部，最后融合来自各战场的数据形成军队完备的战区态势图。无线传感器网络已成为美国网络中心作战体系中面向武器装备的网络系统，该系统的目标是利用先进的高科技技术，为未来的现代化战争设计一个集命令、控制、通信、计算、智能、监视、侦察和定位于一体的战场指挥系统，因此受到了军事发达国家的高度重视。

6．灾难救援与临时场合

在很多地震、水灾、强热带风暴等自然灾难打击后，原有固定的通信网络设施（如移动通信网、有线通信网、卫星通信地球站等）通常会被大部分摧毁，导致无法正常工作。这时，使用部署不依赖任何固定网络设施并能够快速构建的无线传感器网络就可以帮助抢险救灾，从而达到减少人员伤亡和财产损失的目的。

7．家庭应用

信息技术的快速发展极大改变了人们的生活和工作方式。无线传感器网络在家庭及办公自动化方面具有巨大的潜在应用前景。利用无线传感器网络将家庭中各种家电设备联系起来，可以组建一个家庭智能化网络，使它们可以自动运行，相互协作，为用户提供尽可能的舒适和便利。比如，使用微型传感器能够将家用电器、个人电脑和手机通过互联网相连，实现远距离监控。

8．其他

无线传感器网络具有非常广泛的应用前景，它不仅在工业、农业、军事、医疗、灾难救援等上述传统领域具有巨大的应用价值，未来还将在许多新兴领域中体现其较好的优越性，如空间探索、智能物流、灾害防范和环境监测等领域。

随着无线传感器网络的深入研究，无线传感器网络将逐步深入到人类生活的各个领域，微型、智能、高效、廉价的传感器节点必然将走进生活，形成一个无所不在的网络世界。

1.8 典型短距离无线通信网络技术

伴随着计算机网络及通信技术的飞速发展，人们对无线通信的要求越来越高。人们注意到在同一幢楼内或在相距咫尺的地方，同样也需要无线通信。因此，短距离无线通信技术应运而生。短距离无线通信技术可以满足人们对低价位、低功耗、可替代电缆的无线数据网络和语音链路的需求。目前，便携式设备间的网络连接使用的短距离无线通信技术主要有蓝牙（Bluetooth）技术、无线局域网 802.11（Wi-Fi）、红外数据传输（IrDA）、ZigBee、超宽频（UWB）、短距离通信（NFC）和专用无线通信系统等。

下面介绍几种主要的短距离无线通信及其应用技术。

1. 红外数据传输

红外数据协会（IrDA）为短距离红外无线数据通信制定了一系列开放的标准。IrDA（Infrared Data Association）是点对点的数据传输协议，通信距离很短，一般在 0～1m，通信介质为波长为 900nm 左右的近红外线，传输速率最快可达 16Mb/s。其传输具备角度小（30°角以内）、距离短、数据直线传输、传输速率较高、保密性强等特点，适用于传输大容量的文件和多媒体数据，并且无须申请频率的使用权，成本较为低廉。目前主流的软硬件平台均提供对 IrDA 的支持，IrDA 已被全球范围内的众多厂商采用。

IrDA 数据通信按发送速率分为三大类：SIR、MIR 和 FIR。串行红外（SIR）速率覆盖了 RS-232 端口通常所支持的速率；MIR 指 0.576Mb/s 和 1.152Mb/s 的速率；高速红外（FIR）通常指 4Mb/s 的速率，也可以用于高于 SIR 的所有速率。在 IrDA 中，物理层、链路接入协议（IrDA）和链路管理协议（IRLMP）是必需的三个协议层，除此之外，还有一些适用于特殊应用模式的可选层。在基本的 IrDA 应用模式中，设备分为主设备和从设备。主设备探测可视范围，寻找从设备。然后从那些响应它的设备中选择一个试图建立连接。IrDA 数据通信工作在半双工模式，因为发射时，接收器会被它自己所屏蔽。通信的两个设备通过快速转向链路来模拟全双工通信，由主设备负责控制链路的时序。IrDA 协议层安排，应用程序的数据逐层下传，最终以光脉冲的形式发出。IrDA 物理层协议提出了对工作距离、工作角度、光功率、数据速率和不同品牌设备互连时抗干扰能力的建议。

IrDA 的缺点：它是一种视距传输，两个相互通信的设备之间必须对准，中间不能被其他物体阻隔，因而只适用于两台（非多台）设备之间的连接。

2. 蓝牙

蓝牙（Bluetooth）是 1994 年由爱立信公司首先提出的一种短距离无线通信技术规范，这个技术规范是使用无线连接来替代已经广泛使用的有线连接。1999 年 12 月 1 日，蓝牙特殊利益集团发布了“蓝牙”标准的最新版 1.0B 版。该最新版“蓝牙”标准主要定义的是底层协议，同时为保证和其他协议的兼容性，也定义了一些高层协议和相关接口。具体来说，“蓝牙”标准的协议栈包括：串口通信协议（RFCOMM），电话控制协议（TCS），对象交换协议（OBEX），控制命令（ATCommand），vGard 和 vCalender 电子商务表中协议，PPP、IP、TCP、UDP 等与因特网相关的协议以及 WAP。

Bluetooth 技术能够实现单点对多点的无线数据和声音传输，通信距离在 10m 的半径范围内。数据传输带宽最高可达 1Mb/s。Bluetooth 工作在全球开放的 2.4GHz ISM 频段，使用跳频频谱扩展技术，通信介质为 2.402～2.480GHz 的电磁波。没有特别的通信视角和方向要求。Bluetooth 具有功耗低、支持语音传输、通信安全性好、组建网络简单等特点。

目前，Bluetooth 还存在植入成本高、通信对象少、通信速率较低和技术不够成熟的问题。

就其工业实现而言，“蓝牙”标准可以分为硬件和软件两个部分，硬件部分包括射频 / 无线电协议、基带 / 链路控制器协议和链路管理器协议，一般是制作成一个芯片。软件部分则包括逻辑链路控制与适配协议及其以上的所有部分。硬件和软件之间通过HCI进行连接，也就是说HCI在硬件和软件中都有，两者提供相同的接口进行通信。

“蓝牙”的几种典型应用如下。

三合一电话“蓝牙”技术可以使一部移动电话能在多种场合内使用：在办公室里，这部电话是内部电话不计电话费；在家里是无绳电话，计固定电话费；出门在外，是一部移动电话，按移动电话的话费计费。

因特网“蓝牙”技术可以使便携式电脑在任何地方都能通过移动电话进入Internet，随时随地到Internet上去“冲浪”。交互性会议中“蓝牙”技术可以迅速使自己的信息通过便携式电脑、手机、PDA等供其他与会者共享。

数码相机中图像的无线传输“蓝牙”技术将数码相机中的图像发送给其他的数字相机或者PC、PDA等。

各种家用设备的遥控和组成家电网络。

3. 无线局域网802.11

Wi-Fi（Wireless Fidelity，无线保真）属于无线局域网（WLAN）的一种，通常是指IEEE 802.11b产品，是利用无线接入手段的新型局域网解决方案。Wi-Fi的主要特点是传输速率快、可靠性高、建网快速、便捷、可移动性好、网络结构弹性化、组网灵活、组网价格较低等，因此具有良好的发展前景。

802.11 Wi-Fi工作在2.4GHz附近的频段，基于IEEE 802.11a、IEEE 802.11b、IEEE 802.11g、IEEE 802.11n协议。传输的有效距离很长，目前最新的交换机能把Wi-Fi无线网络从100m的通信距离扩大到约6.5km。数据传输速率达到每秒上百兆位，与各种802.11DSSS设备兼容。另外，使用Wi-Fi简单方便，厂商只要在机场、车站、图书馆等人员较密集的地方进行设置，并通过高速线路即可接入因特网。

Wi-Fi未来最具有潜力的应用将主要在家居办公（Small Office Home Office，SOHO）、家庭无线网络及不便安装电缆的建筑物或场所。凭借这些优点，Wi-Fi已成为最为流行的笔记本电脑技术而大受青睐。

1991年，IEEE成立了802.11工作组，由Victor Hayes担任工作组主席，经过不懈努力，1997年工作组开发了首个国际认可的WLAN标准：IEEE 802.11。目前，WLAN的推广等工作主要由产业标准组织Wi-Fi联盟完成，所以WLAN技术常常被称为Wi-Fi。IEEE 802.11标准的制定推动了无线局域网的发展。在市场的驱动下，IEEE 802标准委员会先后制定了IEEE 802.11b、IEEE 802.11a和IEEE 802.11g等标准，随着新标准的不断确定，网络的传输速率也不断被提高，可以越来越好地满足宽带通信的需求。

然而，随着WLAN的广泛使用和用户数的增加，出现了一系列的问题需要解决，如网络安全性的提高、2.4GHz频段的拥挤、具有QoS服务质量要求的应用等。于是IEEE开始研究和制定新一代WLAN标准，新标准是对原有标准的扩充和增强，是IEEE 802.11的扩展标准。IEEE在2000年和2001年陆续批准了5个项目授权申请，通过TGe、TGf、TGg、TGh、TGi 5个任务组开发制定5个新标准，即802.11e、802.11f、802.11g、802.11h和802.11i标准。

IEEE 802.11e标准对WLAN MAC协议提出改进，以支持多媒体传输，支持所有WLAN无线广播接口的服务质量保证的QoS机制。IEEE 802.11f定义访问节点之间的通信，支持

IEEE 802.11 的接入点互操作协议（IAPP）。IEEE 802.11h 用于 IEEE 802.11、IEEE 802.11a 的频道管理技术。IEEE 802.11i 在加密处理中引入了动态密钥管理协议 TKIP。

目前，在 WSN 的无线通信方面可以采用的主要有 ZigBee、蓝牙、Wi-Fi 和红外等技术。其中，红外技术的实现和操作相对简单，成本低廉，但红外光线易受遮挡，可移动性差，只支持点对点视频连接，无法灵活地构建网络；蓝牙技术是工作在 2.4GHz 频段的无线技术，目前在计算机外设方面应用较广泛，但由于其协议本身较复杂、开发成本高、节点功耗大等特点，从而控制了其在工业方面的进一步推广；Wi-Fi 技术的通信效率为 11Mb/s，通信距离为 50～100m，适合于多媒体的应用，但其本身实现成本高，功耗大，安全性能低，从而在 WSN 中应用较少；ZigBee 技术以其经济、可靠、高效等优点在 WSN 中有着广泛的应用前景。

1.9　无线传感器网络的主要研究领域

无线传感器网络目前研究的难点涉及通信、组网、管理、分布式信息处理等多个方面。无线传感器网络有相当广泛的应用前景，但是也面临很多的关键技术需要解决。下面列出部分关键技术。

1．网络拓扑管理

无线传感器网络是自组织的，如果有一个很好的网络拓扑控制管理机制，对于提高路由协议和 MAC 协议效率是很有帮助的，还有利于延长网络寿命。目前这个方面主要的研究方向是在满足网络覆盖度和连通度的情况下，通过选择路由路径，生成一个能高效转发数据的网络拓扑结构。拓扑控制又分为两种，分别是节点功率控制和层次型拓扑控制。前一种方法是控制每个节点的发射功率，均衡节点单跳可达的邻居数目。而层次型拓扑控制采用分簇机制，有一些节点作为簇头，它将作为一个簇的中心，簇内每个节点的数据都要通过它来转发。

2．网络协议

因为传感器节点的计算能力、存储能力、通信能力、携带的能量有限，每个节点都只能获得局部网络拓扑信息，在节点上运行的网络协议也要尽可能地简单。目前研究的重点主要集中在网络层和 MAC 层上。网络层的路由协议主要控制信息的传输路径。好的路由协议不但要考虑到每个节点的能耗，还要关心整个网络的能耗均衡，使得网络的寿命尽可能保持得长一些。目前已经提出了一些比较好的路由机制。MAC 层协议主要控制介质访问，控制节点通信过程和工作模式。设计无线传感器网络的 MAC 协议首先要考虑的是节省能量和可扩展性，公平性和带宽利用率是其次才要考虑的。由于能量消耗主要发生在空闲侦听，碰撞重传和接收到不需要的数据等方面，MAC 层协议的研究也主要在如何减少上述三种情况从而降低能量消耗以延长网络和节点寿命。

3．网络安全

无线传感器网络除了考虑上面提出的两个方面的问题外，还要考虑到数据的安全性，这主要从两个方面考虑：一个方面是从维护路由安全的角度出发，寻找尽可能安全的路由以保证网络的安全。如果路由协议被破坏导致传送的消息被篡改，那么对于应用层上的数据包来说没有任何的安全性可言。现已提出了一种称为“有安全意识的路由”的方法，其思想是找出真实值和节点之间的关系，然后利用这些真实值来生成安全的路由。另一方面是把重点放在安全协议方面，在此领域也出现了大量研究成果。在具体的技术实现上，先假定基站总是正常工作的，并且总是安全的，满足必要的计算速度、存储器容量，基站功率满足加密和路由的要求；通信模式是点到点，通过端到端的加密保证了数据传输的安全性；射频层正常工作。基于以上前提，典型的安全问题可以总结为：信息被非法用户截获；一个节点遭破坏；识别伪节点；如何向已有传感器网络添加合法的节点4个方面。

4．定位技术

位置信息是传感器节点采集数据中不可或缺的一部分，没有位置信息的监测消息可能毫无意义。节点定位是确定传感器的每个节点的相对位置或绝对位置。节点定位在军事侦察、环境检测、紧急救援等应用中尤其重要。节点定位分为集中定位方式和分布定位方式。定位机制也必须要满足自组织性、鲁棒性、能量高效和分布式计算等要求。定位技术主要有两种方式：基于距离的定位和距离无关的定位。其中，基于距离的定位对硬件要求比较高，通常精度也比较高。距离无关的定位对硬件要求较小，受环境因素的影响也较小，虽然误差较大，但是其精度已经足够满足大多数传感器网络应用的要求，所以这种定位技术是最近研究的重点。

5．时间同步技术

传感器网络中的通信协议和应用，比如基于TDMA的MAC协议和敏感时间的监测任务等，要求节点间的时钟必须保持同步。J.Elson和D.Estrin曾提出了一种简单实用的同步策略。其基本思想是，节点以自己的时钟记录事件，随后用第三方广播的基准时间加以校正，精度依赖于对这段间隔时间的测量。这种同步机制应用在确定来自不同节点的监测事件的先后关系时有足够的精度，设计高精度的时钟同步机制是传感网络设计和应用中的一个技术难点。普遍认为，考虑精简NTP（Network Time Protocol）的实现复杂度，将其移植到传感器网络中来应该是一个有价值的研究课题。

6．数据融合

传感器网络为了有效地节省能量，可以在传感器节点收集数据的过程中，利用本地计算和存储能力将数据进行融合，取出冗余信息，从而达到节省能量的目的。数据融合可以在多个层次中进行。在应用层中，可以应用分布式数据库技术，对数据进行筛选，达到融合效果。在网络层中，很多路由协议结合了数据融合技术来减少数据传输量。MAC层也能减少发送冲突和头部开销来达到节省能量的目的。当然，数据融合是以牺牲延时等代价来换取能量的节约。

第 2 章 CHAPTER 2 IEEE 802.15.4无线传感器网络通信标准

传感器网络中的应用一般并不需要很高的信道带宽，却要求具有较低的传输延时和极低的功率消耗，使用户能在有限的电池寿命内完成任务。IEEE 802.15.4/ZigBee 标准把低功耗、低成本作为主要目标，为传感器网络提供了一种互联互通的平台，各个射频芯片厂商也陆续推出支持该标准的无线收发芯片。本章主要介绍了当前工业界已有的或正在制定的与无线传感器网络协议相关的通信标准，包括 IEEE 802.15.4/ZigBee 协议标准。

2.1 IEEE 802.15.4 标准概述

IEEE 802.15.4 通信协议是短距离无线通信的 IEEE 标准，它是无线传感器网络通信协议中物理层与 MAC 层的一个具体实现。IEEE 802.15.4 标准，即 IEEE 用于低速无线个人局域网（LR-WPAN）的物理层和媒体接入控制层规范。该协议支持两种网络拓扑，即单跳星状或当通信线路超过 10m 时的多跳对等拓扑。LR-WPAN 中的器件既可以使用在关联过程中指配的 16 位短地址，也可以使用 64 位 IEEE 地址。一个 802.15.4 网可以容纳最多 216 个器件。

随着通信技术的迅速发展，人们提出了在人自身附近几米范围之内通信的需求。为了满足低功耗、低成本的无线网络的要求，IEEE 802.15 于 2002 年成立，它的任务是研究制定无线个人局域网（WPANs）标准——IEEE 802.15.4。该标准规定了在个域网（PAN）中设备之间的无线通信协议和接口。该标准采用载波监听多点接入/冲突避免（CSMA/CA）的媒体接入方式，形成星状和点对点的拓扑结构。虽然采用基于竞争的接入方式，但 PAN 协调器可以通过超帧结构为需要发送即时消息的设备提供时隙，整个网络可以通过 PAN 协调器接入其他高性能网络。

WPAN 是一种与无线广域网（WWAN）、无线城域网（WMAN）、无线局域网（WLAN）并列但覆盖范围相对较小的无线网络。在网络构成上，WPAN 位于整个网络链的末端，用于实现同一地点终端与终端间的连接，如连接手机和蓝牙耳机等。WPAN 所覆盖的范围一般在 10m 半径以内，必须运行于许可的无线频段。WPAN 设备具有价格便宜、体积小、易操作和功耗低等优点。

无线个人局域网是一种采用无线连接的个人局域网，它被用在诸如电话、计算机、附属设备以及小范围（个人局域网的工作范围一般是在 10m 以内）内的数字助理设备之间的通信。支持无线个人局域网的技术包括蓝牙、ZigBee、超频波段（UWB）、IrDA、HomeRF 等。每一项技术只有被用于特定的用途、应用程序或领域才能发挥最佳的作用。此外，虽然在某些方面，有些技术被认为是在无线个人局域网空间中相互竞争的，但是它们常常相互之间又是互补的。

在 IEEE 802.15 工作组内有 4 个任务组（Task Group，TG），分别制定适合不同应用的标准。这些标准在传输速率、功耗和支持的服务等方面存在差异。下面是 4 个任务组各自的主要任务。

（1）任务组 TG1：制定 IEEE 802.15.1 标准，又称蓝牙无线个人区域网络标准。这是一个中等速率、近距离的 WPAN 标准，通常用于手机、PDA 等设备的短距离通信。

（2）任务组 TG2：制定 IEEE 802.15.2 标准，研究 IEEE 802.15.1 与 IEEE 802.11（无线局域网标准，WLAN）的共存问题。

（3）任务组 TG3：制定 IEEE 802.15.3 标准，研究高传输速率无线个人区域网络标准。该标准主要考虑无线个人区域网络在多媒体方面的应用，追求更高的传输速率与服务品质。

（4）任务组 TG4：制定 IEEE 802.15.4 标准，针对低速无线个人区域网络（Low-Rate Wireless Personal Area Network，LR-WPAN）制定标准。该标准把低能量消耗、低速率传输、低成本作为重点目标，旨在为个人或者家庭范围内不同设备之间的低速互连提供统一标准。如图 2.1 所示为 802.15.4 在无线网络中的位置。

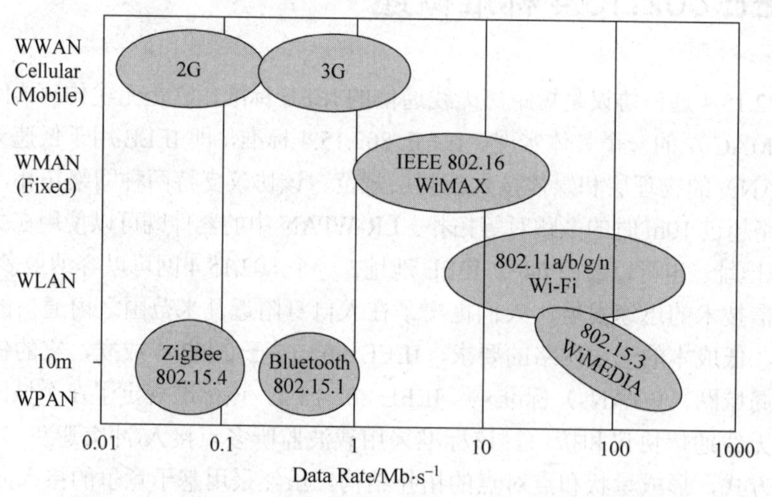

图 2.1 802.15.4 在无线网络中的位置

任务组 TG4 定义的 LR-WPAN 的特征与传感器网络有很多相似之处，很多研究机构把它作为传感器的通信标准。

IEEE 802.15.4 强调的是省电、简单、成本又低的规格。IEEE 802.15.4 的物理层（PHY）采用直接序列扩频（Direct Sequence Spread Spectrum，DSSS）技术。在媒体存取控制（MAC）层方面，主要是沿用 WLAN 中 802.11 系列标准的 CSMA/CA 方式，以提高系统兼容性。可使用的频段有三个，分别是 2.4GHz 的 ISM 频段、欧洲的 868MHz 频段，以及美国的 915MHz 频段，而不同频段可使用的信道分别是 16、1、10 个。频带和数据传输率如图 2.2 所示。

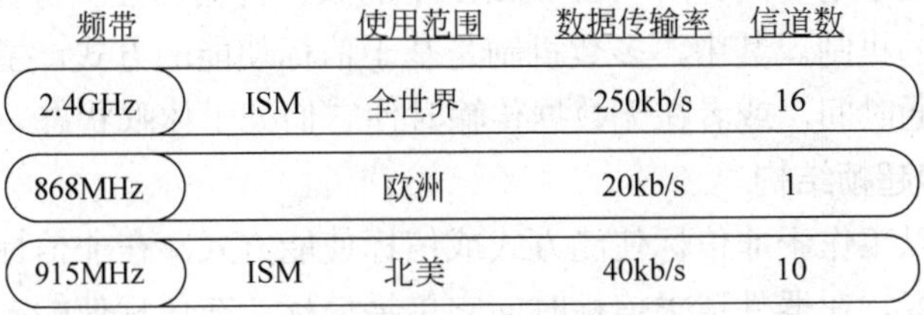

频带		使用范围	数据传输率	信道数
2.4GHz	ISM	全世界	250kb/s	16
868MHz		欧洲	20kb/s	1
915MHz	ISM	北美	40kb/s	10

图 2.2 频带和数据传输率

IEEE 802.15.4 标准具有如下特点：

1．支持简单器件

802.15.4 低速率、低功耗和短距离传输的特点使它非常适宜支持简单器件。在 802.15.4 中总共定义了 49 个物理层和媒体接入控制层基本参数，仅为蓝牙的 1/3。这使它非常适用于存储能力和计算能力有限的简单器件。

802.15.4 中定义了两种器件：简化功能器件（RFD）和全功能器件（FFD）。对全功能器件，要求它支持所有的 49 个基本参数；而对简化功能器件，在最小配置时只要求它支持 38 个基本参数。一个全功能器件可以按个人局域网协调器、协调器或器件三种方式与简化功能器件和其他全功能器件通话。而简化功能器件只能与全功能器件通话，仅用于非常简单的应用。

2．工作频段和数据速率

802.15.4 工作在工业科学医疗（ISM）频段，它定义了两个物理层，即 868/915MHz 频段和 2.4GHz ISM 频段物理层。免许可证的 2.4GHz ISM 频段全世界都有，而 868MHz 和 915MHz 的 ISM 频段分别只在欧洲和北美存在。

ISM 频段全球都有的特点不仅免除了 802.15.4 器件的频率许可要求，而且还给许多公司提供了开发可以工作在世界任何地方的标准化产品的难得机会。这将减少投资者的风险，与专门解决方案相比可以明显降低产品成本。在保持简单性的同时，802.15.4 还试图提供设计上的灵活性。一个 802.15.4 网可以根据可用性、拥挤状况和数据速率在 27 个信道中选择一个工作信道。

从能量和成本效率来看，不同的数据速率能为不同的应用提供较好的选择。例如，对于有些计算机外围设备与互动式玩具，可能需要 250kb/s，而对于其他许多应用，如各种传感器、智能标记和家用电器等，20kb/s 这样的低速率就能满足要求。

3．数据传输和低功耗

在 802.15.4 中，为了突出低功耗的特点，把数据传输分为以下三种方式：

（1）直接数据传输。采用无槽载波检测多址与碰撞避免（CSMA-CA）或开槽 CSMA-CA 的数据传输方法，视使用非信标使能方式还是信标使能方式而定。

（2）间接数据传输。在这种方式中，数据帧由协调器保存在事务处理列表中，等待相应的器件来提取。在数据提取过程中也使用无槽 CSMA-CA 或开槽 CSMA-CA。

（3）有保证时隙（GTS）数据传输。这仅适用于器件与其协调器之间的数据转移，既可以从器件到协调器，也可以从协调器到器件。在 GTS 数据传输中不需要 CSMA-CA。

低功耗是 802.15.4 最重要的特点。因为对电池供电的简单器件而言，更换电池的花费往往比器件本身的成本还要高。所以在 802.15.4 的数据传输过程中引入了几种延长器件电池寿命或节省功率的机制。其中，多数机制是基于信标使能的方式，主要是限制器件或协调器之收发机的开通时间，或者在无数据传输时使它们处于休眠状态。

4．信标方式和超帧结构

802.15.4 网可以工作于非信标使能方式或信标使能方式。在非信标使能方式中，协调器不定期地广播信标，在器件请求信标时向它单播信标。在信标使能方式中，协调器定期广播信标，以达到相关器件同步及其他目的。

5．自配置

802.15.4 在媒体接入控制层中加入了关联和分离功能，以达到支持自配置的目的。自配置不仅能自动建立起一个星状网，而且还允许创建自配置的对等网。在关联过程中可以实现各种配置，例如为个人局域网选择信道和识别符（ID），为器件指配 16 位短地址，设定电池寿命延长选项等。

6．安全性

安全性是 802.15.4 的另一个重要问题。为了提供灵活性和支持简单器件，802.15.4 在数据传输中提供了三级安全性。第一级实际是无安全性方式，对于某种应用，如果安全性并不重要或者上层已经提供足够的安全保护，器件就可以选择这种方式来转移数据。对于第二级安全性，器件可以使用接入控制清单（ACL）来防止非法器件获取数据，在这一级不采取加密措施。第三级安全性在数据转移中采用属于高级加密标准（AES）的对称密码。

AES 可以用来保护数据净荷和防止攻击者冒充合法器件，但它不能防止攻击者在通信双方交换密钥时通过窃听来截取对称密钥。为了防止这种攻击，可以采用公钥加密。

2.2 网络组成和拓扑结构

在 IEEE 802.15.4 中，根据设备所具有的通信能力，可以分为全功能设备（Full-Function Device，FFD）和精简功能设备（Reduced-Function Device，RFD）。与 RFD 相比，FFD 在硬件功能上比较完备，如 FFD 采用主电源保证充足的能耗，而 RFD 采用电磁供电。在通信功能上，FFD 设备之间以及 FFD 设备与 RFD 设备之间都可以通信。RFD 设备之间不能直接通信，只能与 FFD 设备通信，或者通过一个 FFD 设备向外转发数据。这个与 RFD 相关联的 FFD 设备称为该 RFD 的协调器（Coordinator）。在 IEEE 802.15.4 网络中，有一个 FFD 充当网络的协调器（PAN Coordinator），是 LR-WPAN 中的主控制器。PAN 协调器（以后简称网络协调器）除了直接参与应用以外，还要完成成员身份管理、链路状态信息管理以及分组转发等任务。RFD 设备主要用于简单的控制应用，如灯的开关、被动式红外线传感器等，传输的数据量较少，对传输资源和通信资源占用不多，这样 RFD 设备可以采用非常廉价的实现方案。无线通信信道的特征是动态变化的。节点位置或天线方向的微小改变、物体移动等周围环境的变化都有可能引起通信链路信号强度和质量的剧烈变化，因而无线通信的覆盖范围不是确定的。这就造成了 LR-WPAN 中设备的数量以及它们之间关系的动态变化。

IEEE 802.15.4 网络根据应用的需要可以组织成两种拓扑结构：星状网络拓扑结构和点

对点网络拓扑。在星状结构中，整个网络的形成以及数据的传输由中心的网络协调者集中控制，所有设备都与中心设备 PAN 协调器通信。各个终端设备（FFD 或 RFD）直接与网络协调者进行关联和数据传输。网络中的设备可以采用 64 位的地址直接进行通信，也可以通过关联操作由网络协调器分配 16 位网内地址进行通信。网络协调者首先负责为整个网络选择一个可用的通信信道和唯一的标识符，然后允许其他设备通过扫描、关联等一系列步骤加入到自己的网络中，并为这些设备转发数据。不同的星状网络之间可以采用专门的网关完成通信。在这种网络中，网络协调器一般使用持续电力系统供电，而其他设备采用电池供电。星状网络适合家庭自动化、个人计算机的外围设备、玩具以及个人健康护理等小范围的室内应用。

点对点网络中也需要网络协调器，负责实现管理链路状态信息、认证设备身份等功能。但与星状网络不同，点对点网络只要彼此都在对方的无线辐射范围之内，任何两个设备都可以直接通信。这就使得点到点网络拓扑可以形成更为复杂的网络形式，如多级簇树网络、Mesh 网络等。点对点网络模式可以支持 Ad Hoc 网络允许通过多跳路由的方式在网络中传输数据。不过一般认为自组织问题由网络层来解决，不在 IEEE 802.15.4 标准讨论范围之内。点对点网络可以构造更复杂的网络结构，适合于设备分布范围广的应用，比如在工业检测与控制、货物库存跟踪和智能农业等方面有非常好的应用背景。

虽然网络拓扑结构的形成过程属于网络层的功能，但 IEEE 802.15.4 为形成各种网络拓扑结构提供了充分支持。这部分主要讨论 IEEE 802.15.4 对形成网络拓扑结构提供的支持，并详细地描述了星状网络和点对点网络的形成过程。

1. 星状网络的形成

星状网络以网络协调器为中心，所有设备只能与网络协调器进行通信，因此在星状网络的形成过程中，第一步就是建立网络协调器。任何一个 FFD 设备都有成为网络协调器的可能，一个网络如何确定自己的网络协调器由上层协议决定。一种简单的策略是：一个 FFD 设备在第一次被激活后，首先广播查询网络协调器的请求，如果接收到回应说明网络中已经存在网络协调器，再通过一系列认证过程，设备就成为这个网络中的普通设备。如果没有收到回应，或者认证过程不成功，这个 FFD 设备就可以建立自己的网络，并且成为这个网络的网络协调器。当然，这里还存在一些更深入的问题，一个是网络协调器过期问题，如原有的网络协调器损坏或者能量耗尽；另一个是偶然因素造成多个网络协调器竞争问题，如移动物体阻挡导致一个 FFD 自己建立网络，当移动物体离开的时候，网络中将出现多个协调器。

网络协调器要为网络选择一个唯一的标识符，所有该星状网络中的设备都是用这个标识符来规定自己的属主关系。不同星状网络之间的设备通过设置专门的网关完成相互通信。选择一个标识符后，网络协调器就允许其他设备加入自己的网络，并为这些设备转发数据分组。星状网络中的两个设备如果需要互相通信，都是先把各自的数据包发送给网络协调器，然后由网络协调器转发给对方。

2. 点对点网络的形成

点对点网络中，任意两个设备只要能够彼此收到对方的无线信号，就可以进行直接通信，不需要其他设备的转发。但点对点网络中仍然需要一个网络协调器，不过该协调器的功能不再是为其他设备转发数据，而是完成设备注册和访问控制等基本的网络管理功能。网络协调器的产生同样由上层协议规定，比如把某个信道上第一个开始通信的设备作为该信道上的网络协议器。

簇树网络是点对点网络的一个例子，下面以簇树网络为例描述点到点网络的形成过程。

在簇树网络中，绝大多数设备是FFD设备，而RFD设备总是作为簇树的叶设备连接到网络中。任意一个FFD都可以充当RFD协调器或者网络协调器，为其他设备提供同步信息。在这些协调器中，只有一个可以充当整个点对点网络的网络协调器。网络协调器可能和网络中其他设备一样，也可能拥有比其他设备更多的计算资源和能量资源。网络协调器首先将自己设为簇头（Cluster Header，CLH），并将簇标识符（Cluster Identifier，CID）设置为0，同时为该簇选择一个未被使用的PAN标识符，形成网络中的第一个簇。接着，网络协调器开始广播信标帧。邻近设备收到信标帧后，就可以申请加入该簇。设备可否成为簇成员，由网络协调器决定。如果请求被允许，则该设备将作为簇的子设备加入网络协调器的邻居列表。新加入的设备会将簇头作为它的父设备加入到自己的邻居列表中。

上面讨论的只是一个由单簇构成的最简单的簇树。PAN协调器可以指定另一个设备成为邻接的新簇头，以此形成更多的簇。新簇头同样可以选择其他设备成为簇头，进一步扩大网络的覆盖范围。但是过多的簇头会增加簇间消息传递的延迟和通信开销。为了减少延迟和通信开销，簇头可以选择最远的通信设备作为相邻簇的簇头，这样可以最大限度地缩小不同簇间消息传递的跳数，达到减少延迟和开销的目的。

2.3 协议栈架构

IEEE 802.15.4网络协议栈基于开放系统互连模型（OSI），每一层都实现一部分通信功能，并向高层提供服务。

IEEE 802.15.4标准只定义了PHY层和数据链路层的MAC子层。PHY层由射频收发器以及底层的控制模块构成。MAC子层为高层访问物理信道提供点到点通信的服务接口。MAC子层以上的几个层次，包括特定服务的聚合子层（Service Specific Convergence Sublayer，SSCS）、链路控制子层（Logical Link Control，LLC）等，只是IEEE 802.15.4标准可能的上层协议，并不在IEEE 802.15.4标准的定义范围之内。SSCS为IEEE 802.15.4的MAC层接入IEEE 802.2标准中定义的LLC子层提供聚合服务。LLC子层可以使用SSCS的服务接口访问IEEE 802.15.4网络，为应用层提供链路层服务。

IEEE 802.15.4标准适于组建低速率的、短距离的无线局域网。在网络内的无线传输过程中，采用冲突监测载波监听机制。网络拓扑结构可以是星状网或点对点的对等网。该标准定义了三种数据传输频率，分别为868MHz，915MHz，2450MHz。前两种传输频率采取BPSK的调制方式，后一种采用0-QPSK的调制方式。各种频率分别支持20kb/s、40kb/s、250kb/s的无线数据传输速度，频率的选择取决于局域网的规则和用户的选择，传输距离在0～70m。如表2.1所示为IEEE 802.15.4协议的特点。

表 2.1 IEEE 802.15.4 协议的特点

数据率	250kb/s（2450MHz） 20kb/s（868MHz，915MHz）
M 等候时间	10～50ms 到 1s
作用范围	一般 10cm～10m，最多达 100m
每个网络节点	最多可达 65 534
电池寿命	通过采用不对称能耗节点及无源模式等优化手段，延长电池寿命，使电池使用寿命匹配其存储寿命

IEEE 802.15.4 标准满足国际标准组织 ISO 和开放系统互连 OSI 参考模式，它包括物理层、介质访问层、网络层和高层，标准结构如图 2.3 所示。

高层	
网络层	
介质访问层	
868/915MHz 物理层	2450MHz 物理层

图 2.3 IEEE 802.15.4 标准结构

物理层提供两种物理层 868/915MHz 和 2450MHz，这两种物理层都采用直接序列扩频 DSSS 技术并使用相同的包结构，便于降低数字集成电路成本和低功耗运行。868/915MHz 物理层的数据传输速率分别为 20kb/s 和 40kb/s，2450MHz 物理层的数据传输速率为 250kb/s。

介质访问层提供两个服务和高层联系，即通过两个服务访问点（SAP）访问高层，通过 MAC 通用部分子管理服务，两个服务为网络层和物理层提供一个接口。

网络层负责拓扑结构的建立和维护、命名和绑定服务，它们协同完成寻址、路由及安全这些任务。IEEE 802.15.4 网络具有可升级、适应性和可靠性的特点，能对 254 个网络设备进行动态寻址，通过网络协调器自动建立网络，提供全握手协议的可传递。

2.4 物理层规范

IEEE 802.15.4 网络协议栈基于开放系统互连模型（OSI），每一层都实现一部分通信功能，并向高层提供服务。在 OSI 参考模型中，物理层处于最底层，是保障信号传输的功能层，因此物理层涉及与信号传输有关的各个方面，包括信号发生、发送与接收电路、数据信号的传输编码、同步与异步传输等。物理层的主要功能是在一条物理传输媒体上，实现数据链路实体之间透明地传输各种数据的比特流。它为链路层提供的服务包括物理连接的建立、维持与释放、物理服务数据单元的传输、物理层管理、数据编码。

IEEE 802.15.4 物理层通过射频硬件和软件在 MAC 子层和射频信道之间提供接口，将物理层的主要功能分为物理层数据服务和物理层管理服务。物理层数据服务从无线物理信道上收发数据，物理层管理服务维护一个由物理层相关数据组成的数据库，主要负责射频收发器的激活和休眠、信道能量检测、链路质量指示、空闲信道评估、信道的频段选择、物理层信息库的管理等。

IEEE 802.15.4 提供两种物理层的选择（868/915MHz 和 2.4GHz），2.4GHz 物理层的数据传输率为 250kb/s，868/915MHz 物理层的数据传输率分别是 20kb/s、40kb/s。两种物理层都采用直接序列扩频（DSSS）技术，降低数字集成电路的成本，并且都使用相同的包结构，以便短作业周期、低功耗地运作。

2.4GHz 物理层的较高速率主要归因于一个较好的调制方案：基于 DSSS 方法（16 个状态）的准正交调制技术。其较高速率适用于较高的数据吞吐量、低延时或低作业周期的场合。868/915MHz 物理层使用简单 DSSS 方法，其低速率换取了较好的灵敏度和较大的覆盖面积，从而减少了覆盖给定物理区域所需的节点数。

物理层定义了物理无线信道和 MAC 子层之间的接口，提供物理层数据服务和物理层管理服务。物理层数据服务从无线物理信道上收发数据，物理层管理服务维护一个由物理层相关数据组成的数据库。

物理层数据服务包括以下 5 方面的功能：

（1）激活和休眠射频收发器。

（2）信道能量检测。信道能量检测为网络层提供信道选择依据。它主要测量目标信道中接收信号的功率强度，由于这个检测本身不进行解码操作，所以检测结果是有效信号功率和噪声信号功率之和。

（3）检测接收数据包的链路质量指示（Link Quality Indication，LQI）。链路质量指示为网络层或应用层提供接收数据帧时无线信号的强度和质量信息，与信道能量检测不同的是，它要对信号进行解码，生成的是一个信噪比指标。这个信噪比指标和物理层数据单元一道提交给上层处理。

（4）空闲信道评估（Clear Channel Assessment，CCA）。空闲信道评估判断信道是否空闲。IEEE 802.15.4 定义了三种空闲信道评估模式：第一种简单判断信道的信号能量，当信号能量低于某一门限值就认为信道空闲；第二种是通过判断无线信号的特征，这个特征主要包括两方面，即扩频信号特征和载波频率；第三种模式是前两种模式的综合，同时检测信号强度和信号特征，给出信道空闲判断。

（5）收发数据。物理层定义了三个载波频段用于收发数据。在这三个频段上发送数据使用的速率、信号处理过程以及调制方式等方面存在一些差异。在 868MHz 和 915MHz 这两个频段上，信号处理过程相同，只是数据速率不同。

物理层服务规范：物理层通过射频固件和硬件提供 MAC 层与物理无线信道之间的接口。从概念上说，物理层还应包括物理层管理实体（PLME），以提供调用物理层管理功能的管理服务接口；同时 PLME 还负责维护物理层 PAN 信息库（PHY PIB）。物理层通过物理层数据服务接入点（PD-SAP）提供物理层数据服务；通过物理层管理实体服务接入点（PLME-SAP）提供物理层管理服务。

1. 信道分配及调制方式

IEEE 802.15.4 工作在工业科学医疗（ISM）频段，定义了三个载波频段用于收发数据。在这三个频段上发送数据使用的速率、信号处理过程以及调制方式等方面存在一些差异，即 2.4GHz 频段或 868/915MHz 频段。其中，2.4MHz 频段在全世界通用，868MHz 和 915MHz 的 ISM 频段分别只在欧洲和北美使用，PHY 层具体分配如表 2.2 所示。

表 2.2　信道分配和调制方式

物理层	频段/MHz	扩频参数		数据参数		
		码片速率/（k chip·s^{-1}）	调制方式	比特率/（kb/s）	波特率/（ksymbols·s^{-1}）	符号特征
868/915	868～868.6	300	BPSK	20	20	二进制
	902～928	600	BPSK	40	40	二进制
2450	2400～2483.3	20 000	Q-QPSK	250	62.5	十六进制

IEEE 802.15.4 三个频段总共提供了 27 个信道（channel），编号为 0～26，具体包括 868MHz 频段 1 个信道，915MHz 频段 10 个信道，2450MHz 频段 16 个信道。这些信道的频段中心定义如下：

$$f_c=868.3\text{MHz} \qquad k=0$$
$$f_c=906+2(k-1)\text{MHz} \qquad k=1，2，\cdots，10$$
$$f_c=2405+5(k-11)\text{MHz} \qquad k=11，12，\cdots，26$$

其中，k 表示信道编号。

2．物理层的帧结构

物理层的数据帧称为物理层协议数据单元（PHY Protocol Data Unit，PPDU），如图 2.4 所示为物理层协议数据单元帧格式。每个 PPDU 帧由同步头、物理帧头、物理帧负载组成。

Ocets：4B	1B	1B		可变
前导码（preamble）	SFD	帧长度（7b）	保留位（1b）	PSDU
同步头（SHR）		物理帧头（PHR）		PHY 负载

图 2.4　物理层协议数据单元帧格式

同步头包括前导码和帧起始分隔符（Start-Of-Frame Delimiter，SFD）。物理帧第一个字段是 4B 的前导码，前导码由 4 个全 0 的字节组成，收发器在接收前导码期间，会根据前导码序列的特征完成片同步和符号同步。帧起始分隔符字段长度为 1B，其值固定为 0xA7，它表明前导码已经完成同步，开始接收数据帧。收发器接收完前导码后只能做到数据的位同步，通过搜索 SFD 字段的值 0xA7 才能同步到字节上。帧长度（Frame Length）由 1B 的低 7 位表示，其值就是物理帧负载的长度，因此物理帧负载的长度不会超过 127B。物理帧的负载长度可变，称为物理服务数据单元（PHY Service Data Unit，PSDU），一般用来承载 MAC 帧。

2.5　MAC 层规范

在 IEEE 802 系列标准中，OSI 参考模型的数据链路层进一步划分为介质访问控制子层（MAC）和逻辑链路子层（LLC）两个子层。MAC 子层使用物理层提供的服务实现设备之间的数据帧传输，而 LLC 在 MAC 子层的基础上，在设备间提供面向连接和非连接的服务。MAC 子层就是用来解决如何共享信道问题的。

MAC 子层提供两种服务：MAC 层数据服务和 MAC 层管理服务（MAC Sub-Layer Management Entity，MLME）。前者保证 MAC 协议数据单元在物理层数据服务中的正确收发，后者维护一个存储 MAC 子层协议状态相关信息的数据库。MAC 子层的参考模型如图 2.5 所示。MAC 层数据服务保证 MAC 协议数据单元在物理层数据服务中的正确收发，MAC 层管理服务（MLME）维护一个存储 MAC 子层协议状态相关信息的数据库。

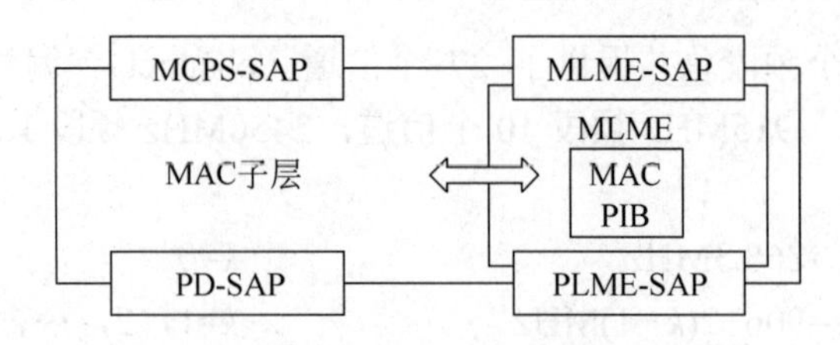

图2.5 MAC子层参考模型

MAC 子层主要功能包括下面 8 个方面：

（1）如果设备是协调器，那么就需要产生网络信标。

（2）信标的同步。

（3）支持个域网络（PAN）的关联（association）和取消关联（disassociation）操作。

（4）支持无线信道通信安全。

（5）使用 CSMA-CA 机制访问物理信道。

（6）支持时槽保障（Guaranteed Time Slot，GTS）机制。

（7）支持不同设备的 MAC 层间可靠传输。

（8）协调器产生并发送信标帧，普通设备根据协调器的信标帧与协议器同步。

关联操作是指一个设备在加入一个特定网络时，向协调器注册以及身份认证的过程。LR-WPAN 中的设备有可能从一个网络切换到另一个网络，这时就需要进行关联和取消关联操作。

时槽保障机制和时分复用（Time Division Multiple Access，TDMA）机制相似，但它可以动态地为有收发请求的设备分配时槽。使用时槽保障机制需要设备间的时间同步，IEEE 802.15.4 中的时间同步通过下面介绍的“超帧”机制实现。

1．超帧

在 IEEE 802.15.4 中，可以选用以超帧为周期组织 LR-WPAN 内设备间的通信。超帧是指一种用来组织网络通信时间分配的逻辑结构。每个超帧都以网络协调器发出信标帧（beacon）为始，在这个信标帧中包含超帧将持续的时间以及对这段时间的分配等信息。网络中普通设备接收到超帧开始时的信标帧后，就可以根据其中的内容安排自己的任务，例如进入休眠状态直到这个超帧结束。

超帧将超帧时间分配由网络协调器定义，主要包括活跃时段和非活跃时段。网络中的所有通信都必须在活跃时段进行，而在非活跃时段，设备可以进入休眠模式以达到省电目的。每个超帧都以网络协调器发出信标帧为开始，并划分为 16 个等宽的时槽。信标帧在每一个时槽中被发送，在信标帧中包含关于本次超帧持续的时间等信息。超帧的活跃时段划分为三个阶段：信标帧发送时段、竞争访问时段（Contention Access Period，CAP）和非竞争访问时段(Contention-Free Period,CEP)。非竞争访问时段又划分为一些DTSs(Guaranteed Time Slots)。在竞争访问时段，设备通过CSMA-CA机制与协调器通信。超帧的活跃部分被划分为16个等长的时槽，每个时槽的长度、竞争访问时段包含的时槽数等参数，都由协调器设定，并通过超帧开始时发出的信标帧广播到整个网络。在竞争访问时段，设备通过CSMA-CA机制与协调器通信。在非竞争访问时段的每个GTS，网络协调器只允许指定的设备与其通信。网络协调器在每个超帧时段最多可以分配7个GTS，一个GTS可以占有多个时槽。

在超帧的竞争访问时段，IEEE 802.15.4网络设备使用带时槽的CSMA-CA访问机制，并且任何通信都必须在竞争访问时段结束前完成。在非竞争时段，协调器根据上一个超帧PAN中设备申请GTS的情况，将非竞争时段划分成若干个GTS。每个GTS由若干个时槽组成，时槽数目在设备申请GTS时指定。如果申请成功，申请设备就拥有了它指定的时槽数目。每个GTS中的时槽都指定分配给了时槽申请设备，因而不需要竞争信道。IEEE 802.15.4标准要求任何通信都必须在自己分配的GTS内完成。

超帧中规定非竞争时段必须跟在竞争时段后面。竞争时段的功能包括网络设备可以自由收发数据，域内设备向协调者申请GTS时段，新设备加入当前PAN等。非竞争阶段由协调者指定的设备发送或者接收数据包。如果某个设备在非竞争时段一直处在接收状态，那么拥有GTS使用权的设备就可以在GTS阶段直接向该设备发送信息。

2．数据传输模型

LR-WPAN中存在三种数据传输方式：设备发送数据给协调器、协调器发送数据给设备、对等设备之间的数据传输。星状拓扑网络中只存在前两种数据传输方式，因为数据只在协调器和设备之间交换；而在点对点拓扑网络中，三种数据传输方式都存在。

LR-WPAN中，有两种通信模式可供选择：信标使能通信和信标不使能通信。在信标使能的网络中，网络建好后，PAN协调器周期地广播标帧以标识超帧的开始。在这种方式下，如果设备需要传输数据给协调器，那么设备在收到协调器广播的信标帧后，将进行网络同步，定位各时槽，然后设备之间通信使用基于时槽的CSMA-CA信道访问机制在竞争时段内进行访问完成数据的传输。设备依据上层的要求在传输的帧中设置是否需要应答，协调器据此发送应答帧。如果协调器需要传输数据给目标设备，则协调器在信标帧中携带目标设备相关信息；目标设备在收到信标帧后，采用基于时槽的CSMA-CA发送MAC层数据请求命令帧。协调器首先按要求决定是否发送应答帧，然后也采用基于时槽的CSMA-CA机制把数据发送出去。在得到确认后，协调器从自己的内存中删除对应的数据；若未收到确认，协调器重发数据。在信标使能的网络中，如果存在应答确认帧，则一般直接跟到对应帧后传输给源设备，不采用信道竞争访问，因此应答帧一般比较短。

在信标不使能的通信网络中，PAN协调器不发送信标帧，各个设备使用非分时槽的CSMA-CA机制访问信道。该机制的通信过程如下：每当设备需要发送数据或者发送MAC命令时，它首先等候一段随机长的时间，然后开始检测信道状态，如果信道空闲，该设备立即开始发送数据；如果信道忙，设备需要重复上面的等待一段随机时间和检测信道状态的过程，直到能够发送数据。在设备接收到数据帧或命令帧而需要回应确认帧的时候，确认帧应紧跟着接收帧发送，而不使用CSMA-CA机制竞争信道。

3．MAC 层帧结构

MAC 层帧结构的设计目标是用最低复杂度实现在多噪声无线信道环境下的可靠数据传输。MAC 层的帧格式为：头帧＋数据帧＋校验帧。这种帧结构的设计目标是用最低复杂度实现在多噪声无线信道环境下的可靠数据传输。每个 MAC 子层的帧都由帧头、负载和帧尾三部分组成。帧头由帧控制信息、帧序列号和地址信息组成。帧负载具有可变长度，具体内容由帧类型决定。帧尾是帧头和负载数据的 16 位 CRC 校验序列，如图 2.6 所示。

<table>
<tr><td>Ocets：2</td><td>1</td><td>0/2</td><td>0/2/8</td><td>0/2</td><td>0/2/8</td><td>0/5/6/10/14</td><td>可变</td><td>2</td></tr>
<tr><td rowspan="2">帧控制域（Frame Control）</td><td rowspan="2">帧序列号（Seq Num）</td><td>目标 PAN ID</td><td>目标地址</td><td>源 PAN ID</td><td>源地址</td><td rowspan="2">附加安全头部</td><td>帧负载</td><td>FCS 校验</td></tr>
<tr><td colspan="4">地址域</td><td rowspan="2">MAC 负载</td><td rowspan="2">帧尾（MFR）</td></tr>
<tr><td colspan="7">帧头（MHR）</td></tr>
</table>

图 2.6 MAC 层帧结构

在 MAC 子层中设备地址有两种格式：16 位（2B）的短地址和 64 位（8B）的扩展地址。16 位短地址是设备与 PAN 协调器关联时，由协调器分配的网内局部地址；64 位扩展地址是全球唯一地址，在设备进入网络之前就分配好了。16 位短地址只能保证在 PAN 内部是唯一的，所以在使用 16 位短地址通信时需要结合 16 位的 PAN 标识符才有意义。两种地址类型的地址信息的长度是不同的，从而导致 MAC 帧头的长度也是可变的。一个数据帧使用哪种地址类型由帧控制字段的内容指示。在帧结构中没有表示帧长度的字段，这是因为在物理层的帧里面有表示 MAC 帧长度的字段，MAC 负载长度可以通过物理层帧长和 MAC 帧头的长度计算出来。

4．MAC 层帧分类

IEEE 802.15.4 网络共定义了 4 种类型的帧：信标帧、数据帧、确认帧和 MAC 命令帧。

1）信标帧

如图 2.7 所示为信标帧的格式，需要注意的是信标帧中的地址域只包含设备的 PANID 和地址。信标帧的负载数据单元由 4 部分组成：超帧描述字段、GTS 分配字段、待转发数据目标地址字段和信标帧负载数据。

<table>
<tr><td>Ocets：2</td><td>1</td><td>4/10</td><td>0/5/6/10/14</td><td>2</td><td>可变</td><td>可变</td><td>可变</td><td>2</td></tr>
<tr><td>帧控制域（Frame Control）</td><td>帧序列号（Seq Num）</td><td>地址域</td><td>附加安全头部</td><td>超帧描述</td><td>GTS 分配释放信息</td><td>待发数据目标地址信息</td><td>帧负载</td><td>FCS 校验</td></tr>
<tr><td colspan="4">帧头</td><td colspan="4">MAC 负载</td><td>帧尾</td></tr>
</table>

图 2.7 信标帧结构

具体说明如下。

（1）超帧描述字段：信标帧中超帧描述字段规定了这个超帧的持续时间、活跃部分持续时间以及竞争访问时段持续时间等信息。

（2）GTS 分配字段：GTS 分配字段将无竞争时段划分为若干个 GTS，并把每个 GTS

具体分配给了某个设备。

（3）待转发数据目标地址字段：转发数据目标地址列出了与协调者保存的数据相对应的设备地址。一个设备如果发现自己的地址出现在待转发数据目标地址字段里，则意味着协调器存有属于它的数据，所以它就会向协调器发出请求传送数据的 MAC 命令帧。

（4）信标帧负载数据：信标帧负载数据为上层协议提供数据传输接口。例如，在使用安全机制的时候，这个负载域将根据被通信设备设定的安全通信协议填入相应的信息。通常情况下，这个字段可以忽略。

在无信标使能网络里，协调器在其他设备的请求下也会发送信标帧。此时信标帧的功能是辅助协调器向设备传输数据，整个帧只有待转发数据目标地址字段有意义。

2）数据帧

数据帧用来传输上层发到 MAC 子层的数据，它的负载字段包含上层需要传送的数据。数据负载传送至 MAC 子层时，被称为 MAC 服务数据单元。它的首尾被分别附加了 MHR 头信息和 MFR 尾信息后，就构成了 MAC 帧，如图 2. 8 所示。

Ocets：2	1	4/20	0/5/6/10/14	可变	2
帧控制域（Frame Control）	帧序列号（Seq Num）	地址域	附加安全头部	数据帧负载	FCS 校验
帧头				MAC 负载	帧尾

图 2.8 数据帧结构

MAC 帧传送至物理层后，就成为物理帧的负载 PSDU。PSDU 在物理层被“包装”，其首部增加了同步信息 SHR 和帧长度字段 PHR 字段。同步信息 SHR 包括用于同步的前导码和 SFD 字段，它们都是固定值。帧长度字段的 PHR 标识了 MAC 帧的长度，为一个字节长而且只有其中的低 7 位有效位，所以 MAC 帧的长度不会超过 127B。

3）确认帧

确认帧的帧格式如图 2.9 所示，由 MHR 和 MFR 组成。需要注意的是，确认帧的序列号应该与被确认帧的序列号相同，并且负载长度为零。如果设备收到目的地址为其自身的数据帧或 MAC 命令帧，并且帧的控制信息字段的确认请求位被置 1，设备需要回应一个确认帧。确认帧的序列号应该与被确认帧的序列号相同，并且负载长度应该为零。确认帧紧接着被确认帧发送，不需要使用 CSMA-CA 机制竞争信道。

Ocets：2	1	2
帧控制域（Frame Control）	帧序列号（Seq Num）	FCS 校验
帧头		帧尾

图 2.9 确认帧结构

4）命令帧

MAC 命令帧用于组建 PAN、传输同步数据等，如图 2.10 所示。目前定义好的命令帧有 9 种类型，主要完成三方面的功能：把设备关联到 PAN、与协调器交换数据、分配 GTS。命令帧在格式上和其他类型的帧没有太多的区别，只是帧控制字段的帧类型位有所不同。帧头的帧控制字段的帧类型为011B（B表示二进制数据），表示这是一个命令帧。命令帧的具体功能由帧的负载数据表示。负载数据是一个变长结构，所有命令帧负载的第一个字节是命令类型字节，后面的数据针对不同的命令类型有不同的含义。

Ocets：2	1	4/20	0/5/6/10/14	1	可变	2
帧控制域（Frame Control）	帧序列号（Seq Num）	地址域	附加安全头部	命令贴ID	命令帧负载	FCS校验
帧头				MAC负载		帧尾

图2.10 命令帧结构

5. MAC层服务规范

MAC层提供特定服务会聚子层（SSCS）和物理层之间的接口。从概念上说，MAC层还应包括MAC层管理实体（MLME），以提供调用MAC层管理功能的管理服务接口；同时MLME还负责维护MAC PAN信息库（MAC PIB）。

MAC层通过MAC公共部分子层（MCPS）的数据SAP（MCPS-SAP）提供MAC数据服务；通过MLME-SAP提供MAC管理服务。这两种服务通过物理层PD-SAP和PLME-SAP提供了SSCS和PHY之间的接口。除了这些外部接口外，MCPS和MLME之间还隐含了一个内部接口，用于MLME调用MAC数据服务。

IEEE 802.15.4标准MAC层规范给出三种数据传输模式，即协调点到普通节点、普通节点到协调点及协调点（普通节点）到协调点（普通节点）的数据传输。同时，标准也规范数据通信的三种方式：直接传输、间接传输和预留时隙（GTS）传输。

6. MAC层功能描述

MAC子层功能具体包括：

（1）协调器产生并发送信标帧，普通设备根据协调器的信标帧与协调器同步。

（2）支持无线信道的通信安全。

（3）使用CSMA-CA机制。

（4）支持不同设备的MAC层之间的可靠传输。

（5）支持保护时隙（GTS）机制。

GTS机制和时分复用机制相似，不同的是，它可以动态地为有收发请求的设备分配时槽。使用GTS机制需要设备间的时间同步。

（6）支持PAN的关联和取消关联。

关联操作是指一个设备在加入一个特定网络时，向协调器注册以及身份认证的过程。LR-WPAN中的设备有可能从一个网络切换到另一个网络，这时就需要进行关联和取消关联操作。

7. MAC层安全规范

IEEE 802.15.4提供的安全服务是在应用层已经提供密钥的情况下的对称密钥服务。密钥的管理和分配都由上层协议负责。这种机制提供的安全服务基于这样一个假定：即密钥的产生、分配和存储都在安全方式下进行。在IEEE 802.15.4中，以MAC帧为单位提供了访问控制、数据加密、帧完整性检查和顺序更新 4 种帧安全服务，为了适用各种不同的应用，设备可以在无安全模式、ACL 模式和安全模式三种模式中进行选择。

2.6 MAC/PHY 信息交互流程

无线网关的通信模型如图 2.11 所示。

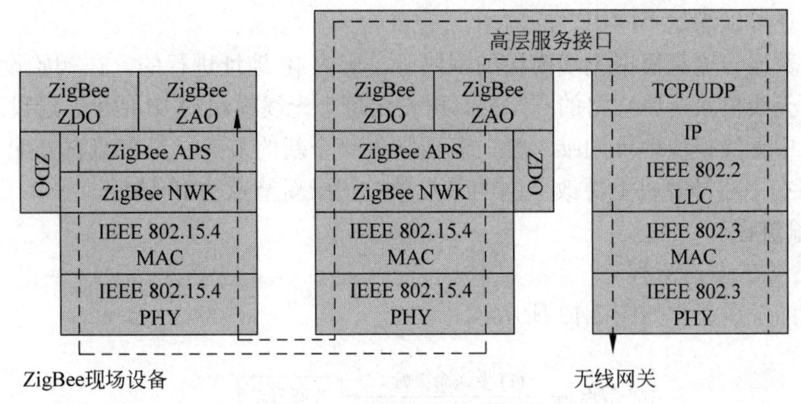

图 2.11　无线网关通信模型

模型主要包括以下三个方面：

（1）无线通信机制。现场设备与无线网关之间的数据通信采用了 ZigBee 无线通信技术。ZigBee 无线通信技术采用 CSMACA 接入方式，有效避免了无线电载波之间的冲突，保证了数据传输的可靠性。其 MAC 层和物理层由 IEEE 802.15.4 工作小组制定，NWK 和 APS 则由 ZigBee 联盟来制定，其他部分——ZDO（ZigBee 设备对象）和 ZAO（ZigBee 应用对象）由用户根据不同应用来完成。

（2）以太网协议转换。无线网关的接入功能主要体现在协议转换，即将 ZigBee 无线通信协议转换为以太网有线协议，通过以太网接入控制网络。IEEE 802.3PHY 和 IEEE 802.3 MAC 为标准的以太网物理层和介质访问层，IEEE 802.2LLC 提供以太网帧与 IP 层接口，传输层为标准 TCP/UDP 协议。

（3）上层服务接口。针对工业应用，无线网关要求提供上层服务及接口，使用户可以通过无线网关对现场设备进行组态、调校。上层服务接口位于 ZigBee APS 层与 TCP/IP 层之间，为系统实现各种服务提供通用接口。

2.7 基于 IEEE 802.15.4 标准的无线传感器网络

下面介绍一个基于 IEEE 802.15.4 标准的无线传感器网络实例。

1．组网类型

本实例中，无线传感器网络采用星状拓扑结构，由一个与计算机相连的无线模块作为中心节点，可以与任何一个普通节点通信。普通节点可以由一组传感器节点组成，如温度传感器、湿度传感器、烟雾传感器等，它们对周围环境中的各个参数进行测量和采样，并将采集到的数据发往中心节点，由中心节点对发来的数据和命令进行分析处理，完成相应操作。普通节点只能接收从中心节点传来的数据，与中心节点进行数据交换。

2．数据传输机制

在整个无线传感器网络中，采取的是主机轮巡查问和突发事件报告的机制。主机每隔一定时间向每个传感器节点发送查询命令；节点收到查询命令后，向主机回发数据。如果发生紧急事件，节点可以主动向中心节点发送报告。中心节点通过对普通节点的阈值参数进行设置，还可以满足不同用户的需求。

网内的数据传输是根据无线模块的网络号、国内IP地址进行的。在初始设置的时候，先设定每个无线模块所属网络的网络号，再设定每个无线模块的IP地址，通过这种方法能够确定网络中无线模块地址的唯一性。若要加入一个新的节点，只需给它分配一个不同的IP地址，并在中心计算机上更改全网的节点数，记录新节点的IP地址。

3．传输流程

1）命令帧的发送流程

命令帧的发送流程如图2.12所示。

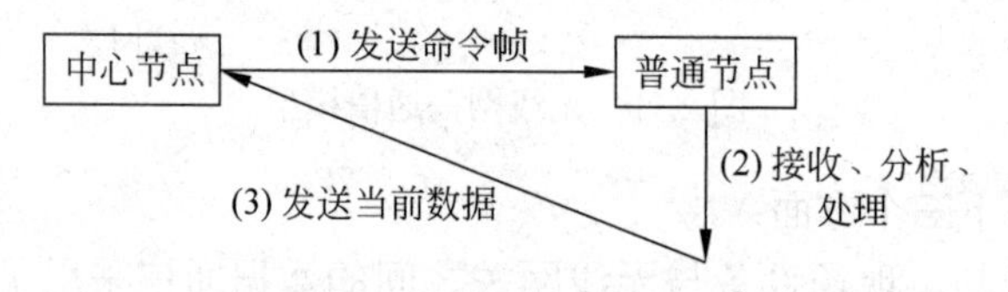

图2.12　命令帧的发送流程

因为查询命令帧采取轮巡机制，所以，丢失一两个查询命令帧对数据的采集影响不大；而如果采取出错重发机制，则容易造成不同节点的查询命令之间的互相干扰。

2）关键帧的发送流程

关键帧的发送流程如图2.13所示，包括阈值帧、关键重启命令帧等；采用出错重发机制。

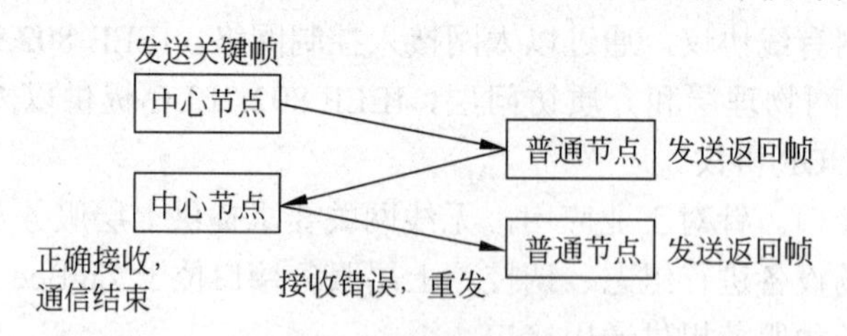

图2.13　关键帧的发送流程

4．传输帧格式及其应用

IEEE 802.15.4标准定义了一套新的安全协议和数据传输协议。本方案采用的无线模块根据IEEE 802.15.4标准，定义了一套帧格式来传输各种数据。

（1）数据帧：数据型数据帧结构的作用是把指定的数据传送到网络中指定节点上的外部设备中，具体接收目标也由这两种帧结构中的“目标地址”给定，如图2.14所示。

数据类型44h	目的地址	数据段长度	数据段	异或校验位

图2.14　数据帧结构

（2）返回帧：返回型数据帧结构的作用是无线模块将网络情况反馈给自身 UART0 上的外设，如图 2.15 所示。

数据类型 52h	目的地址	数据段长度	数据段	异或校验位

图 2.15　返回帧结构

本方案中利用这两种帧格式定义了适用于传感器网络的数据帧，并针对这些数据帧采取不同的应对措施来保证数据传输的有效性。

（1）传感器网络的数据帧格式是在无线模块数据帧的基础上进行修改的，主要包括传感器数据帧、中心节点的阈值设定帧、查询命令帧及重启命令帧。其中，传感器数据帧和阈值设定帧帧长都为 8B，包括无线模块的数据类型 1B，目的地址 1B，“异或”校验段 1B 以及数据长度 5B。5B 的数据长度包括传感数据类型 1B，数据 3B，源地址 1B。其中，当传感数据类型位为 0xBB 时，代表将要传输的是 A/D 转换器当前采集到的数据，源地址是当前无线模块的 IP 地址；当数据类型位为 0xCC 时，表示当前数据是系统设置的阈值，源地址是中心节点的 IP 地址。重启命令帧和查询命令帧都为 5B，包括无线模块的数据类型 1B，目的地址 1B，数据长度 1B（只传递传感器网络的数据类型位），并用 0xAA 表示当前的数据是查询命令，用 0xDD 表示让看门狗重启的命令。

（2）温度传感器节点给中心节点计算机的返回帧，在无线模块的数据帧基础上加以修改，帧长为 6B，包括无线模块的数据类型 1B，目的地址 1B，数据长度 2B，源地址 1B，“异或”校验 1B。在数据类型中，用 0x00 表示当前接收到的数据是正确的，用 0x01 表示当前接收到的数据是错误的。中心节点若收到代表接收错误的返回帧，则重发数据，直到温度传感器节点正确接收为止。若计算机收到 10 个没有正确接收的返回帧，则从计算机发送命令让看门狗重启。

（3）无线模块给外设的返回帧，当无线模块之间完成一次传输后，会将此次传输的结果回馈给与其相连接的外设，若成功传输，则类型为 0x00；若两个无线模块之间通信失败，则类型为 0xFF。当接收到通信失败的帧时，传感器发送的是当前环境的数据，把数据重发，若连续接收到 10 次发送失败的返回帧，停发数据，等待下一次的命令。若此时发送的是报警信号，则在连续重发 10 次后，开始采取延迟发送，每次隔一定的时间后，向中心节点发送报警报告，直到其发出，如果在此期间，收到中心节点的任何命令，则先将警报命令立即发出。因为 IEEE 802.15.4 标准已经在底层定义了 CSMA/CD 的冲突监测机制，所以，在收到发送不成功的错误帧后，中心计算机随机延迟一段时间（1～10 个轮回）后再发送新一轮的命令帧，采取这种机制来避免重发的数据帧加剧网络拥塞。如此 10 次以后，则标识网络暂时不可用，并且，以后每隔 10 个轮回的时间，发送一个命令帧，以测试网络，如果收到正确的返回帧，则表示网络恢复正常，重新开始新的轮回。

第 3 章 CHAPTER 3 ZigBee无线传感器网络通信标准

3.1 ZigBee 标准概述

ZigBee 技术在 IEEE 802.15.4 的推动下，不仅在工业、农业、军事、环境、医疗等传统领域取得了成功的应用，在未来其应用可能涉及人类日常生活和社会生产活动的所有领域，真正实现无处不在的网络。ZigBee 技术是一组基于 IEEE 802.15.4 无线标准研制开发的，有关组网、安全和应用软件方面的技术标准，无线个人局域网工作组 IEEE 802.15.4 技术标准是 ZigBee 技术的基础，ZigBee 技术建立在 IEEE 802.15.4 标准之上，IEEE 802.15.4 只处理低级 MAC 层和物理层协议，ZigBee 联盟对其网络层协议和 API 进行了标准化。

ZigBee 技术是一种近距离、低复杂度、低功耗、低速率、低成本的双向无线通信技术，主要用于距离短、功耗低且传输速率不高的各种电子设备之间进行数据传输以及典型的有周期性数据、间歇性数据和低反应时间数据传输的应用，因此非常适用于家电和小型电子设备的无线控制指令传输。其典型的传输数据类型有周期性数据（如传感器）、间歇性数据（如照明控制）和重复低反应时间数据（如鼠标）。其目标功能是自动化控制。它采用跳频技术，使用的频段分别为 2.4GHz（ISM），868MHz（欧洲）及 915MHz（美国），而且均为免执照频段，有效覆盖范围为 10～75m。当网络速率降低到 28kb/s 时，传输范围可以扩大到 334m，具有更高的可靠性。

ZigBee 标准是一种新兴的短距离无线网络通信技术，它是基于 IEEE 802.15.4 协议栈，主要是针对低速率的通信网络设计的。它功耗低，是最具有可能应用在工控场合的无线方式。它和 2.4GHz 频带提供的数据传输速率为 250kb/s，915MHz 频带提供的数据传输速率为 40kb/s，而 868MHz 频带提供的数据传输速率为 20kb/s。另外，它可与 254 个包括仪器和家庭自动化应用设备的节点联网。它本身的特点使得其在工业监控、传感器网络、家庭监控、安全系统等领域有很大的发展空间。ZigBee 体系结构如图 3.1 所示。

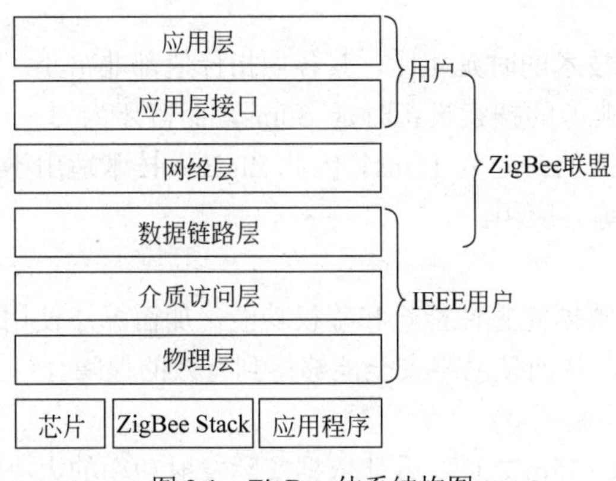

图 3.1　ZigBee 体系结构图

3.2 ZigBee 技术特点

ZigBee 是一种无线连接，可工作在 2.4GHz（全球流行）、868MHz（欧洲流行）和 915MHz（美国流行）三个频段上，分别具有最高 250kb/s、20kb/s 和 40kb/s 的传输速率，它的传输距离在 10～75m 的范围内，但可以继续增加。作为一种无线通信技术，ZigBee 自身的技术优势主要表现在以下几个方面。

1．功耗低

ZigBee 网络节点设备工作周期较短、收发数据信息功耗低，且使用了休眠模式（当不需接收数据时处于休眠状态，当需要接收数据时由“协调器”唤醒它们），因此，ZigBee 技术特别省电，据估算，ZigBee 设备仅靠两节 5 号电池就可以维持长达 6 个月到两年左右的使用时间，这是其他无线设备望尘莫及的，避免了频繁更换电池或充电，从而减轻了网络维护的负担。

2．成本低

由于 ZigBee 协议栈设计非常简单，所以其研发和生产成本较低。普通网络节点硬件只需 8 位微处理器，4～32KB 的 ROM，且软件实现也很简单。随着产品产业化，ZigBee 通信模块价格预计能降到 10 元人民币，并且 ZigBee 协议是免专利费的。低成本对于 ZigBee 也是一个关键的因素。

3．可靠性高

由于采用了碰撞避免机制并且为需要固定带宽的通信业务预留了专用时隙，避免了收发数据时的竞争和冲突，且 MAC 层采用完全确认的数据传输机制，每个发送的数据包都必须等待接收方的确认信息，所以从根本上保证了数据传输的可靠性。如果传输过程中出现问题可以进行重发。

4．容量大

一个 ZigBee 网络最多可以容纳 254 个从设备和 1 个主设备，一个区域内最多可以同时存在 100 个 ZigBee 网络，而且网络组成灵活。

5. 时延小

ZigBee 技术与蓝牙技术的时延相比，其各项指标值都非常小。通信时延和从休眠状态激活的时延都非常短，典型的搜索设备时延 30ms，而蓝牙为 3～10s。休眠激活的时延是 15ms，活动设备信道接入的时延为 15ms。因此 ZigBee 技术适用于对时延要求苛刻的无线控制（如工业控制场合等）应用。

6. 安全性好

ZigBee 技术提高了数据完整性检查和鉴权功能，加密算法使用 AES-128，且各应用可以灵活地确定安全属性，从而使网络安全能够得到有效的保障。

7. 有效范围小

有效覆盖范围在 10～75m 之间，具体依据实际发射功率的大小和各种不同的应用模式而定，基本上能够覆盖普通的家庭或办公室环境。

8. 兼容性

ZigBee 技术与现有的控制网络标准无缝集成。通过网络协调器自动建立网络，采用载波侦听 / 冲突检测（CSMACA）方式进行信道接入。为了可靠传递，还提供全握手协议。

ZigBee 具有广阔的应用前景。ZigBee 联盟预言在未来的 4 到 5 年，每个家庭将拥有 50 个 ZigBee 器件，最后将达到每个家庭 150 个。据估计，ZigBee 市场价值将超过数亿美元/年。其应用领域如图 3.2 所示。

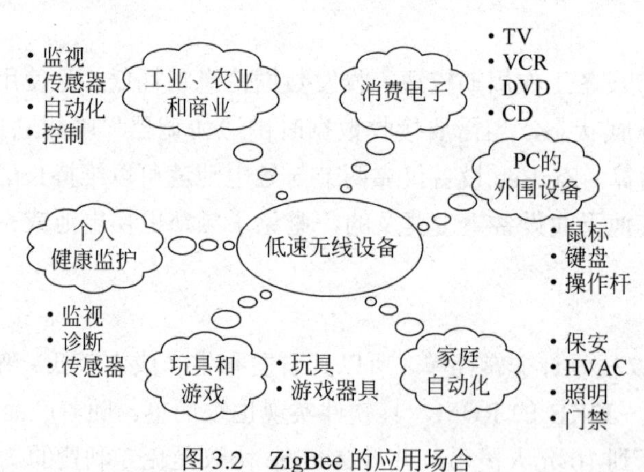

图 3.2 ZigBee 的应用场合

（1）家庭和楼宇网络。通过ZigBee网络，可以远程控制家里的电器、门窗等；可以方便地实现水、电、气三表的远程自动抄表；通过一个ZigBee遥控器，控制所有的家电节点。未来的家庭将会有50～100个支持ZigBee的芯片安装在电灯开关、烟火检测器、抄表系统、无线报警、安保系统、HVAC、厨房机械中，为实现远程控制服务。

（2）工业控制。在工业自动化领域，利用传感器和 ZigBee 网络，使得数据的自动采集、分析和处理变得更加容易，可以作为决策辅助系统的重要组成部分。例如，危险化学成分的检测、火警的早期检测和预报、高速旋转机器的检测和维护等。

（3）公共场所。例如，烟雾探测器等。

（4）农业控制。传统农业主要使用孤立的、没有通信能力的机械设备，主要依靠人力监测作物的生长状况。采用了传感器和ZigBee网络后，农业将可以逐渐地向以信息和软件为中心的生产模式转化，使用更多的自动化、网络化、智能化和远程控制的设备来耕种。传感器可以收集包括土壤湿度、氮浓度、pH值、降水量、温湿度和气压等信息。这些信息和采集信息的地理位置经由ZigBee网络传递到中央控制设备供农民决策和参考，这样就能够及早而准确地发现问题，从而有助于保持并提高农作物的产量。

（5）医疗。借助于各种传感器和ZigBee网络，准确且实时地监测病人的血压、体温和心跳速度等信息，从而减少医生查房的工作负担，有助于医生作出快速的反应，特别是对重病和病危患者的监护治疗。老人与行动不便者的紧急呼叫器和医疗传感器等。

（6）商业。例如智慧型标签等。

3.3　ZigBee协议框架

ZigBee堆栈是在IEEE 802.15.4标准基础上建立的，定义了协议的MAC和PHY层。ZigBee设备应该包括IEEE 802.15.4（该标准定义了RF射频以及与相邻设备之间的通信）的PHY和MAC层，以及ZigBee堆栈层：网络层（NWK）、应用层和安全服务提供层。

完整的ZigBee协议栈由物理层、介质访问控制层、网络层、安全层和高层应用规范组成，如图3.3所示。

图3.3　ZigBee协议栈

ZigBee协议栈的网络层、安全层和应用程序接口等由ZigBee联盟制定。物理层和MAC层由IEEE 802.15.4标准定义。在MAC子层上面提供与上层的接口，可以直接与网络层连接，或者通过中间子层SSCS和LLC实现连接。ZigBee联盟在802.15.4基础上定义了网络层和应用层。其中，安全层主要实现密钥管理、存取等功能。应用程序接口负责向用户提供简单的应用软件接口（API），包括应用子层支持（Application Sub-layer Support，APS）、ZigBee设备对象（ZigBee Device Object，ZDO）等，实现应用层对设备的管理。

3.4　ZigBee网络层规范

1. 网络层参考模型及实现

网络层主要实现节点加入、离开、路由查找和传送数据等功能。目前ZigBee网络层主要支持两种路由算法，即树路由（Cluster-Tree）和网状网路由。支持星状（Star）、树状（Cluster-Tree）、网格（Mesh）等多种拓扑结构，如图3.4所示。

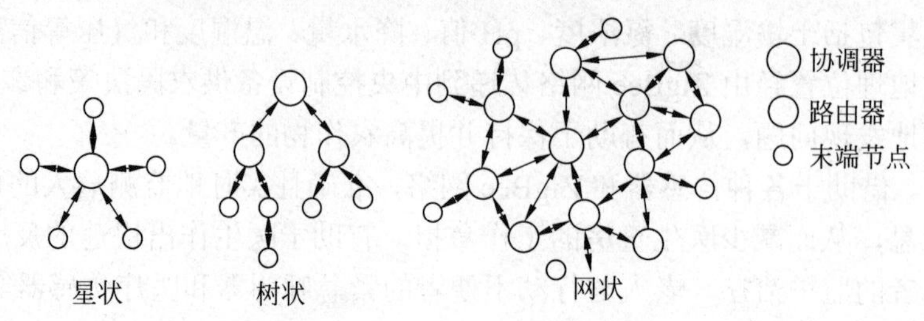

图3.4 ZigBee组网拓扑结构

在这些拓扑结构中一般包括三种设备：协调器、路由器和末端节点。

协调器也称为全功能设备（Full-Function Device，FFD），相当于蜂群结构中的蜂后，是唯一的，是ZigBee网络启动或建立网络的设备。一旦网络建立，该协调器就如同一个路由器，在网络中提供数据交换，建立安全机制，建立网络中绑定等路由功能。网络中的其他操作并不依赖该协调器，因为ZigBee网络是分布式网络。路由器相当于雄蜂，数目不多，需要一直处于工作状态，需要主干线供电。但在树状拓扑网络模式中，允许路由器周期地运行操作，所以可以采用电池供电。路由器的功能主要包括作为普通设备加入网络，实现多跳路由，辅助其他的子节点完成通信。末端节点则相当于数量最多的工蜂，也称为精简功能设备（Reduced-Function Device，RFD），只能传送数据给FFD或从FFD接收数据，该设备需要的内存较少（特别是内部RAM）。为了维持网络最基本的运行，末端节点没有指定的责任，没有必不可缺少性，可以根据自己的功能需要休眠或唤醒，一般可由电池供电。树路由把整个网络看作是以协调器为根的一棵树，树状路由不需要路由表，节省存储资源，缺点是不灵活，浪费了大量的地址空间，路由效率低。网状网的路由算法是无线自组网按需平面距离矢量路由算法（Ad Hoc On-Demand Distance Vector Routing，AODV）的一个简化版本。在AODV中，一个网络节点要建立连接时才广播一个连接建立的请求，其他的AODV节点转发这个请求消息，并记录源节点和回到源节点的临时路由。当接收连接请求的节点知道到达目的节点的路由时，就把这个路由信息按照先前记录的回到源节点的临时路由发回源节点。源节点和目的节点之间使用这个经由其他节点并且有最短跳数的路由进行数据传输。当链路断掉，路由错误回送源节点，源节点就重新发起路由查找的过程。它可以用于较大规模的网络，需要节点维护一个路由表，耗费一定的存储资源，但往往能达到最优的路由效率，而且使用灵活。

除了这几种路由方法，ZigBee还可以进行邻居表路由，其实邻居表可以看作是特殊的路由表，只不过只需要一跳就可以发送到目的节点。

2．网络层规范概述

ZigBee协议栈的核心部分在网络层。网络层负责拓扑结构的建立和维护、命名和绑定服务，它们协同完成寻址、路由、传送数据及安全这些不可或缺的任务，支持星状（Star）、树状（Cluster-Tree）、网格（Mesh）等多种拓扑结构。为了满足应用层的要求，ZigBee协议的网络层划分为网络层数据实体（NLDE）和网络层管理实体（NLME），NLDE提供相关的 SAP 的数据传输服务，而 NLME 则提供经由相关的 SAP 的管理服务。

网络层必须从功能上为 MAC 子层提供支持，并为应用层提供合适的服务接口。为了实现与应用层的接口，网络层从逻辑上分为两个具有不同功能的服务实体，即数据实体（NLDE）和管理实体（NLME）。数据实体通过和它相连的 NLDE-SAP 服务存取点提供数据管理服务；而网络层管理实体（NLME）则通过和它相连的 NLME-SAP 服务存取点提供管理服务。NLME 使用 NLDE 完成一些管理任务，并维护一个被称作网络信息中心（NIB）的数据库对象。

NLDE 提供如下服务：

（1）产生网络层协议数据单元（NPDU）。

（2）提供基于拓扑结构的路由策略。

NLME 提供如下服务：

（1）配置新设备。

（2）建立网络。

（3）加入和离开网络。

（4）寻址。

（5）邻居发现。

（6）路由发现。

（7）接收控制。

3．网络层服务规范

网络层提供了两种服务，可以通过两个服务存取点（SAP）分别进行访问。这两个服务是网络层数据服务和网络层管理服务。前者可以通过网络层数据实体服务存取点（NLDE-SAP）进行访问，后者则可以通过网络层管理服务实体服务存取点（NLME-SAP）进行访问。这两个服务与 MCPS-SAP 和 MLME-SAP 一起组成了应用层和 MAC 子层间的接口。除了这些外部接口，在网络层内部，NLME 和 NLDE 之间也存在一个接口，NLME 可以通过它访问网络层的数据服务。

4．网络层帧结构

网络层的帧是由网络层帧头和网络负载组成的。帧头部分域的顺序是固定的，但是根据具体情况，其他所有域不一定必须包含，如图 3.5 所示。

<table>
<tr><td>8B</td><td>2</td><td>2</td><td>1</td><td>1</td><td>变长</td></tr>
<tr><td rowspan="2">帧控制域</td><td>目标地址</td><td>源地址</td><td>半径</td><td>序列号</td><td>帧负载</td></tr>
<tr><td colspan="5">路由域</td></tr>
<tr><td colspan="5">帧头</td><td>网络负载</td></tr>
</table>

图 3.5 ZigBee 网络层帧结构

网络层定义了数据帧和命令帧，它的帧结构由网络层头信息和数据负载构成。网络层通用帧结构如图 3.5 所示。网络层帧头信息格式是固定的，帧控制 2B，目的地址 2B，源地址 2B，网络传输的半径 1B，但是地址域和序列号域并非在所有的帧结构中都出现。网络

层数据域 *n*B。其中目的地址、源地址、半径和序列统称为路由域。网络层数据帧和命令帧的区别在于命令的数据域有 1B 的 NWK 命令标识符。

5. 网络层功能

网络层负责拓扑结构的建立和维护网络连接，主要功能包括设备连接和断开网络时所采用的机制，以及在帧信息传输过程中所采用的安全性机制。此外，还包括设备的路由发现和路由维护及转交。并且，网络层完成对一跳（one-hop）邻居设备的发现和相关节点信息的存储。一个 ZigBee 协议器创建一个新网络，为新加入的设备分配短地址等。并且，网络层还提供一些必要的函数，确保 ZigBee 的 MAC 层正常工作，并且为应用层提供合适的服务接口。

网络层的主要功能包括以下 8 个方面：

（1）通过添加恰当的协议头能够从应用层生成网络层的 PDU，即 NPDU。

（2）确定网络的拓扑结构。

（3）配置一个新的设备，可以是网络协调器，也可以向存在的网络中加入设备。

（4）建立并启动无线网络。

（5）加入或离开网络。

（6）ZigBee 的协调器和路由能为加入网络的设备分配地址。

（7）发现并记录邻居表、路由表。

（8）信息的接收控制，同步 MAC 子层或直接接收信息。

3.5 ZigBee 应用层规范

ZigBee 协议栈的层结构包括 IEEE 802.15.4 媒体接入控制层（MAC）和物理层（PHY），以及 ZigBee 网络层。每一层通过提供特定的服务完成相应的功能。其中，ZigBee 应用层包括 APS 子层、ZDO（包括 ZDO 管理层）以及用户自定义的应用对象。APS 子层的任务包括维护绑定表和绑定设备间的消息传输。所谓的绑定指的是根据两个设备所提供的服务和它们的需求而将两个设备关联起来。ZDO 的任务包括界定设备在网络中的作用，发现网络中的设备并检查它们能够提供哪些应用服务，产生或者回应绑定请求，并在网络设备间建立安全的通信。

ZigBee 应用层有三个组成部分，包括应用支持子层（Application Support Sub-Layer，APS）、应用框架（Application Framework，AF）、ZigBee 设备对象（ZigBee Device Object，ZDO）。它们共同为各应用开发者提供统一的接口，规定了与应用相关的功能，如端点（Endpoint）的规定，绑定（Binding）、服务发现和设备发现等。

1. 应用支持子层

APS 主要作用包括：协议数据单元 APDU 的处理，APSDE 提供在同一个网络中的应用实体之间的数据传输机制，APSME 提供多种服务给应用对象，并维护管理对象的数据库。

APS 是网络层（NWK）和应用层（APL）之间的接口。该接口包括一系列可以被 ZDO 和用户自定义应用对象调用的服务。这些服务由两个实体提供：APS 数据实体（APSDE）

通过 APSDE 服务接入点（APSDE-SAP），APS 管理实体（APSME）通过 APSME 服务接入点（APSME-SAP）。APSDE 在同一个网络中的两个和多个设备提供传输应用 PDU 的数据传输服务。APSME 提供设备发现和设备绑定服务，并维护一个管理对象的数据库，也就是 APS 信息库（AIB）。

2．应用框架

在 ZigBee 应用中，应用框架提供了两种标准服务类型。一种是键值对（Key Value Pair，KVP）服务类型，另一种是报文（message，MSG）服务类型。KVP 服务用于传输规范所定义的特殊数据。它定义了属性（attribute）、属性值（value）以及用于 KVP 操作的命令：Set、Get、Event。其中，Set 用于设置一个属性值；Get 用于获取一个属性值；Event 用于通知一个属性已经发生改变。KVP 消息主要用于传输一些较为简单的变量格式。由于 ZigBee 的很多应用领域中的消息较为复杂，并不适用于 KVP 格式，因此 ZigBee 协议规范定义了 MSG 服务类型。MSG 服务对数据格式不作要求，适合任何格式的数据传输。因此可以用于传送数据量大的消息。

应用框架AF为每个应用对象提供了键值对（KVP）服务和报文（MSG）服务。KVP 命令帧的格式如图3.6所示。MSG命令帧格式如图3.7所示。

位：4	4	16	0/8	可变
命令类型标识符	属性数据类型	属性标识符	错误代码	属性数据

图 3.6　KVP 命令帧的格式

位：8	可变
事务长度	事务数据

图 3.7　MSG命令帧格式

3．ZigBee设备对象

ZDO 实际上是介于应用层端点和应用支持子层中间的端点，其主要功能集中在网络管理和维护上。应用层的端点可以通过 ZDO 提供的功能来获取网络或者是其他节点的信息，包括网络的拓扑结构、其他节点的网络地址和状态以及其他节点的类型和提供的服务等信息。

端点是应用对象存在的地方，ZigBee 允许多个应用同时位于一个节点上，ZigBee 定义了几种描述符，对设备以及提供的服务进行描述，可以通过这些描述符来寻找合适的服务或者设备。

此外，ZigBee 协议栈还提供了安全组件，如采用了 AES128 的算法对网络层和应用层的数据进行加密保护；设立信任中心的角色，用于管理密钥和管理设备，可以执行设置的安全策略。

从以上分析可知，ZigBee 协议套件简单紧凑，因而与之兼容的硬件要求也比较简单，8 位微处理器 80C51 就可以满足要求，全功能协议软件需要 32KB 的 ROM，最小功能协议软件需求大约 4KB 的 ROM。目前，飞思卡尔、得州仪器 TI 等国际巨头已推出了比较成熟的 ZigBee 开发平台，如 TI 推出基于 CC2420 收发器和 TI MSP430 超低功耗单片机的平台，

CC2430 的 SOC 平台 C51RF-3-PK 等。

ZigBee 设备配置层提供标准的 ZigBee 配置服务，它定义和处理描述符请求。在 ZigBee 设备配置层中定义了称为 ZigBee 设备对象的特殊软件对象，在其他服务中提供绑定服务。远程设备可以通过 ZDO 接口请求任何标准的描述符信息。当接收到这些请求时，ZDO 会调用配置对象以获取相应的描述符值。在目前的 ZigBee 协议版本中，还没有完全实现设备配置层。ZDO 是特殊的应用对象，它在端点（end-point）0 上实现。

3.6 ZigBee 安全服务规范

ZigBee 设备之间的通信使用 IEEE 802.15.4 无线标准，该标准指定物理层（PHY）和媒介存取控制层（MAC）两层规范。而 ZigBee 规范了网络层（NWK）和应用层（APL）标准，各层规范功能分别如下。

PHY：提供基本的物理无线通信能力。

MAC：提供设备间的可靠性授权和一跳通信连接服务。

NWK：提供用于构建不同网络拓扑结构的路由和多跳功能。

APL：包括一个应用支持子层、ZigBee 设备对象和应用。

在安全服务规范方面，协议栈分别在 MAC、NWK 和 APS 三层具有安全机制，保证各层数据帧的安全传输。同时，APS 提供建立和保持安全关系的服务。ZDO 管理安全性策略和设备的安全性结构。

第4章 CHAPTER 4 ZigBee开发平台

作为一种全新的信息获取平台，无线传感器网络能够实时监测和采集网络区域内各种监控对象的信息，并将这些采集信息传送到网关节点，从而实现规定区域内目标监测、跟踪和远程控制。无线传感器网络是一个由大量各种类型且廉价的传感器节点（如电磁、气体、温度、湿度、噪声、光强度、压力、土壤成分等传感器）组成的无线自组织网络。无线传感器网络在农业、医疗、工业、交通、军事、物流以及个人家庭等众多领域都具有广泛的应用，其研究、开发和应用很大程度上关系到国家安全、经济发展等各个方面。因为无线传感器网络广阔的应用前景和潜在的巨大应用价值，近年来在国内外引起了广泛的重视。另一方面，由于国际上各个机构、组织和企业对无线传感器网络技术及相关研究的高度重视，也大大促进了无线传感器网络的高速发展，使无线传感器网络在越来越多的应用领域开始发挥其独特的作用。

ZigBee 技术是一种近距离、低复杂度、低功耗、低速率、低成本的双向无线通信技术。主要用于距离短、功耗低且传输速率不高的各种电子设备之间进行数据传输以及典型的有周期性数据、间歇性数据和低反应时间数据传输的应用。ZigBee 网络主要是为工业现场自动化控制数据传输而建立，因而，它必须具有简单、使用方便、工作可靠、价格低的特点。因此，ZigBee 技术成为实现无线传感器网络最重要的技术之一。但是 ZigBee 的应用开发综合了传感器技术、嵌入式技术、无线通信技术，使 ZigBee 技术对于普通开发者似乎遥不可及。

随着集成电路技术的发展，无线射频芯片厂商采用片上系统（System On Chip，SOC）的办法，对高频电路进行了大量的集成，大大地简化了无线射频应用程序的开发。其中，最具代表性的是 TI 公司开发的 2.4GHz IEEE 802.15.4/ZigBee 片上系统解决方案 CC2530 无线单片机。TI 公司提供完整的技术手册、开发文档、工具软件，使得普通开发者开发无线传感网应用成为可能。TI 公司不仅提供了实现 ZigBee 网络的无线单片机，而且免费提供了符合 ZigBee 2007 协议规范的协议栈 Z-Stack 和较为完整的开发文档。因此，CC2530+Z-Stack 成为目前 ZigBee 无线传感网开发的最重要技术之一。

使用 CC2530+Z-Stack 开发 ZigBee 无线传感网应用需要以下开发环境：

（1）CC2530 开发板，目前有众多厂家提供了 CC2530 射频模块，实现了射频功能，并将所有 I/O 引脚引出。在这个基础上，本书设计了一个学习板，实现了 CC2530 的外围功能，在它上面可以运行本书提供的所有例程。如果本书用于教学，本书还设计了一个作业板，将外围电路做了调整，供学习者练习使用。

（2）IAR 集成开发环境，这是一个功能强大的 8051 系列单片机集成开发环境，支持几乎所有的标准和扩展架构的 8051 单片机。本书使用的 IAR 版本号为 8.10，支持 Z-Stack 协议栈 2.5.0。在这里要注意，不同版本的 Z-Stack 协议栈需要不同版本的 IAR 集成开发环境才能支持。

（3）Z-Stack 协议栈。

（4）一台运行 IAR 软件的 PC，目前 IAR 对 Windows XP 支持得较好，所以操作系统最好是 Windows XP。

4.1 ZigBee 硬件开发平台

4.1.1 CC2530 射频模块

本书所用 ZigBee 模块，基于 ZigBee 2007 标准和 TI 第二代 ZigBee SOC CC2530F256 芯片，模块采用 SMT 工艺批量生产，一致性好，可靠性高；模块工作在免费的 2.4GHz 频段，数字 IO 接口全部引出，用处广泛；模块免除了客户射频开发的困难；软件方面支持 TI-MAC，SimpliciTI，Z-Stack，RemoTI 等软件包，方便客户开发符合 IEEE 802.15.4、ZigBee 2007、ZigBee Pro 和 ZigBee RF4CE 等标准或其他非标准的产品。模块体积小巧，采用外置 SMA 天线设计，增益大，接收灵敏度高，通信距离远，实测可视距离可达 400m。引出 CC2530 所有的 IO 口，方便用户进行二次开发，最大程度地利用系统资源。模块接口为标准的 2.54 间距双排插针，通用性强，方便用户快速、经济地搭建自己的系统，性价比高。

（1）CC2530 射频模块具有如下特征。

① 基于 CC2530F256 单芯片 ZigBee SOC，集成 8051 内核，方便开发测试。

② 模块尺寸：36mm×26mm。

③ SMA 座，外接 50Ω 天线。

④ 模块对外提供 TTL 串口，所有 I/O 引脚。

⑤ 开发工具使用 IAR Embedded Workbench for MCS-51，开发调试方便快捷。

（2）主要技术指标如表 4.1 所示。

表 4.1 主要技术指标

性能参数名称	指　标
频段	2405～2480MHz
主芯片	CC2530F256
通信协议标准	IEEE 802.15.4
调制方式	DSSS（O-QPSK）
数据传输速率	250kb/s
通信范围	空旷场合 400m（MAX）
接收灵敏度	−97dBm
寻址方式	64 位 IEEE 地址，8 位网络地址
数据加密	128 b AES

续表

性能参数名称	指　标
错误校验	CRC 16/32
信道接入方式	CSMA-CA 和时隙化的 CSMA-CA
信道数	16
接口	2×7 2×6 双排 2.54mm 间距插针
发射电流（最大）	34mA
接收电流（最大）	25mA
工作温度	-40～85℃
电源	2.0～3.6V
物理尺寸	36mm×26mm

（3）模块引出引脚定义如表 4.2 所示。

表 4.2　模块引出引脚定义

插座编号	引脚编号	引脚定义	引 脚 功 能
P1	1	GND	地线
	2	P2_4/Q1	CC2530 的 IO 脚 P2_4/32768 晶振复用
	3	P2_3/Q2	CC2530 的 IO 脚 P2_3/32768 晶振复用
	4	P2_2	CC2530 的 IO 脚 P2_2
	5	P2_1	CC2530 的 IO 脚 P2_1
	6	P2_0	CC2530 的 IO 脚 P2_0
	7	P1_7	CC2530 的 IO 脚 P1_7
	8	P1_6	CC2530 的 IO 脚 P1_6
	9	P1_5	CC2530 的 IO 脚 P1_5
	10	P1_4	CC2530 的 IO 脚 P1_4
	11	P1-3	CC2530 的 IO 脚 P1_3
	12	P1_2	CC2530 的 IO 脚 P1_2
	13	P1_1	CC2530 的 IO 脚 P1_1/20mA 电流驱动能力
	14	P1_0	CC2530 的 IO 脚 P1_0/20mA 电流驱动能力
P2	1	GND	地线
	2	VDD	电源线 2～3.6V
	3	RESET	复位脚，低电平有效
	4	VDD	电源线 2～3.6V
	5	P0_0	CC2530 的 IO 脚 P0_0
	6	P0_1	CC2530 的 IO 脚 P0_1
	7	P0_2	CC2530 的 IO 脚 P0_2
	8	P0_3	CC2530 的 IO 脚 P0_3
	9	P0_4	CC2530 的 IO 脚 P0_4
	10	P0_5	CC2530 的 IO 脚 P0_5
	11	P0_6	CC2530 的 IO 脚 P0_6
	12	P0_7	CC2530 的 IO 脚 P0_7

4.1.2 调试器接口

SmartRF04EB 是 TI 公司发布的第 4 版 CC 系列芯片调试器，可用于 CC11xx、CC243x、CC251x、CC253x 等多个系列芯片，支持仿真、调试、单步、烧录、加密等操作，可与 IAR 编译环境和 TI 发布的相关软件进行无缝连接。

（1）产品特点。

① 与 IAR for 8051 集成开发环境无缝连接。

② 支持内核为 51 的 TI ZigBee 芯片，如 CC111x/CC243x/CC253x/CC251x。

③ 下载速度高达 150KB/s。

④ 自动识别速度。

⑤ 可通过 TI 相关软件更新最新版本固件。

⑥ USB 即插即用。

⑦ 标准 10Pin 输出座。

⑧ 电源指示和运行指示。

⑨ 尺寸小巧，设计精美，稳定性很高，输出大电流时电源非常稳定。

⑩ 固件版本为最新的 0043，解决了以前版本的缺陷，相当稳定，且能很好地支持 25xx 系列芯片。

⑪ 支持仿真下载和协议分析。

⑫ 可对目标板供电 3.3V/50mA。

⑬ 出厂的每个调试器均具有唯一 ID 号，一台计算机可以同时使用多个 ID 号，便于协议分析和系统联调。

⑭ 支持多种版本的 IAR 软件，例如用于 2430 的 IAR730B，用于 25xx 的 IAR751A、IAR760 等，并与 IAR 软件实现无缝集成。

（2）输出引脚排列如表 4.3 所示。

表 4.3 调试器输出引脚排列

序 号	描 述	序 号	描 述
1	GND	2	VDD
3	DC	4	DD
5	CSN	6	CLK
7	RESET	8	MOSI
9	MISO	10	NC

4.1.3 ZigBee 学习板

1. 射频模块接口、LED 及红外发射

射频模块接口：采用双排 2.54mm 间距通用插槽，用于连接 CC2530 射频模块。

LED：绿色 LED 为 LED1，连接在引脚 P1_6；红色 LED 为 LED2，连接在引脚 P1_7。

红外发射管：用于红外实验，连接引脚 P1_1。

如图 4.1 所示是这部分的原理图。

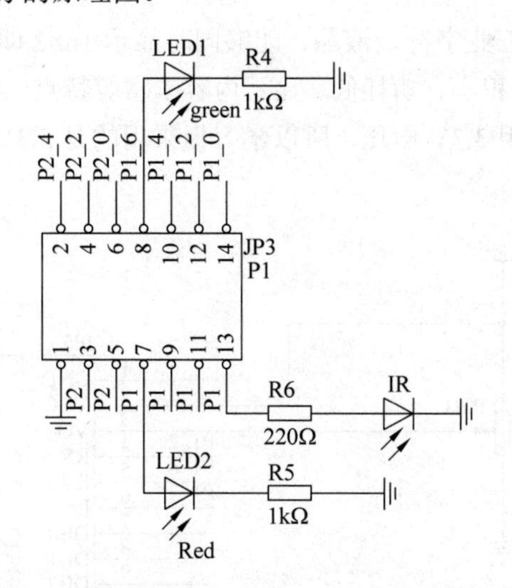

图 4.1 射频模块接口、LED 及红外发射原理图

2．调试器接口

调试器接口用于连接调试器，采用双排 10Pin 2.54mm 间距通用插槽，原理图如图 4.2 所示。

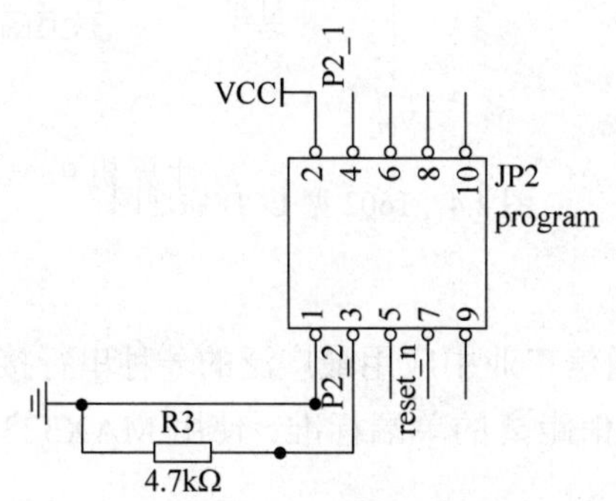

图 4.2 调试器接口原理图

3．按键

有两个按键 S1 和 S2 分别连接在 P0_1 和 P0_2，原理图如图 4.3 所示。

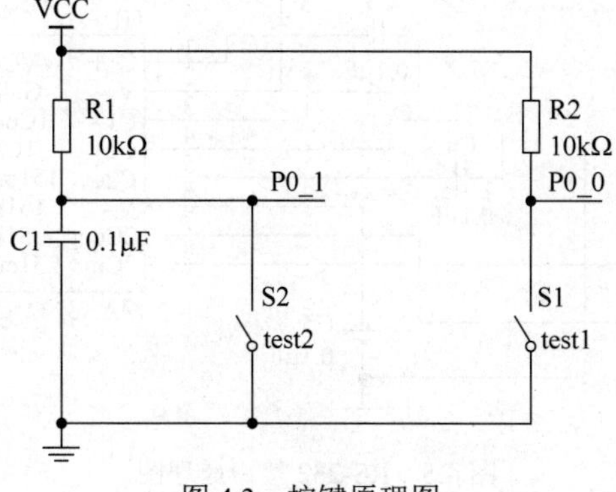

图 4.3 按键原理图

4．1602型LCD

1602型LCD是一种工业字符型液晶，能够同时显示16×2即32个字符（16列2行）。LCD1602显示模块具有体积小、功耗低、显示内容丰富等特点，被广泛应用于各种单片机应用中。因为CC2530使用3.3V电压，所以学习板采用的是3.3V 1602型LCD，原理图如图4.4所示。

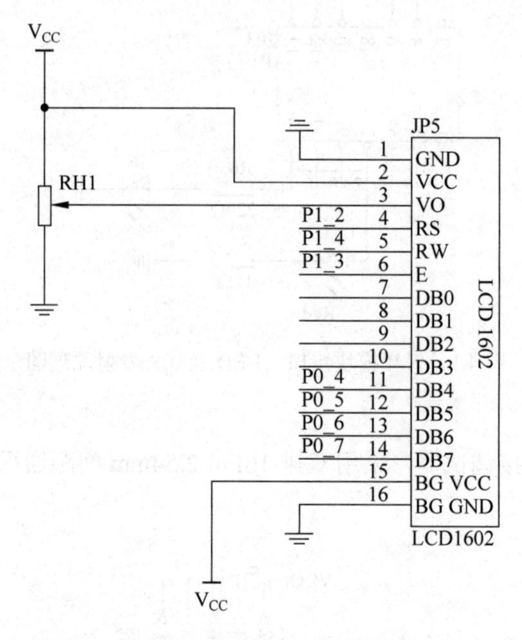

图4.4　1602型LCD原理图

5．RS-232接口

目前RS-232是PC与通信工业中应用最广泛的一种串行接口。RS-232被定义为一种在低速率串行通信中增加通信距离的单端标准。使用MAX3232芯片进行RS-232电平转换，原理图如图4.5所示。

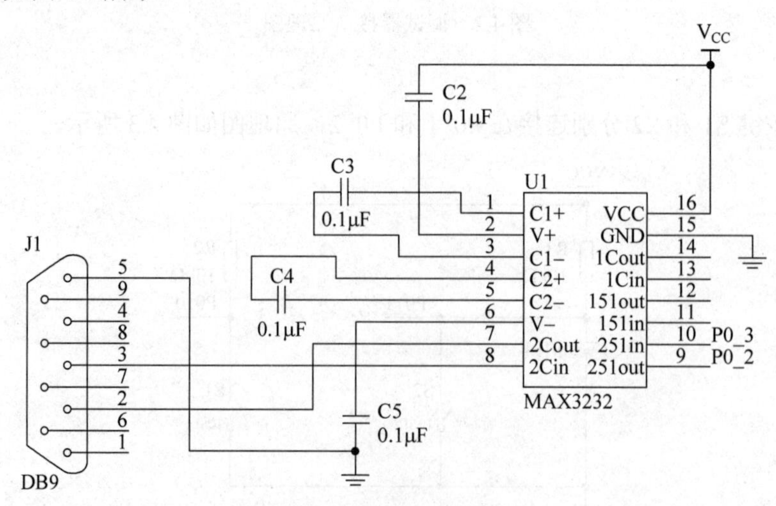

图4.5　RS-232接口原理图

6．红外接收

学习板上使用VS1838红外接收头，用于红外信号的接收，原理图如图4.6所示。

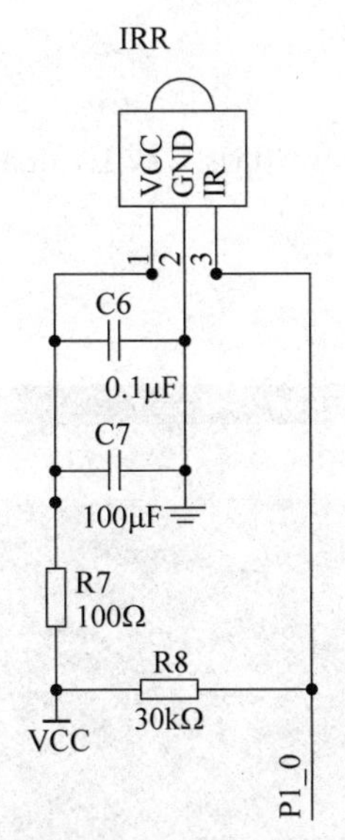

图4.6　红外接收原理图

4.2 ZigBee软件开发平台

4.2.1 IAR简介

应用及开发ZigBee 2007系统主要使用的软件工具是IAR Embedded Workbench IDE，它好比于开发51单片机系统所用的Keil软件。这里请注意：ZigBee 2006所用的软件工具为IAR 7.30B，而ZigBee 2007系统所用的软件版本为IAR 7.51以上版本。

IAR Systems是全球领先的嵌入式系统开发工具和服务供应商，公司成立于1983年，提供的产品和服务涉及嵌入式系统的设计、开发和测试的每一个阶段，包括带有C/C++编译器和调试器的集成开发环境（IDE）、实时操作系统和中间件、开发套件、硬件仿真器以及状态机建模工具。它最著名的产品是C编译器IAR Embedded Workbench，支持众多知名半导体公司的微处理器。

IAR Embedded Workbench是一套高度精密且使用方便的嵌入式应用编程开发工具。该集成开发环境中包含IAR的C/C++编译器、汇编工具、链接器、库管理器、文本编辑器、工程管理器和C-SPY®调试器。通过其内置的针对不同芯片的代码优化器，IAR Embedded Workbench可以为8051系列芯片生成非常高效和可靠的Flash/PROMable代码。IAR Embedded Workbench IDE提供一个框架，任何可用的工具都可以完整地嵌入其中。IAR Embedded Workbench适用于大量8位、16位以及32位的微处理器和微控制器，使用户在开发新的项目时也能在所熟悉的开发环境中进行。它为用户提供一个易学和具有最大量代码继承能力的开发环境，以及对大多数和特殊目标的支持。IAR Embedded Workbench有效提高了用户的工作效率，通过IAR工具，用户可以大大节省工作时间。

4.2.2 IAR 基本操作

1. IAR 的安装

可以到网址 http://www.iar.com/ew8051 下载 Evaluation edition for TI wireless solutions，这个评估版本可以使用 30 天。

2. IAR 工程的建立

(1) 启动 IAR，主界面如图 4.7 所示。

图 4.7　IAR 主界面

(2) 选择 Project|Create New Project 命令，打开如图 4.8 所示的对话框，单击 OK 按钮。

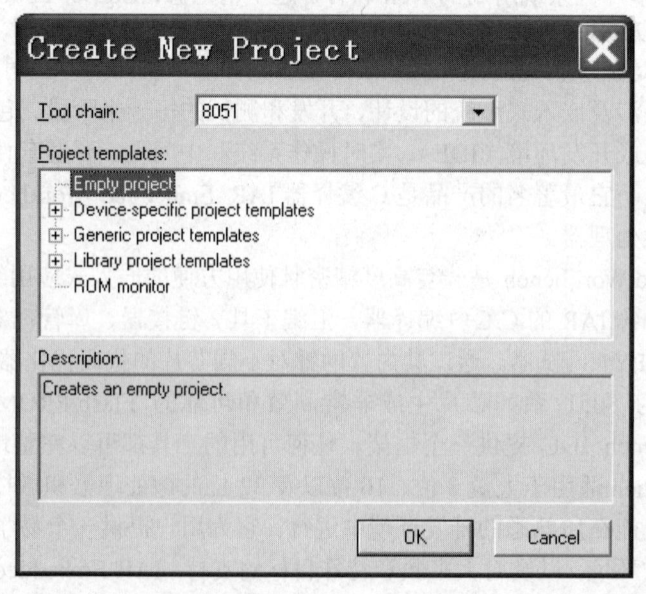

图 4.8　Create New Project 对话框

（3）在 c:\test 下建立一个 led 目录，将工程文件 led.ewp 放在其中，如图 4.9 所示。

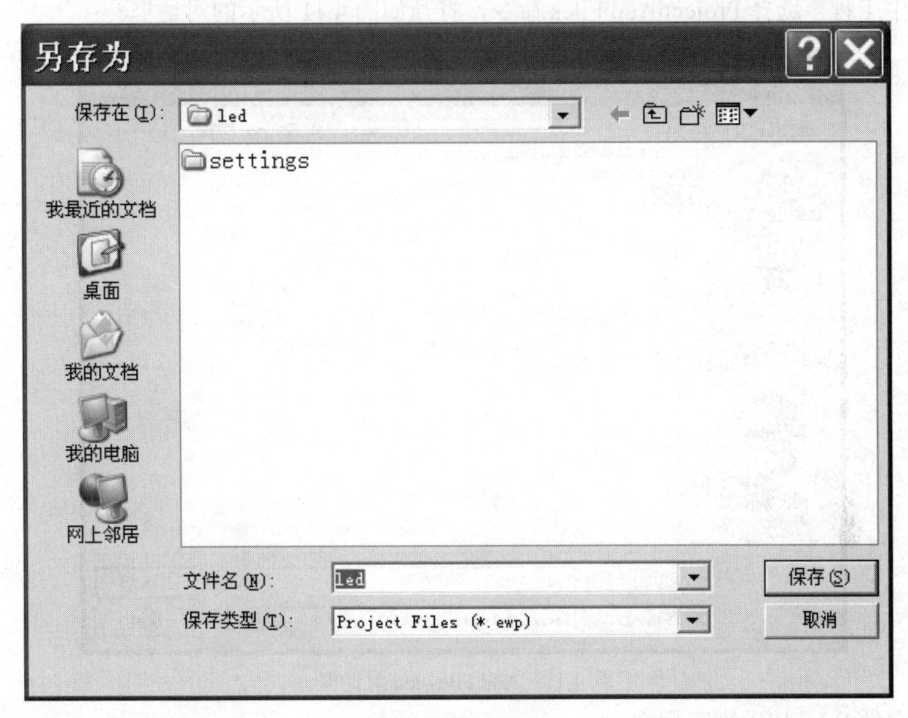

图 4.9　保存工程

3．新建一个 C 文件

（1）选择 File|New|File 命令。

（2）选择 File|Save as 命令，另存为 led.c，如图 4.10 所示。

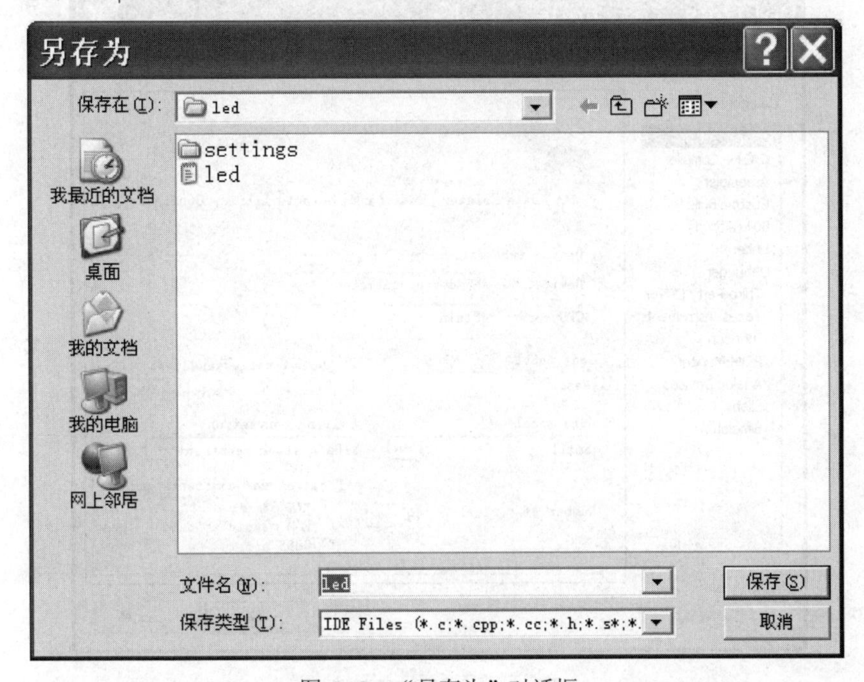

图 4.10　“另存为”对话框

4. 将C文件加入到工程中

选中工程，选择 Project|Add Files 命令，打开如图 4.11 所示的对话框。

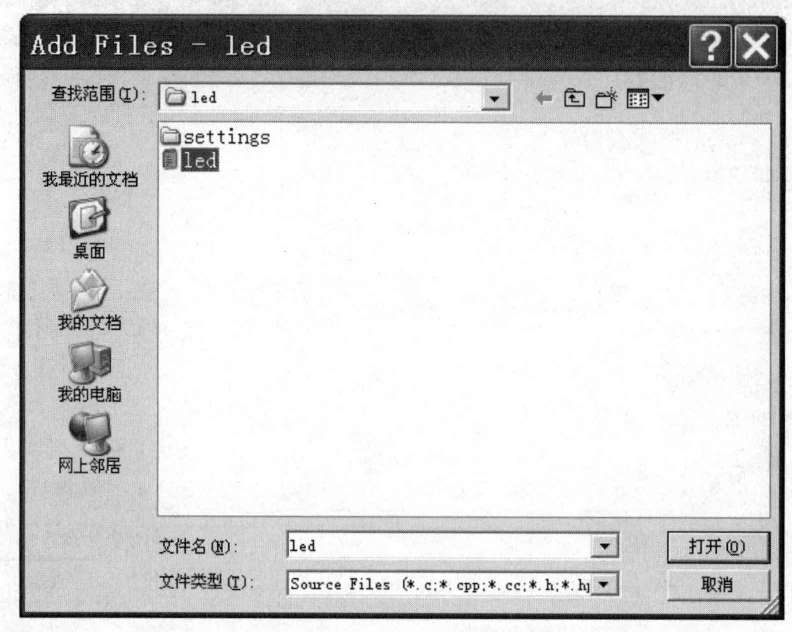

图 4.11　Add Files-led 对话框

将文件 led.c 加入到工程中。

5. 工程配置

在编写程序之前，需要对工程进行配置。

(1) 先选中需要配置的工程，选择 Project|Options 命令，打开如图 4.12 所示的对话框。

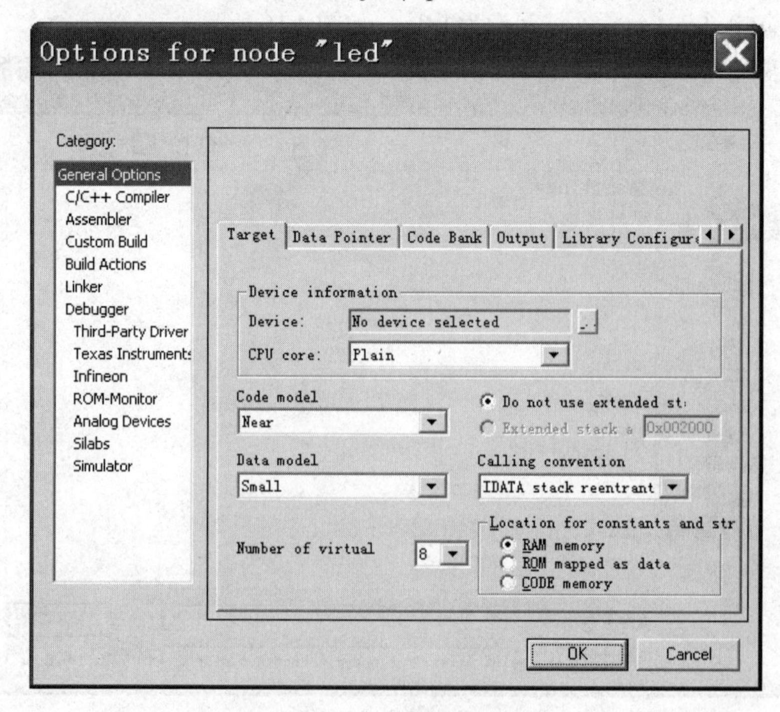

图 4.12　工程配置界面

（2）在 Category 列表中选中 General Options 选项。在 Target 选项卡中，单击 Device information 栏中的 Device 选择框右侧的按钮，打开如图 4.13 所示的对话框。

图 4.13 “打开”对话框

（3）打开 Texas Instruments 目录，如图 4.14 所示。

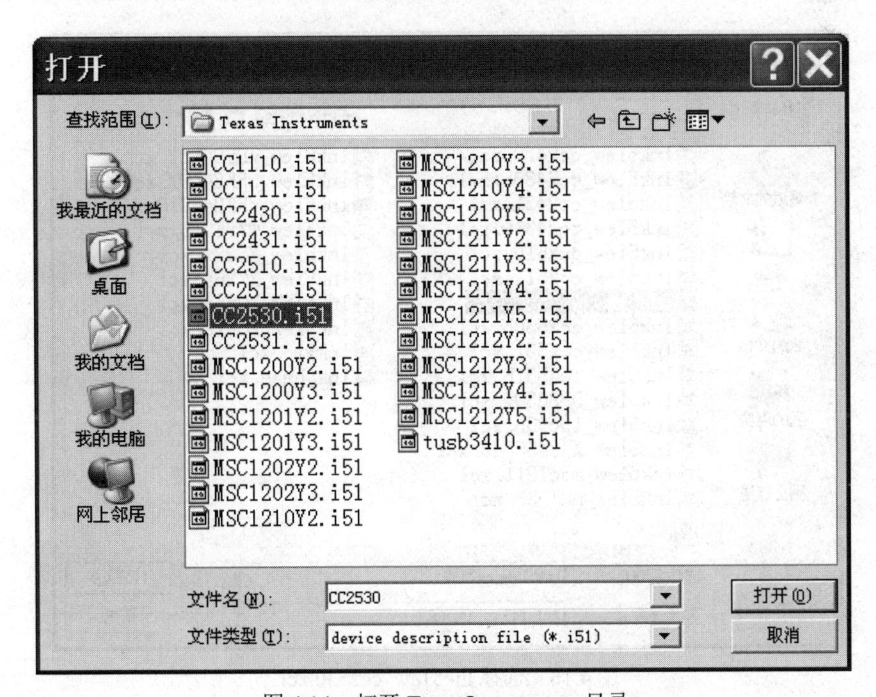

图 4.14 打开 Texas Instruments 目录

（4）选择 CC2530.i51。

（5）在 Category 列表中选择 Linker 选项，打开 Config 选项卡，如图 4.15 所示。

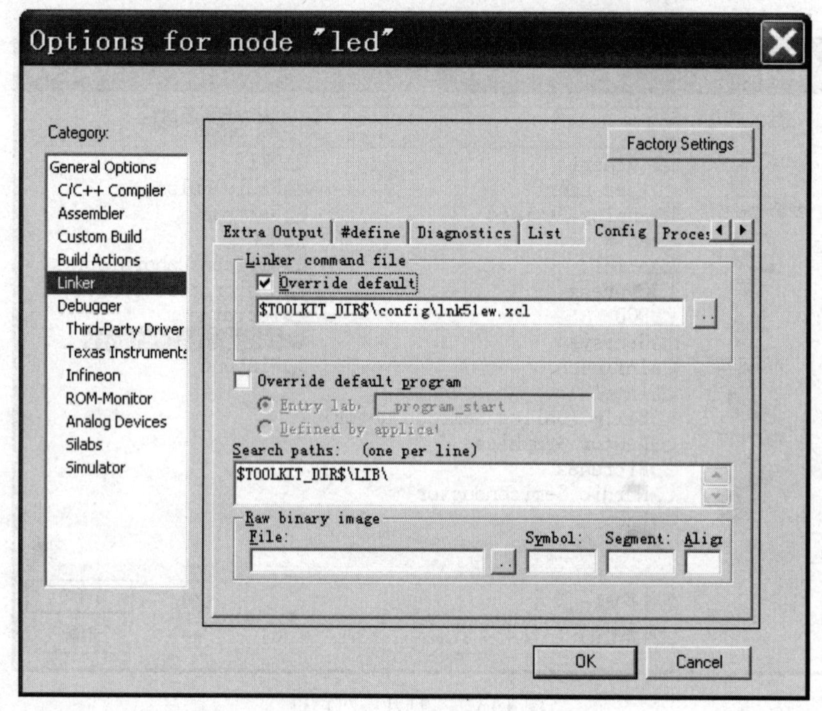

图 4.15 Config 选项卡

（6）选中 Override default 复选框，单击 OK 按钮，打开如图 4.16 所示的对话框。

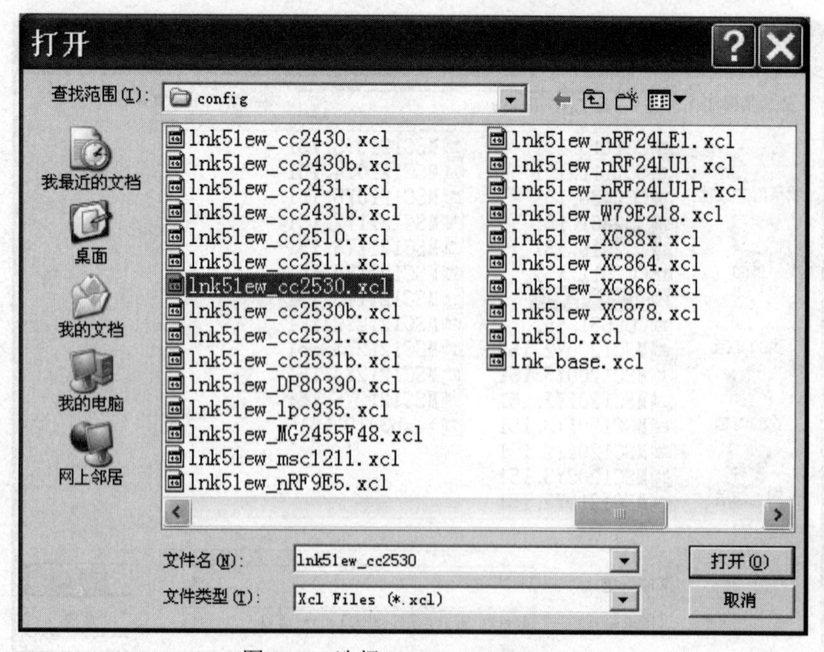

图 4.16 选择 lnk51ew_cc2530.xcl

（7）选择 lnk51ew_cc2530.xcl。

6. 工程保存

选择 File|Save All 命令，打开如图 4.17 所示的对话框。

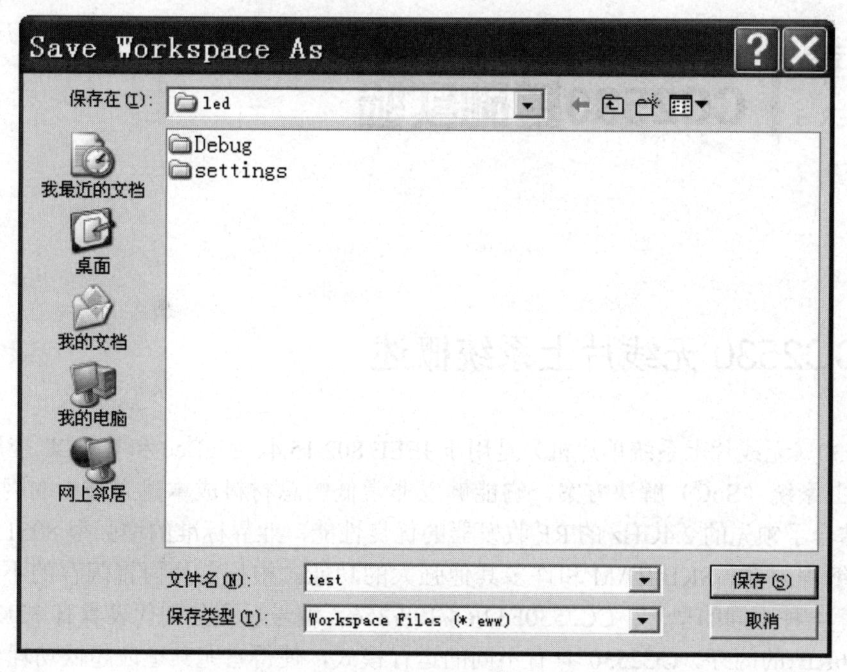

图 4.17 工程保存

在“文件名”文本框中输入工作区名“test”。

7. 调试程序

选择 Project|Debug 命令或按 Ctrl+D 组合键，打开如图 4.18 所示的窗口。

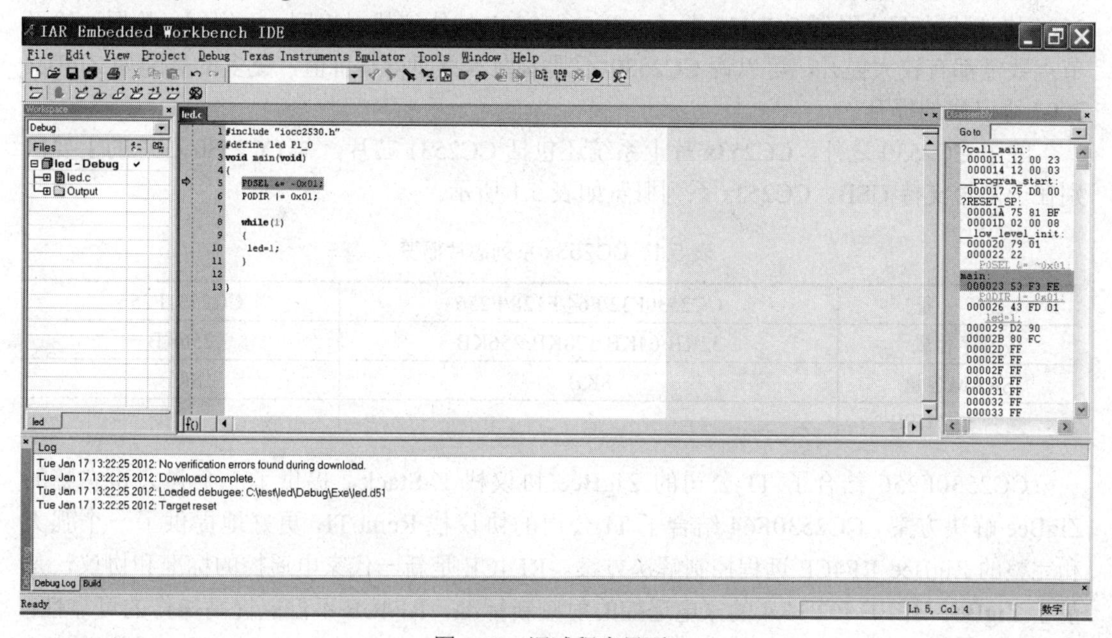

图 4.18 调试程序界面

选择 Debug|Go 命令或按 F5 键，执行程序。

第 5 章 CHAPTER 5 CC2530基础实验

5.1 CC2530 无线片上系统概述

CC2530（无线片上系统单片机）是用于 IEEE 802.15.4、ZigBee 和 RF4CE 应用的一个真正的片上系统（SoC）解决方案。它能够以非常低的总材料成本建立强大的网络节点。CC2530 结合了领先的 2.4GHz 的 RF 收发器的优良性能，业界标准的增强型 8051 单片机，系统内可编程闪存，8KB RAM 和许多其他强大的功能。根据芯片内置闪存的不同容量，CC2530 有 4 种不同的型号：CC2530F32/64/128/256，编号后缀分别代表具有 32KB/64KB/128KB/256KB 的闪存。CC2530 具有不同的运行模式，使得它尤其适应超低功耗要求的系统。运行模式之间的转换时间短进一步确保了低能源消耗。

CC2530 在 CC2430 的基础上进行了较大改进，首先最大的改进是 ZigBee 协议栈的改进，整个协议栈都进行了升级，无论稳定性或者可靠性都有了不错的表现。速率依旧是 250kb/s，功率增大到 4.5DBm，发送信道也进行了修改，寄存器进行相应改变，所以 ZigBee 2006 协议栈就无法用到 CC2530 上了。ZigBee 2007 的协议栈对组网、再组网、数据传输及节点数量都有较大提升，可以说 CC2530 不是因为本身而得其价值，更多的是因为 ZigBee 2007 协议栈的提升。

除了 CC2530 之外，CC253x 片上系统还包括 CC2531 芯片，与 CC2530 芯片的主要区别在于是否支持 USB。CC253x 系列概览如表 5.1 所示。

表 5.1　CC253x 系列芯片概览

特　征	CC2530F32/F64/F128/F256	CC2531F256
闪存容量	32KB/64KB/128KB/256KB	256KB
SRAM容量	8KB	8KB
是否支持USB	否	是

CC2530F256 结合了 TI 公司的 ZigBee 协议栈 Z-Stack，提供了一个强大和完整的 ZigBee 解决方案。CC2530F64 结合了 TI 公司的协议栈 RemoTI，更好地提供了一个强大和完整的 ZigBee RF4CE 远程控制解决方案。RF4CE 是新一代家电遥控的标准和协议，是基于 ZigBee / IEEE 802.15.4 的家电遥控的射频新标准。RF4CE 不但能提高操作的可靠性；提高信号的传输距离和抗干扰性；使信号传递不受障碍物影响；还能实现双向通信和解决不同电器的互操作问题，遥控器电池寿命也可显著延长。消费者将不再需要用遥控器的发

射端准确指向电器的接收端，也不再需要数个遥控器来操作家中不同的电子设备。

2.4GHz 的 CC2530 片上系统解决方案适合于广泛的应用。它们可以很容易建立在基于 IEEE 802.15.4 标准协议 RemoTI 网络协议和用于 ZigBee 兼容解决方案的 Z-Stack 软件上面，或是专门的 SimpliciTI 网络协议上面。但是它们的使用不仅限于这些协议，例如，CC2530 系列还适合于 6LoWPAN 和无线 HART 的实现。TI 公司目前主推 CC2530，而 CC2430TI 公司已经不推荐使用了。

5.1.1 CC2530 芯片主要特性

（1）高性能、低功耗且具有代码预取功能的 8051 微控制器内核。

（2）符合 2.4GHz IEEE 802.15.4 标准的优良的无线接收灵敏度和抗干扰性能 2.4GHz RF 收发器。

（3）低功耗。

① 主动模式 RX（CPU 空闲）：24mA。

② 主动模式 TX 在 1dBm（CPU 空闲）：29mA。

③ 供电模式 1（4μs 唤醒）：0.2mA。

④ 供电模式 2（睡眠定时器运行）：1μA。

⑤ 供电模式 3（外部中断）：0.4μA。

⑥ 宽电源电压范围：2～3.6V。

（4）支持硬件调试。

（5）支持精确的数字化 RSSI/LQI 和强大的 5 通道 DMA。

（6）IEEE 802.5.4 MAC 定时器，通用定时器。

（7）具有 IR 发生电路。

（8）具有捕获功能的 32kHz 睡眠定时器。

（9）硬件支持 CSMA/CA 功能。

（10）具有电池监测功能和温度传感功能。

（11）具有 8 路输入和可配置分辨率的 12 位 ADC。

（12）集成 AES 安全协处理器。

（13）两个支持多种串行通信协议的强大 USART。

（14）21 个通用 I/O 引脚（19×4mA，2×20mA）。

（15）看门狗定时器。

（16）强大灵活的开发工具。

5.1.2 CC2530 的应用领域

（1）2.4GHz IEEE 802.15.4系统。

（2）RF4CE远程控制系统（需要大于64KB闪存）。

（3）ZigBee系统（需要256KB闪存）。

（4）家庭/楼宇自动化。

（5）照明系统。

（6）工业控制和监控。

（7）低功耗无线传感网络。

（8）消费型电子。

（9）医疗保健。

5.1.3 CC2530 概述

CC2530大致可以分为4个部分：CPU和内存相关的模块、外设、时钟和电源管理相关的模块，以及无线电相关的模块。

1．CPU 和内存

CC253x 系列芯片使用的 8051 CPU 内核是一个单周期的 8051 兼容内核。它有三种不同的内存访问总线（SFR，DATA 和 CODE/XDATA），单周期访问 SFR，DATA 和主 SRAM。它还包括一个调试接口和一个 18 输入扩展中断单元。

中断控制器总共提供了 18 个中断源，分为 6 个中断组，每个与 4 个中断优先级之一相关。当设备从活动模式回到空闲模式，任一中断服务请求就被激发。一些中断还可以从睡眠模式（供电模式 1～3）唤醒设备。

内存仲裁器位于系统中心，因为它把 CPU 和 DMA 控制器和物理存储器以及所有外设连接起来。内存仲裁器有 4 个内存访问点，每次访问可以映射到三个物理存储器之一：一个 8KB SRAM、闪存存储器和 XREG/SFR 寄存器。它负责执行仲裁，并确定同时访问同一个物理存储器之间的顺序。

8KB SRAM 映射到 DATA 存储空间和部分 XDATA 存储空间。8KB SRAM 是一个超低功耗的 SRAM，即使数字部分掉电（供电模式 2 和 3）也能保留其内容。这对于低功耗应用来说是很重要的一个功能。

32KB/64KB/128KB/256KB 闪存块为设备提供了内电路可编程的非易失性程序存储器，映射到 XDATA 存储空间。除了保存程序代码和常量以外，非易失性存储器允许应用程序保存必须保留的数据，这样设备重启之后就可以使用这些数据。使用这个功能，例如可以利用已经保存的网络具体数据，CC2530 就不需要每次启动都需要经历网络寻找和加入过程。

2．时钟和电源管理

数字内核和外设由一个 1.8V 低差稳压器供电。它提供了电源管理功能，可以实现使用不同供电模式来延长电池寿命。

3．外设

CC2530 包括许多不同的外设，允许应用程序设计者开发先进的应用。

调试接口执行一个专有的两线串行接口，用于内电路调试。通过这个调试接口，可以执行整个闪存存储器的擦除、控制使能哪个振荡器、停止和开始执行用户程序、执行 8051 内核提供的指令、设置代码断点，以及内核中全部指令的单步调试。使用这些技术，可以很好地执行内电路的调试和外部闪存的编程。

设备含有闪存存储器以存储程序代码。闪存存储器可通过用户软件和调试接口编程。闪存控制器处理写入和擦除嵌入式闪存存储器。闪存控制器允许页面擦除和 4 字节编程。

I/O 控制器负责所有通用 I/O 引脚。CPU 可以配置外设模块是否控制某个引脚或它们是否受软件控制，如果是，每个引脚配置为一个输入还是输出。CPU 中断可以分别在每个引脚上使能。每个连接到 I/O 引脚的外设可以选择两个不同的 I/O 引脚位置，以确保在不同应用程序中的引脚的使用不发生冲突。

系统可以使用一个多功能的 5 通道 DMA 控制器，使用 XDATA 存储空间访问存储器，因此能够访问所有物理存储器。每个通道（触发器、优先级、传输模式、寻址模式、源和目标指针及传输计数）用 DMA 描述符在存储器任何地方配置。许多硬件外设（AES 内核、闪存控制器、USART、定时器、ADC 接口）通过使用 DMA 控制器在 SFR 或 XREG 地址和闪存/SRAM 之间进行数据传输，在获得高效率操作的同时，大大减轻了内核的负担。

定时器 1 是一个 16 位定时器，具有定时器/PWM 功能。它有一个可编程的分频器，一个 16 位周期值，以及 5 个各自可编程的计数器/捕获通道，每个都有一个 16 位比较值。每个计数器/捕获通道可以用作一个 PWM 输出或捕获输入信号边沿的时序。它还可以配置在 IR 产生模式，定时器 3 的输出是用最小的 CPU 干涉产生调制的 IR 信号。

MAC 定时器（定时器 2）是专门为支持 IEEE 802.15.4MAC 或软件中其他时槽的协议而设计的。定时器有一个可配置的定时器周期和一个 8 位溢出计数器，可以用于保持跟踪已经经过的周期数。一个 16 位捕获寄存器也用于记录收到/发送一个帧开始界定符的精确时间，或传输结束的精确时间，还有一个 16 位输出比较寄存器可以在具体时间产生不同的选通命令（开始 RX，开始 TX，等等）到无线模块。

定时器 3 和定时器 4 是 8 位定时器，具有定时器/计数器/PWM 功能。它们有一个可编程的分频器，一个可编程的计数器通道，具有一个 8 位的比较值。定时器 3 和定时器 4 计数器通道经常用作输出 PWM。

睡眠定时器是一个超低功耗的定时器，在除了供电模式 3 的所有工作模式下不断运行。定时器的典型应用是作为实时计数器，或作为一个唤醒定时器跳出供电模式 1 或 2。

ADC 支持 7～12 位的分辨率，分别在 30kHz 或 4kHz 的带宽。DC 和音频转换可以使用高达 8 个输入通道。输入可以选择作为单端输入或差分输入。参考电压可以是内部电压、AVDD 或是一个单端或差分外部信号。ADC 还有一个温度传感输入通道来测量内部温度。ADC 可以自动执行定期抽样或转换通道序列的程序。

随机数发生器使用一个 16 位 LFSR 来产生伪随机数，这可以被 CPU 读取或由选通命令处理器直接使用。例如，随机数可以用作产生随机密钥，用于安全。

AES 加密/解密内核允许用户使用带有 128 位密钥的 AES 算法加密和解密数据。这一内核能够支持 IEEE 802.15.4 MAC 安全、ZigBee 网络层和应用层要求的 AES 操作。

一个内置的看门狗允许 CC2530 在固挂起的情况下复位自身。当看门狗定时器由软件使能，它必须定期清除；否则，当它超时就复位设备。或者它可以配置用作一个通用 32kHz 定时器。

USART 0 和 USART 1 每个被配置为一个 SPI 主/从或一个 UART。它们为 RX 和 TX 提供了双缓冲，以及硬件流控制，因此非常适合于高吞吐量的全双工应用。每个都有自己的高精度波特率发生器，因此可以使普通定时器空闲出来用作其他用途。

4. 无线设备

CC2530 具有一个 IEEE 802.15.4 兼容无线收发器。RF 内核控制模拟无线模块。另外，它提供了 MCU 和无线设备之间的一个接口，这使得可以发出命令、读取状态、自动操作和确定无线设备事件的顺序。无线设备还包括一个数据包过滤和地址识别模块。

5.1.4 CC2530 芯片引脚的功能

CC2530芯片采用6mm×6mm QFN40封装，共有40个引脚，可分为I/O引脚、电源引脚和控制引脚，如图5.1所示。

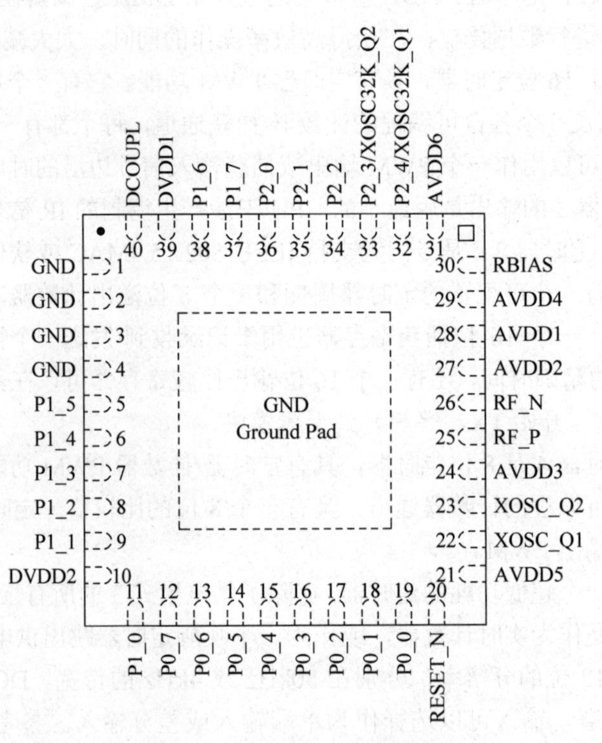

图 5.1 CC2530芯片引脚的功能

1. I/O 端口引脚功能

CC2530 芯片有 21 个可编程 I/O 引脚，P0 和 P1 是完整的 8 位 I/O 端口，P2 只有 5 个可以使用的位。其中，P1_0 和 P1_1 具有 20mA 的输出驱动能力，其他 I/O 端口引脚具有 4mA 的输出驱动能力。在程序中可以设置特殊功能寄存器（SFR）来将这些引脚设为普通 I/O 口或是作为外设 I/O 口使用。

CC2530 芯片所有 I/O 口具有以下特性：在输入时有上拉和下拉的能力；全部 I/O 口具有响应外部中断的能力，同时这些外部中断可以唤醒休眠模式。

2. 电源引脚功能

AVDD1～AVDD6：为模拟电路提供 2.0～3.6V 工作电压。

DCOUPL：提供 1.8V 的去耦电压，此电压不为外电路使用。

DVDD1，DVDD2：为 I/O 口提供 2.0～3.6V 电压。

GND：接地。

3．控制引脚功能

RESET_n：复位引脚，低电平有效。

RBIAS：为参考电流提供精确的偏置电阻。

RF_N：RX 期间负 RF 输入信号到 LNA。

RF_P：RX 期间正 RF 输入信号到 LNA。

XOSC_01：32MHz 晶振引脚 1。

XOSC_02：32MHz 晶振引脚 2。

5.1.5 CC2530 增强型 8051 内核简介

CC2530 集成了业界标准的增强型 8051 内核，增强型 8051 内核使用标准的 8051 指令集，但是，因为 8051 内核使用了不同于许多其他 8051 类型的一个指令时序，带有时序循环的代码可能需要修改。而且，由于涉及外设的特殊功能寄存器有很大不同，所以涉及特殊功能寄存器的指令的代码可能不能正确运行。

增强型 8051 内核使用标准的 8051 指令集。因为以下原因指令执行比标准的 8051 更快：

（1）每个指令周期是一个时钟，而标准的8051每个指令周期是12个时钟。

（2）消除了总线状态的浪费。

因为一个指令周期与可能的内存存取是一致的，增强型8051内核使用标准的8051指令集，而大多数单字节指令在一个时钟周期内执行。

1．复位

CC2530有5个复位源。以下事件将产生复位：

（1）强制RESET_N输入引脚为低。

（2）上电复位条件。

（3）布朗输出复位条件。

（4）看门狗定时器复位条件。

（5）时钟丢失复位条件。

复位之后初始条件如下：

（1）I/O引脚配置为带上拉的输入（P1_0和P1_1是输入，但是没有上拉/下拉）。

（2）CPU程序计数器装在0x0000，程序执行从这个地址开始。

（3）所有外设寄存器初始化为各自复位值。

（4）看门狗定时器禁用。

（5）时钟丢失探测器禁用。

2．存储器

CC253x设备系列使用的8051 CPU内核是一个单周期的8051兼容内核。它有三个不同的存储器访问总线（SFR、DATA和CODE/XDATA），以单周期访问SFR、DATA和主SRAM。它还包括一个调试接口和一个18输入的扩展中断单元。

8KB SRAM映射到DATA存储空间和XDATA存储空间的一部分。8KB SRAM是一个超低功耗的SRAM，当数字部分掉电时（供电模式2和3）能够保留自己的内容。这对于低功耗应用是一个很重要的功能。

32KB/64KB/128KB/256KB 闪存块为设备提供了内电路可编程的非易失性程序存储器，映射到 CODE 和 XDATA 存储空间。除了保存程序代码和常量，非易失性程序存储器允许应用程序保存必须保留的数据，这样在设备重新启动之后就可以使用这些数据。使用这个功能，可以利用已经保存的网络具体数据，就不需要经过完整的启动、网络寻找和加入过程。

5.2 通用 I/O 端口

5.2.1 通用 I/O 端口简介

CC2530有21个数字I/O引脚，可以配置为通用数字I/O引脚或外设I/O引脚（即配置为用于CC2530内部ADC、定时器或USART的I/O引脚）。这些I/O引脚的用途可以通过一系列寄存器配置，由用户软件加以实现。

这些I/O引脚具备如下重要特性：

（1）21个数字I/O引脚。

（2）可以配置为通用I/O引脚或外部设备I/O引脚。

（3）输入口具备上拉或下拉能力。

（4）具有外部中断能力，21个I/O引脚都可以用作外部中断源输入口，外部中断可以将CC2530从睡眠模式中唤醒。

当用作通用I/O端口时，引脚可以组成三个8位口，定义为P0、P1和P2。P0和P1为8位，P2为5位，共21个I/O口，所有端口可以实现位寻址。所有的端口均可以通过SFR寄存器P0、P1和P2位寻址和字节寻址。每个端口引脚都可以单独设置为通用I/O端口或外部设备I/O端口，本节学习的是将端口引脚设置为通用I/O端口。除了两个高驱动输出口P1_0和P1_1各具备20mA的输出驱动能力之外（这种输出驱动能力对于像红外发射这样的应用尤为重要），其他所有的输出均具备4mA的驱动能力。

5.2.2 通用 I/O 端口相关寄存器

（1）寄存器PxSEL，其中x为端口的标号0～2，用来设置端口的每个引脚为通用I/O或者是外部设备I/O。默认时，每当复位之后，所有的数字输入输出引脚都设置为通用输入引脚。

（2）寄存器PxDIR用来设置每个端口引脚为输入或输出。只要设置PxDIR中的指定位为1，其对应的引脚就被设置为输出了，寄存器P0DIR如表5.2所示。

表 5.2　寄存器P0DIR

位	名 称	复 位	R/W	描 述
7:0	DIRP0-[7:0]	0X00	R/W	P0_7到P0_0的I/O方向 0：输入 1：输出

（3）寄存器PxINP用来在通用I/O端口用作输入时将其设置为上拉、下拉或三态操作模式。默认时，复位之后，所有的端口均设置为带上拉的输入。要取消输入的上拉或下拉功能，就要将PxINP中的对应位设置为1。I/O端口引脚P1_0和P1_1即使外设功能是输入，也没有上拉/下拉功能。

注意：

（1）配置为外设I/O信号的引脚没有上拉/下拉功能。

（2）在电源模式 PM1、PM2 和 PM3 下 I/O 引脚保留当进入 PM1/PM2/PM3 时设置的 I/O 模式和输出值。

下面列出了端口 P0 的相关寄存器，如表 5.3 和表 5.4 所示。

表 5.3　P0SEL寄存器

位	名 称	复 位	R/W	描 述
7:0	SELP0_[7:0]	0x00	R/W	P0_7到P0_0功能选择 0：通用I/O 1：外设功能

表 5.4　P0INP寄存器

位	名 称	复 位	R/W	描 述
7:0	MDP0-[7:0]	0x00	R/W	P0_7到P0_0的I/O输出模式 0：上拉/下拉 1：三态

注意：具体为 P0INP 位为 0 时，是上拉还是下拉由 P2INP 来设置。

5.2.3　实验 1：点亮 LED

（1）实验目的：编程实现点亮实验板上的发光二极管 LED1 和 LED2，掌握通用 I/O 端口输出的方法。

（2）电路分析。

LED 电路如图 5.4 所示。

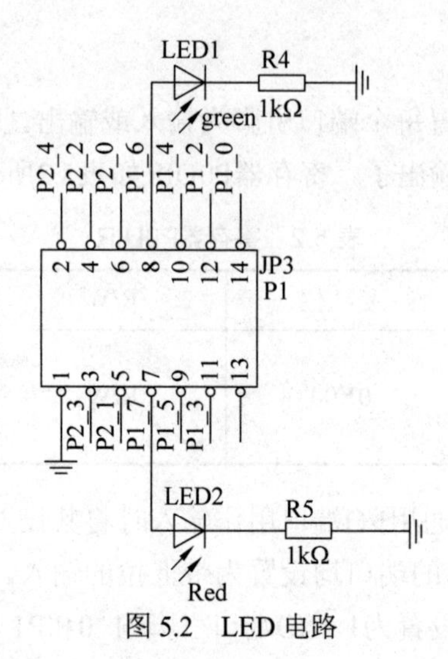

图 5.2　LED 电路

通过图 5.2 可知，点亮 LED1 和 LED2，需要将 P1_1 和 P1_7 设为 1。

（3）程序流程图如图 5.3 所示。

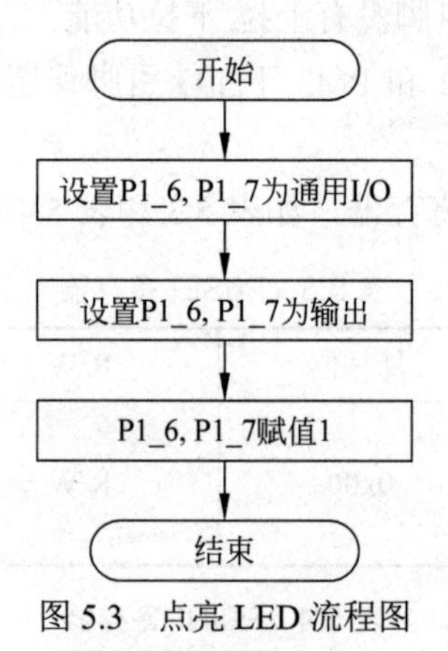

图 5.3　点亮 LED 流程图

（4）关于 exboard.h。

在例子中，定义了一个头文件，将学习板上的按键和 LED 定义成宏，以后就可以直接使用了。

```
#define uint  unsigned int
#define uchar unsigned char
#define uint32 unsigned long

#define led1 P1_6
#define led2 P1_7
#define key1 P0_0
#define key2 P0_1
```

（5）例程 led.c：

```
#include "ioCC2530.h"
#include "exboard.h"
void main(void)
```

```
{
   P1SEL&= ~0xC0;
   P1DIR|= 0xC0;

While(1)
   {

   led1=1;
   led2=1;

   }
}
```

5.2.4　实验 2：按键控制 LED 交替闪烁

（1）实验目的：编程实现按键控制 LED 交替闪烁，掌握通用 I/O 端口输入的方法。
（2）电路分析。
按键电路如图 5.4 所示。

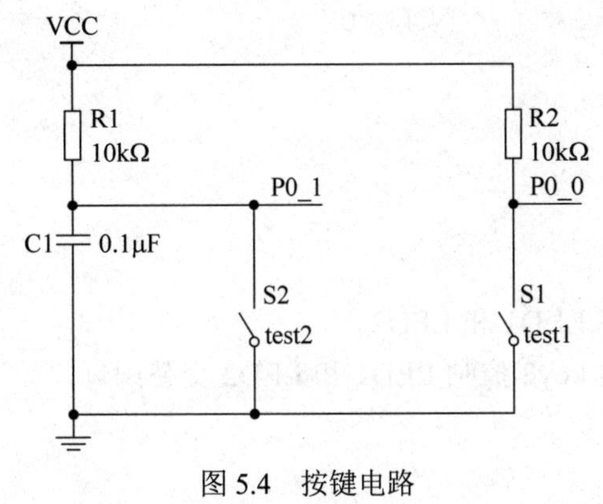

图 5.4　按键电路

通过图 5.4 可知，S1 键按下，P0_0 值为 0。
（3）程序流程图如图 5.5 所示。

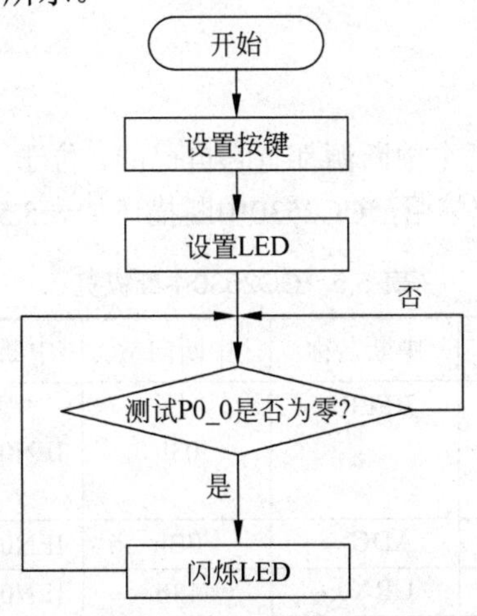

图 5.5　按键控制 LED 交替闪烁流程图

（4）例程：

```
#include<ioCC2530.h>
#include "exboard.h"

void main()
{  P0SEL &= ~0x01;        //设置 P0_0 为通用 I/O
   P0DIR &= ~0x01;        //按键在 P0 口,设置 P0_0 为输入模式
   P0INP |= 0x01;         //设置 P0_0 为上拉

   P1SEL &= ~0xC0;        //P1SEL 第 6,7 位设为通用 I/O
   P1DIR |= 0xC0;         //P1DIR 第 6,7 位设为输出模式

   led1=1;
   led2=0;
   while(1)
   {
    if(key1==0)           //测试 key1 是否按下
    {
      if(key1==0)
      {
        While(key1==0);
       led1=!led1;        //闪烁 LED
      led2=!led2;
      }
    }
   }
 }
```

作业：

（1）在作业板上点亮 LED1 和 LED2。

（2）在作业板上按键 key2 控制 LED1 和 LED2 交替闪烁。

5.3 外部中断

5.3.1 中断概述

CC2530有18个中断源。每个中断源都有它自己的、位于一系列寄存器中的中断请求标志。每个中断可以分别使能或禁用，CC2530中断描述如表5.5所示。

表 5.5 CC2530中断概览

中断号码	描 述	中断名称	中断向量	中断屏蔽，CPU	中断标志，CPU
0	RF发送FIFO队列空或RF接收FIFO队列溢出	RFERR	03h	IEN0.RFERRIE	TCON.RFERRIF
1	ADC 转换结束	ADC	0Bh	IEN0.ADCIE	TCON.ADCIF
2	USART0 RX 完成	URX0	13h	IEN0.URX0IE	TCON.URX0IF

续表

中断号码	描　述	中断名称	中断向量	中断屏蔽，CPU	中断标志，CPU
3	USART1 RX 完成	URX1	1Bh	IEN0.URX1IE	TCON.URX1IF
4	AES 加密/解密完成	ENC	23h	IEN0.ENCIE	S0CON.ENCIF
5	睡眠定时器比较	ST	2Bh	IEN0.STIE	IRCON.STIF
6	端口 2 输入/USB	P2INT	33h	IEN2.P2IE	IRCON2.P2IF
7	USART0 TX 完成	UTX0	3Bh	IEN2.UTX0IE	IRCON2.UTX0IF
8	DMA 传送完成	DMA	43h	IEN1.DMAIE	IRCON.DMAIF
9	定时器 1(16 位) 捕获/比较/溢出	T1	4Bh	IEN1.T1IE	IRCON.T1IF
10	定时器 2	T2	53h	IEN1.T2IE	IRCON.T2IF
11	定时器 3(8 位) 捕获/比较/溢出	T3	5Bh	IEN1.T3IE	IRCON.T3IF
12	定时器 4(8 位) 捕获/比较/溢出	T4	63h	IEN1.T4IE	IRCON.T4IF
13	端口 0 输入	P0INT	6Bh	IEN1.P0IE	IRCON.P0IF
14	USART1 TX 完成	UTX1	73h	IEN2.UTX1IE	IRCON2.UTX1IF
15	端口 1 输入	P1INT	7Bh	IEN2.P1IE	IRCON2.P1IF
16	RF 通用中断	RF	83h	IEN2.RFIE	S1CON.RFIF
17	看门狗计时溢出	WDT	8Bh	IEN2.WDTIE	IRCON2.WDTIF

5.3.2　中断屏蔽

1．中断屏蔽寄存器

每个中断请求可以通过设置中断使能寄存器IEN0、IEN1或者IEN2的中断使能位使能或禁止。某些外部设备会因为若干中断事件产生中断请求。这些中断请求可以作用于P0端口、P1端口、P2端口、DMA、计数器或者RF上。对于每个内部中断源对应的特殊功能寄存器，这些外部设备都有中断屏蔽位。寄存器IEN0、IEN1和IEN2如表5.6～表5.8所示。

表 5.6　IEN0——中断使能寄存器0

位	名　称	复　位	R/W	描　　述
7	EA	0	R/W	禁用所有中断 0：无中断被禁用 1：通过设置对应的使能位将每个中断源分别使能和禁止
6	—	0	R0	不使用，读出来是 0
5	STIE	0	R/W	睡眠定时器中断使能 0：中断使能 1：中断禁止
4	ENCIE	0	R/W	AES 加密/解密中断使能 0：中断使能 1：中断禁止

续表

位	名称	复位	R/W	描述
3	URX1IE	0	R/W	USART 1 RX 中断使能 0：中断使能 1：中断禁止
2	URX0IE	0	R/W	USART 0 RX 中断使能 0：中断使能 1：中断禁止
1	ADCIE	0	R/W	ADC 中断使能 0：中断使能 1：中断禁止
0	RFERRIE	0	R/W	RF TX/RX FIFO 中断使能 0：中断使能 1：中断禁止

表 5.7 IEN1——中断使能寄存器1

位	名称	复位	R/W	描述
7:6	—	00	R0	没有使用，读出来是 0
5	P0IE	0	R/W	端口 0 中断使能 0：中断禁止 1：中断使能
4	T4IE	0	R/W	定时器 4 中断使能 0：中断禁止 1：中断使能
3	T3IE	0	R/W	定时器 3 中断使能 0：中断禁止 1：中断使能
2	T2IE	0	R/W	定时器 2 中断使能 0：中断禁止 1：中断使能
1	T1IE	0	R/W	定时器 1 中断使能 0：中断禁止 1：中断使能
0	DMAIE	0	R/W	DMA 传输中断使能 0：中断禁止 1：中断使能

表 5.8 IEN2——中断使能寄存器2

位	名称	复位	R/W	描述
7:6	—	00	R0	没有使用，读出来是 0
5	WDTIE	0	R/W	看门狗定时器中断使能 0：中断禁止 1：中断使能

续表

位	名　称	复　位	R/W	描　　述
4	P1IE	0	R/W	端口 1 中断使能 0：中断禁止 1：中断使能
3	UTX1IE	0	R/W	USART1 TX 中断使能 0：中断禁止 1：中断使能
2	UTX0IE	0	R/W	USART0 TX 中断使能 0：中断禁止 1：中断使能
1	P2IE	0	R/W	端口 2 中断使能 0：中断禁止 1：中断使能
0	RFIE	0	R/W	RF 一般中断使能 0：中断禁止 1：中断使能

在上面三个寄存器中，IEN0.EA 是对总中断进行中断使能控制，其余部分是对所有中断源进行中断使能控制（包括 P1、P2 和 P3 三个端口中断的使能及外设中断的使能）。

寄存器 P0IEN、P1IEN、P2IEN 为 P0、P1 和 P2 端口每个引脚设置中断使能，如表 5.9～表 5.11 所示。

表 5.9　P0IEN——端口0位中断屏蔽

位	名　称	复　位	R/W	描　　述
7:0	P0_[7:0]IEN	0x00	R/W	端口 P0.7 到 P0.0 中断使能 0：中断禁用 1：中断使能

表 5.10　P1IEN——端口1位中断屏蔽

位	名　称	复　位	R/W	描　　述
7:0	P1_[7:0]IEN	0x00	R/W	端口 P1.7 到 P1.0 中断使能 0：中断禁用 1：中断使能

表 5.11　P2IEN——端口2位中断屏蔽

位	名　称	复　位	R/W	描　　述
7:6	—	00	R/W	未使用
5	DPIEN	0	R/W	USB D+中断使能
4:0	P2_[4：0]IEN	0 0000	R/W	端口 P2.4 到 P2.0 中断使能 0：中断禁用 1：中断使能

2. 中断使能的步骤

中断使能的步骤如图5.6所示。

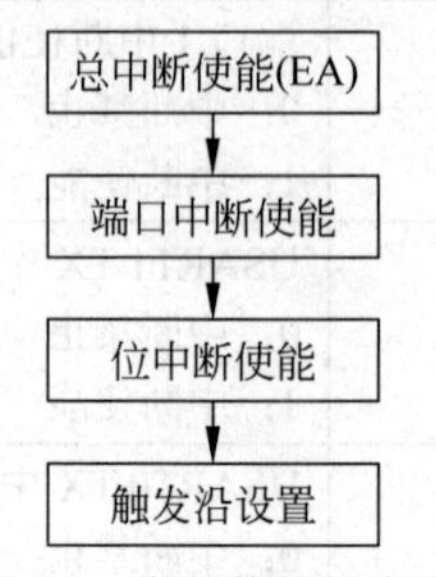

图5.6 中断使能的步骤

（1）使IEN0中IEN0.EA位为1，开中断。

（2）设置寄存器IEN0、IEN1和IEN2中相应中断使能位为1。

（3）如果需要，则设置P0、P1、P2各引脚对应的各中断使能位为1。

（4）最后在寄存器PICTL中设置中断是上升沿还是下降沿触发。

5.3.3 中断处理

当中断发生时，无论该中断使能或禁止，CPU都会在中断标志寄存器中设置中断标志位，在程序中可以通过中断标志位来判断是否发生了相应的中断。如果当设置中断标志时中断使能，那么在下一个指令周期，由硬件强行产生一个长调用指令LCALL到对应的向量地址，运行中断服务程序。中断的响应需要不同的时间，取决于该中断发生时CPU的状态。当CPU正在运行的中断服务程序的优先级大于或等于新的中断时，新的中断暂不运行，直至新的中断的优先级高于正在运行的中断服务程序。

TCON、S0CON、S1CON、IRCON、IRCON2是CC2530的5个中断标志寄存器，如表5.12～表5.16所示。

表5.12 TCON——中断标志寄存器1

位	名称	复位	R/W	描述
7	URX1IF	0	R/WH0	USART 1 RX中断标志。当USART 1 RX中断发生时设为1且当CPU指向中断向量服务例程时清除 0：无中断未决 1：中断未决
6	—	0	R/W	没有使用
5	ADCIF	0	R/WH0	ADC中断标志。ADC中断发生时设为1且CPU指向中断向量例程时清除 0：无中断未决 1：中断未决

续表

位	名 称	复 位	R/W	描 述
4	—	0	R/W	没有使用
3	URX0IF	0	R/WH0	USART 0 RX 中断标志。当 USART0 中断发生时设为 1 且 CPU 指向中断向量例程时清除 0：无中断未决 1：中断未决
2	IT1	1	R/W	保留。必须一直设为 1。设置为零将使能低级别中断探测，几乎总是如此（启动中断请求时执行一次）
1	RFERRIF	0	R/WH0	RF TX、RX FIFO 中断标志。当 RFERR 中断发生时设为 1 且 CPU 指向中断向量例程时清除 0：无中断未决 1：中断未决
0	IT0	1	R/W	保留。必须一直设为 1。设置为零将使能低级别中断探测，几乎总是如此（启动中断请求时执行一次）

表 5.13 S0CON——中断标志寄存器2

名 称	复 位	R/W	描 述
—	0000 00	R/W	没有使用
ENCIF_1	0	R/W	AES 中断。ENC 有两个中断标志，当 AES 协处理器请求中断时两个标志都要设置 0：无中断未决 1：中断未决
ENCIF_0	0	R/W	AES 中断。ENC 有两个中断标志，当 AES 协处理器请求中断时两个标志都要设置 0：无中断未决 1：中断未决

表 5.14 S1CON——中断标志寄存器3

位	名 称	复 位	R/W	描 述
7:2	—	0000 00	R/W	没有使用
1	RFIF_1	0	R/W	RF 一般中断。RF 有两个中断标志，RFIF_1 和 RFIF_0，设置其中一个标志就会请求中断服务。当无线设备请求中断时两个标志都要设置 0：无中断未决 1：中断未决
0	RFIF_0	0	R/W	RF 一般中断。RF 有两个中断标志，RFIF_1 和 RFIF_0。设置其中一个标志就会请求中断服务。当无线电请求中断时两个标志都要设置 0：无中断未决 1：中断未决

表 5.15 IRCON——中断标志寄存器4

位	名 称	0	R/W	描 述
7	STIF	0	R/W	睡眠定时器中断标志 0：无中断未决 1：中断未决
6	—	0	R/W	必须写为 0。写入 1 总是使能中断源
5	P0IF	0	R/W	端口 0 中断标志 0：无中断标志 1：中断未决
4	T4IF	0	R/W H0	定时器 4 中断标志。当定时器 4 中断发生时设为 1 并且当 CPU 指向中断向量服务例程时清除 0：无中断未决 1：中断未决
3	T3IF	0	R/W H0	定时器 3 中断标志。当定时器 3 中断发生时设为 1 并且当 CPU 指向中断向量服务例程时清除 0：无中断未决 1：中断未决
2	T2IF	0	R/W H0	定时器 2 中断标志。当定时器 2 中断发生时设为 1 并且当 CPU 指向中断向量服务例程时清除 0：无中断未决 1：中断未决
1	T1IF	0	R/W H0	定时器 1 中断标志。当定时器 1 中断发生时设为 1 并且当 CPU 指向中断向量服务例程时清除 0：无中断未决 1：中断未决
0	DMAIF	0	R/W	DMA 完成中断未决 0：无中断未决 1：中断未决

表 5.16 IRCON2——中断标志寄存器5

位	名 称	复 位	R/W	描 述
7:5	—	000	R/W	没有使用
4	WDTIF	0	R/W	看门狗定时器中断标志 0：无中断未决 1：中断未决
3	P1IF	0	R/W	端口 1 中断标志 0：无中断未决 1：中断未决
2	UTX1IF	0	R/W	USART 1 TX 中断标志 0：无中断未决 1：中断未决

续表

位	名 称	复 位	R/W	描 述
1	UTX0IF	0	R/W	USART 0 TX 中断标志 0：无中断未决 1：中断未决
0	P2IF	0	R/W	端口 2 中断标志 0：无中断未决 1：中断未决

P0IFG、P1IFG、P2IFG 是端口 0、端口 1、端口 2 每一位的中断标志寄存器，如表 5.17～表 5.19 所示。

表 5.17 P0IFG——端口0位中断标志位

位	名 称	复 位	R/W	描 述
7:0	POIF[7:0]	0x00	R/W0	端口 0，位 7 到位 0 输入中断状态标志。当输入端口中断请求未决信号时，其相应的标志位将置 1

表 5.18 P1IFG——端口1位中断标志位

位	名 称	复 位	R/W	描 述
7:0	POIF[7:0]	0x00	R/W0	端口 1，位 7 到位 0 输入中断状态标志。当输入端口中断请求未决信号时，其相应的标志位将置 1

表 5.19 P2IFG——端口2位中断标志位

位	名 称	0	R/W	描 述
7:6	—	0	R0	不用
5	DPIF	0	R/W	USB D+中断状态标志。当 D+线有一个中断请求未决时设置该标志，用于检测 USB 挂起状态下的 USB 恢复事件。当 USB 控制器没有挂起时不设置该标志
4:0	P2IF[4:0]	0	R/W	端口 2，位 4 到位 0 输入中断状态标志。当输入端口引脚有中断请求未决信号时，其相应的标志位将置 1

5.3.4 实验：按键中断控制 LED

（1）实验目的：编程实现按键控制 LED1 和 LED2 交替闪烁，掌握通用 I/O 端口中断处理方法。

（2）实验步骤与现象：按键 S1，控制 LED1 和 LED2 交替闪烁。

（3）程序流程图，如图 5.7 所示。

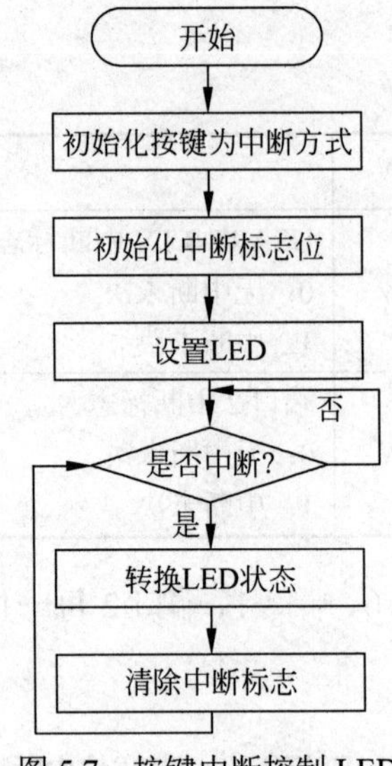

图 5.7 按键中断控制 LED

（4）例程:

```
#include<ioCC2530.h>
#include "exboard.h"

void main()
{
  P0SEL &= ~0x02;
  P0INP |= 0x02;                    //上拉
  P0IEN |= 0x02;                    //P0_1 设置为中断方式
  PICTL |= 0x02;                    //下降沿触发

  EA = 1;
  IEN1 |= 0x20;                     //P0 设置为中断方式
  P0IFG |= 0x00;                    //初始化中断标志位

  P1SEL &= ~0xC0;                   //设置 LED
  P1DIR|=0xC0;

  led1=1;
  led2=0;
   while(1)
   {


   }

}
#pragma vector = P0INT_VECTOR      //端口 P0 的中断处理函数
 __interrupt void P0_ISR(void)
 {
   if(P0IFG>0)                     //按键中断
   {
       led1=!led1;
       led2=!led2;
```

```
        P0IFG = 0;                          //清除 P0_0 中断标志
        P0IF = 0;                           //清除 P0 中断标志
    }
}
```

作业：

在作业板上实现按键以中断方式控制 LED。

5.4　定时器

5.4.1　片内外设 I/O

USART、定时器和ADC这样的片内外设同样也需要I/O口实现其功能。对于USART、定时器具有两个可以选择的位置对应它们的I/O引脚，如表5.20所示。

表 5.20　外设I/O引脚映射

外设/功能	P0								P1								P2				
	7	6	5	4	3	2	1	0	7	6	5	4	3	2	1	0	4	3	2	1	0
ADC	A7	A6	A5	A4	A3	A2	A1	A0													T
USART0 SPI			C	SS	M0	MI															
Alt.2											M0	MI	C	SS							
USART0 UART			RT	CT	TX	RX															
Alt.2											TX	RX	RT	CT							
USART1 SPI			M1	M0	C	SS															
Alt.2									M1	M0	C	SS									
USART1 UART			RX	TX	RT	CT															
Alt.2									RX	TX	RT	CT									
TIMER1		4	3	2	1	0															
Alt.2	3	4												0	1	2					
TIMER3												1	0								
Alt.2									1	0											
TIMER4															1	0					
Alt.2																		1			0
32kHz XOSC																	Q1	Q2			
DEBUG																			DC	DD	

在前面的实验中，当这些I/O引脚被用作通用I/O，需要设置对应的PxSEL位为0，而如果I/O引脚被选择实现片内外设I/O功能，需要设置对应的PxSEL位为1。

寄存器PERCFG可以设置定时器和USART使用备用位置1还是备用位置2，如表5.21所示。

表 5.21 寄存器PERCFG

位	名 称	复 位	R/W	描 述
7	—	0	R0	没有使用
6	T1CFG	0	R/W	定时器 1 的 I/O 位置 0：备用位置 1 1：备用位置 2
5	T3CFG	0	R/W	定时器 3 的 I/O 位置 0：备用位置 1 1：备用位置 2
4	T4CFG	0	R/W	定时器 4 的 I/O 位置 0：备用位置 1 1：备用位置 2
3:2	—	0	R0	没有使用
1	U1CFG	0	R/W	USART 1 的 I/O 位置 0：备用位置 1 1：备用位置 2
0	U0CFG	0	R/W	USART 0 的 I/O 位置 0：备用位置 1 1：备用位置 2

5.4.2 定时器简介

CC 2530共有4个定时器T1、T2、T3、T4，定时器用于范围广泛的控制和测量应用，可用的5个通道的正计数/倒计数模式可以实现诸如电机控制之类的应用。

T1为16位定时/计数器，支持输入采样、输出比较和PWM功能。T1有5个独立的输入采样/输出比较通道，每一个通道对应一个I/O口。T2为MAC定时器，T3、T4为8位定时/计数器，支持输出比较和PWM功能。T3、T4有两个独立的输出比较通道，每一个通道对应一个I/O口。定时器1是一个独立的16位定时器，支持典型的定时/计数功能，比如输入捕获，输出比较和PWM功能。定时器1有5个独立的捕获/比较通道。每个通道定时器使用一个I/O引脚。

定时器1的功能如下：

（1）5个捕获/比较通道。

（2）上升沿、下降沿或任何边沿的输入捕获。

（3）设置、清除或切换输出比较。

（4）自由运行、模或正计数/倒计数操作。
（5）可被1，8，32或128整除的时钟分频器。
（6）在每个捕获/比较和最终计数上生成中断请求。
（7）DMA触发功能。

5.4.3 定时器 1 寄存器

PERCFG .T1CFG选择是否使用备用位置1或备用位置2。
定时器1由以下寄存器组成：
（1）T1CNTH——定时器1计数高位。
（2）T1CNTL——定时器1计数低位。
（3）T1CTL——定时器1控制。
（4）T1STAT——定时器1状态。
定时器1寄存器如表5.22～表5.25所示。

表 5.22 T1CNTH——定时器1计数器高位寄存器

位	名 称	复 位	R/W	描 述
7:0	CNT[15:8]	0x00	R	定时器计数器高字节。包含在读取 T1CNTL 的时候定时计数器缓存的高 16 位字节

表 5.23 T1CNTL——定时器1计数器低位寄存器

位	名 称	复 位	R/W	描 述
7:0	CNT[7:0]	0x00	R/W	定时器计数器低字节。包括 16 位定时计数器低字节。往该寄存器中写任何值，导致计数器被清除为 0x0000，初始化所有相通道的输出引脚

表 5.24 T1CTL——定时器1的控制寄存器

位	名 称	复 位	R/W	描 述
7:4	—	0000 0	R0	保留
3:2	DIV[1:0]	00	R/W	分频器划分值。产生主动的时钟边缘用来更新计数器，如下： 00：标记频率/1 01：标记频率/8 10：标记频率/32 11：标记频率/128
1:0	MODE[1:0]	00	R/W	选择定时器 1 模式。定时器操作模式通过下列方式选择： 00：暂停运行 01：自由运行，从 0x0000 到 0xFFFF 反复计数 10：模，从 0x0000 到 T1CC0 反复计数 11：正计数/倒计数，从 0x0000 到 T1CC0 反复计数并且从 T1CC0 倒计数到 0x0000

表 5.25 T1STAT——定时器1状态寄存器

位	名 称	复 位	R/W	描 述
7:6	—	0	R0	保留
5	OVFIF	0	R/W0	定时器 1 计数器溢出中断标志。当计数器在自由运行或模模式下达到最终计数值时设置，当在正/倒计数模式下达到零时倒计数。写 1 没有影响
4	CH4IF	0	R/W0	定时器 1 通道 4 中断标志。当通道 4 中断条件发生时设置。写 1 没有影响
3	CH3IF	0	R/W0	定时器 1 通道 3 中断标志。当通道 3 中断条件发生时设置。写 1 没有影响
2	CH2IF	0	R/W0	定时器 1 通道 2 中断标志。当通道 2 中断条件发生时设置。写 1 没有影响
1	CH1IF	0	R/W0	定时器 1 通道 1 中断标志。当通道 1 中断条件发生时设置。写 1 没有影响
0	CH0IF	0	R/W0	定时器 0 通道 0 中断标志。当通道 0 中断条件发生时设置。写 1 没有影响

5.4.4 定时器 1 操作

一般来说，控制寄存器T1CTL用于控制定时器操作。状态寄存器T1STAT保存中断标志。定时器1有三种操作模式，对应不同的定时应用，各种操作模式如下所述。

1. 自由运行模式

在自由运行操作模式下，计数器从0x0000开始，每个活动时钟边沿增加1。当计数器达到0xFFFF（溢出），计数器载入0x0000，继续递增它的值，如图5.8所示。当达到最终计数值0xFFFF，设置标志IRCON.T1IF和T1STAT.OVFIF。如果设置了相应的中断屏蔽位TIMIF.OVFIM以及IEN1.T1IE，将产生一个中断请求。自由运行模式可以用于产生独立的时间间隔，输出信号频率。

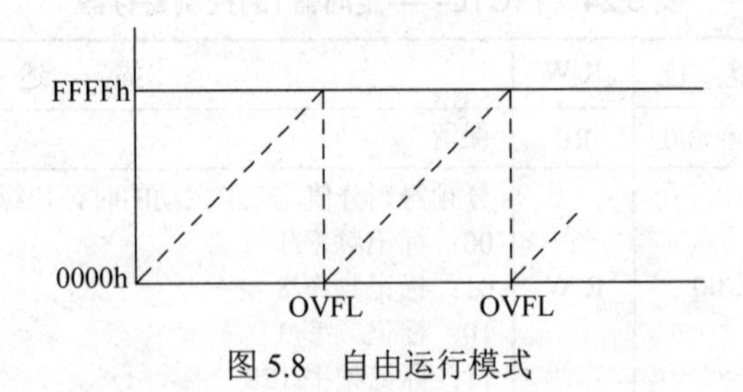

图 5.8 自由运行模式

2. 模模式

当定时器运行在模模式，16位计数器从0x0000开始，每个活动时钟边沿增加1。当计数器达到寄存器T1CC0（溢出）时，寄存器T1CC0H：T1CC0L保存最终计数值，计数器将复位到0x0000，并继续递增。如果定时器开始于T1CC0以上的一个值，当达到最终计数值（0xFFFF）时，设置标志IRCON.T1IF和T1CTL.OVFIF。如果设置了相应的中断屏蔽位

TIMIF.OVFIM以及IEN1.T1IE，将产生一个中断请求。模模式被大量用于周期不是0xFFFF的应用程序，模模式计数器的操作如图5.9所示。

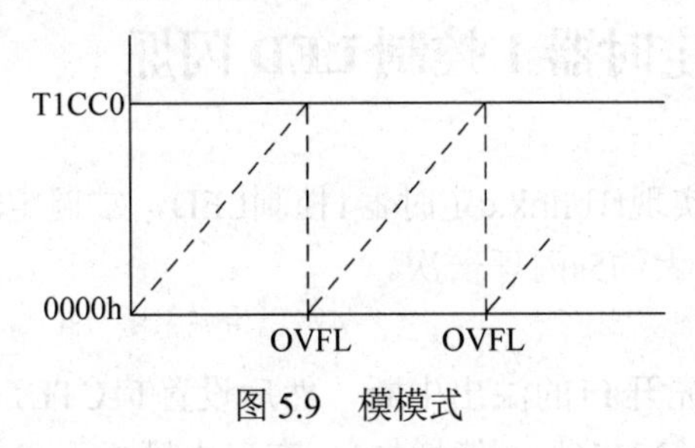

图 5.9 模模式

3. 正计数/倒计数模式

在正计数/倒计数模式，计数器反复从0x0000开始，正计数直到达到T1CC0H：T1CC0L保存的值。然后计数器将倒计数达到0x0000，如图5.10所示。这个定时器用于周期必须是对称输出脉冲而不是0xFFFF的应用程序，因为这种模式允许中心对齐的PWM输出应用的实现。在正计数/倒计数模式，当达到最终计数值时，设置标志IRCON.T1IF和T1CTL.OVFIF。如果设置了相应的中断屏蔽位TIMIF.OVFIM以及IEN1.T1EN，将产生一个中断请求。

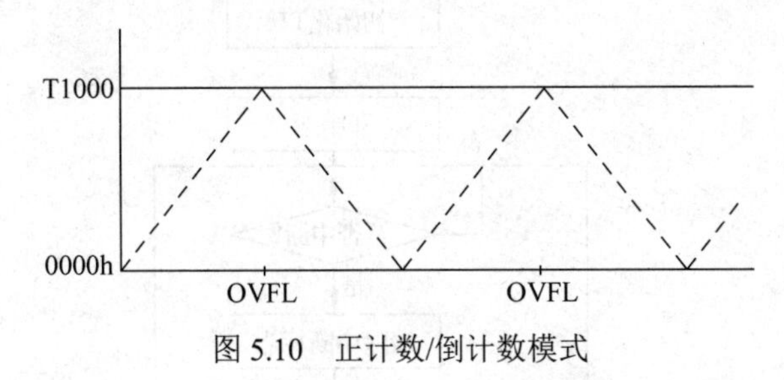

图 5.10 正计数/倒计数模式

5.4.5 16位计数器

定时器1包括一个16位计数器，在每个活动时钟边沿递增或递减。活动时钟边沿周期由寄存器位CLKCON.TICKSPD定义，它设置全球系统时钟的划分，提供了从0.25MHz到32MHz的不同的时钟标记频率（可以使用32MHz XOSC作为时钟源）。这在定时器1中由T1CTL.DIV设置的分频器值进一步划分。这个分频器值可以为1、8、32或128。因此当32MHz晶振用作系统时钟源时，定时器1可以使用的最低时钟频率是1953.125Hz，最高是32MHz。当16MHz RC振荡器用作系统时钟源时，定时器1可以使用的最高时钟频率是16MHz。

读取16位的计数器值：T1CNTH和T1CNTL，分别包含在高位字节和低位字节中。当读取T1CNTL时，计数器的高位字节在那时被缓冲到T1CNTH，以便高位字节可以从T1CNTH中读出。因此T1CNTL必须在读取T1CNTH之前首先读取。对T1CNTL寄存器的所有写入访问将复位16位计数器。

当达到最终计数值（溢出）时，计数器产生一个中断请求。可以用 T1CTL 控制寄存器设置启动并停止该计数器。当一个不是 00 的值写入到 T1CTL.MODE 时，计数器开始运行。

如果 00 写入到 T1CTL.MODE，计数器停止在它现在的值上。

5.4.6 实验 1：定时器 1 控制 LED 闪烁

（1）实验目的：编程实现t1blink.c定时器1控制LED，掌握定时器计数器的使用方法。

（2）实验现象：LED1大约5s闪烁一次。

（3）程序分析。

在主函数中，程序首先开T1的溢出中断，然后设置T1CTL，使T1处于8分频的自由模式。所以T1的计数器每8/（32×10^6）s值增加1，在自由模式下T1计数器计数到0xFFFF发生溢出中断，大约0.16s。

在中断处理函数中，每300次中断LED1闪烁一次。

（4）程序流程图如图5.11所示。

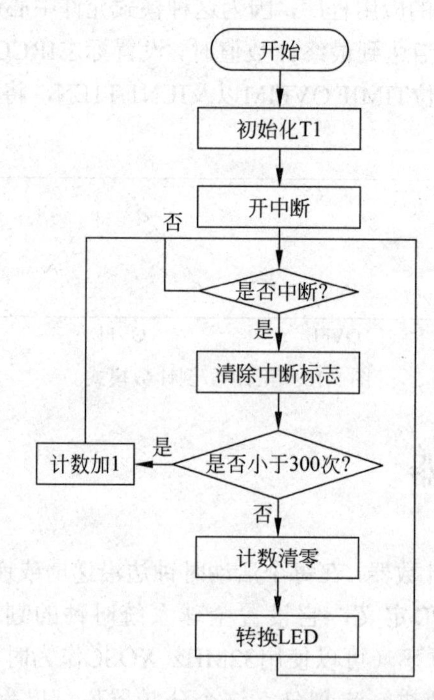

图 5.11 定时器 1 控制 LED 闪烁程序流程图

（5）例程：

```
#include<ioCC2530.h>
#include "exboard.h"
uint counter=0;                          //统计溢出次数

void Init_T1(void)
{
  P1SEL &= ~0xC0;
  P1DIR = 0xC0;
```

```
    CLKCONCMD &= ~0x7f;                    //晶振设置为32MHz
    while(CLKCONSTA & 0x40);               //等待晶振稳定

    EA = 1;                                //开中断
    T1IE = 1;                              //开T1溢出中断
    T1CTL =0x05;                           //启动,设8分频,设自由模式

    led1=0;

}
/***************************
//主函数
***************************/
void main()
{

     Init_T1();

     while(1)                              //查询溢出
  {

  }
}
#pragma vector = T1_VECTOR
  __interrupt void T1_ISR(void)
  {
   IRCON = 0x00;                           //清中断标志,也可由硬件自动完成
       if(counter<300)
          counter++;                       //300次中断LED1闪烁一轮(约为5s时间)
       else
       {
        counter = 0;                       //计数清零
        led1 = !led1;                      //闪烁标志反转
       }
  }
```

5.4.7 定时器3概述

定时器3和定时器4的所有定时器功能都是基于8位计数器建立的，所以定时器3和定时器4的最大计数值要远远小于定时器1，常用于较短时间间隔的定时。定时器3和定时器4各有0、1两个通道，功能较定时器1要弱。计数器在每个时钟边沿递增或递减。活动时钟边沿的周期由寄存器位CLKCONCMD.TICKSPD[2:0]定义，由TxCTL.DIV[2:0]（其中x指的是定时器号码，3或4）设置的分频器值进一步划分。计数器可以作为一个自由运行计数器、倒计数器、模计数器或正/倒计数器运行。

可以通过寄存器TxCNT读取8位计数器的值，其中，x指的是定时器号码：3或4。计数

器开始和停止是通过设置TxCTL控制寄存器的值实现的。当TxCTL.START写入1时，计数器开始。当TxCTL.START写入0时，计数器停留在它的当前值。

1．自由运行模式

在自由运行模式操作下，计数器从0x00开始，每个活动时钟边沿递增。当计数器达到0xFF，计数器载入0x00，并继续递增。当达到最终计数值0xFF（比如，发生了一个溢出），就设置中断标志TIMIF.TxOVFIF。如果设置了相应的中断屏蔽位TxCTL.OVFIM，就产生一个中断请求。自由运行模式可以用于产生独立的时间间隔和输出信号频率。

2．倒计数模式

在倒计数模式，定时器启动之后，计数器载入TxCC0的内容。然后计数器倒计时，直到0x00。当达到0x00时，设置标志TIMIF.TxOVFIF。如果设置了相应的中断屏蔽位TxCTL.OVFIM，就产生一个中断请求。定时器倒计数模式一般用于需要事件超时间隔的应用程序。

3．模模式

当定时器运行在模模式，8位计数器在0x00启动，每个活动时钟边沿递增。当计数器达到寄存器TxCC0所含的最终计数值时，计数器复位到0x00，并继续递增。当发生这个事件时，设置标志TIMIF.TxOVFIF。如果设置了相应的中断屏蔽位TxCTL.OVFIM，就产生一个中断请求。模模式可以用于周期不是0xFF的应用程序。

4．正/倒计数模式

在正/倒计数定时器模式下，计数器反复从0x00开始正计数，直到达到TxCC0所含的值，然后计数器倒计数，直到达到0x00。这个定时器模式用于需要对称输出脉冲，且周期不是0xFF的应用程序。因此它允许中心对齐的PWM输出应用程序的实现。

通过写入TxCTL.CLR清除计数器也会复位计数方向，即从0x00模式正计数。

为这两个定时器各分配了一个中断向量。当以下定时器事件之一发生时，将产生一个中断。

（1）计数器达到最终计数值。

（2）比较事件。

（3）捕获事件。

寄存器 TIMIF 包含定时器 3 和定时器 4 的所有中断标志。寄存器位仅当设置了相应的中断屏蔽位时，才会产生一个中断请求。如果有其他未决的中断，必须通过 CPU，在一个新的中断请求产生之前，清除相应的中断标志。

5.4.8 实验2：定时器1和定时器3同时控制LED1和LED2以不同频率闪烁

（1）实验目的：编程实现定时器1控制LED1，定时器3控制LED2，掌握同时使用两个定时器的方法。

（2）实验现象：LED1大约5s闪烁一次，LED 2几乎不停地闪烁。

（3）程序分析。

在主函数中，程序首先开T1、T3的溢出中断，然后设置T1CTL和T3CTL，使T1、T3处于8分频的自由模式。所以T1的计数器每8/（32×10^6）s值增加1，在自由模式下T1计数器计数到0xFFFF发生溢出中断，大约0.16s。T3是8位计数器，所在自由模式下T3计数器计数到0xFF发生溢出中断，大约0.000 064s。所以LED2的闪烁频率要远远快于LED1。

在中断处理函数中，每300次中断LED 1闪烁一次。

（4）例程：

```
#include<ioCC2530.h>
#include "exboard.h"

uint counter=0;                          //统计T1溢出次数
uint counter1=0;                         //统计T3溢出次数
                                         //初始化函数声明
void Init_T1(void)
{
  P1SEL &= ~0xC0;
  P1DIR = 0xC0;


    CLKCONCMD &= ~0x7f;                  //晶振设置为32MHz
    while(CLKCONSTA & 0x40);             //等待晶振稳定


    EA = 1;                              //开中断
    T1IE = 1;                            //开T1溢出中断
    T1CTL =0x05;                         //启动,设8分频,设自由模式

    led1=1;
    led2=0;
}

/***************************
//主函数
***************************/
void main()
{
Init_T1();
        T3IE = 1;
        T3CTL=0x7C;                      //T3启动,设8分频,设自由模式

      while(1)                           //查询溢出
  {

  }
}
#pragma vector = T1_VECTOR
```

```
__interrupt void T1_ISR(void)
 {
   IRCON = 0x00;                        //清中断标志,也可由硬件自动完成
       if(counter<300)
         counter++;                     //300次中断LED闪烁一轮(约为5s时间)
       else
       {
        counter = 0;                    //计数清零
        led1 = !led1;                   //闪烁标志反转
       }
 }
#pragma vector = T3_VECTOR
 __interrupt void T3_ISR(void)
 {
   IRCON = 0x00;                        //清中断标志,也可由硬件自动完成
       if(counter1<300)
         counter1++;                    //300次中断LED闪烁一轮(约为0.01s时间)
       else
       {
        counter1 = 0;                   //计数清零
        led2 = !led2;                   //闪烁标志反转
       }
 }
```

5.5 1602 型 LCD

5.5.1 1602 型 LCD 简介

字符型液晶模块是目前单片机应用设计中最常用的信息显示器件。1602 型 LCD 是一种工业字符型液晶，能够同时显示 16×2 即 32 个字符（16 列 2 行）。LCD1602 显示模块具有体积小、功耗低、显示内容丰富等特点，被广泛应用于各种单片机应用中。1602 液晶也叫 1602 字符型液晶，它是一种专门用来显示字母、数字、符号等的点阵型液晶模块。它由若干个 5×7 或者 5×11 等点阵字符位组成，每个点阵字符位都可以显示一个字符，每位之间有一个点距的间隔，每行之间也有间隔，起到了字符间距和行间距的作用，正因为如此，所以它不能很好地显示图形。1602 型 LCD 有 8 位数据总线 D0～D7 和 RS，R/W，E 三个控制端口，工作电压为 5V 或 3.3V，并且具有字符对比度调节和背光功能。微功耗、体积小、显示内容丰富、超薄轻巧，常用在袖珍式仪表和低功耗应用系统中。

5.5.2 1602 型 LCD 引脚功能

1602 采用标准的 16 脚接口，其中：

第 1 脚：VSS 为电源地。

第 2 脚：VCC 接电源正极。

第 3 脚：V0 为液晶显示器对比度调整端，接正电源时对比度最弱，接地电源时对比度最高（对比度过高时会产生“鬼影”，使用时可以通过一个 10kΩ的电位器调整对比度）。

第 4 脚：RS 为寄存器选择，高电平（1）时选择数据寄存器、低电平（0）时选择指令寄存器。

第 5 脚：RW 为读写信号线，高电平（1）时进行读操作，低电平（0）时进行写操作。

第 6 脚：E（或 EN）端为使能（enable）端。

第 7～14 脚：D0～D7 为 8 位双向数据端。

第 15、16 脚：空脚或背灯电源。15 脚背光正极，16 脚背光负极。

5.5.3　1602 型 LCD 的特性

（1）+3.3V 或+5V 电压（由于 CC2530 工作在 3.3V，所以学习板采用的是+3.3V 工作电压的 1602LCD）。

（2）对比度可调。

（3）内含复位电路。

（4）提供各种控制命令，如清屏、字符闪烁、光标闪烁、显示移位等多种功能。

（5）有 80B 显示数据存储器 DDRAM。

（6）内建有 192 个 5×7 点阵的字型的字符发生器 CGROM。

（7）8 个可由用户自定义的 5×7 的字符发生器 CGRAM。

5.5.4　1602 型 LCD 字符集

1602 液晶模块内部的字符发生存储器（CGROM）已经存储了 160 个不同的点阵字符图形，这些字符有阿拉伯数字、英文字母的大小写、常用的符号和日文假名等，每一个字符都有一个固定的代码，比如大写的英文字母“A”的代码是 01000001B（41H），显示时模块把地址 41H 中的点阵字符图形显示出来，就能看到字母“A”。

因为 1602 识别的是 ASCII 码，试验可以用 ASCII 码直接赋值，在单片机编程中还可以用字符型常量或变量赋值，如'A'。

5.5.5　1602 型 LCD 基本操作程序

读状态。输入：RS=L，RW=H，E=H；输出：DB0～DB7=状态字。

读数据。输入：RS=H，RW=H，E=H；输出：无。

写指令。输入：RS=L，RW=L，DB0～DB7=指令码，E=H；输出：DB0～DB7=数据。

写数据。输入：RS=H，RW=L，DB0～DB7=数据，E=H；输出：无。

1. 1602型LCD读操作时序

1602 型 LCD 读操作时序如图 5.12 所示。

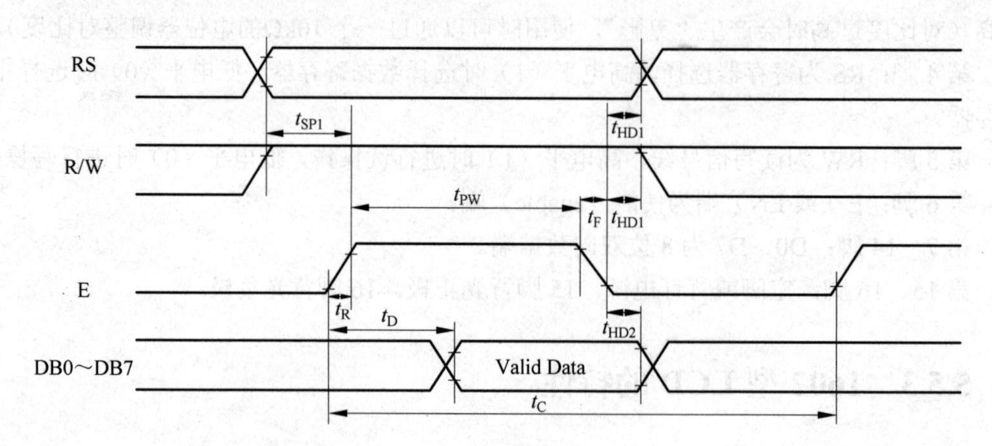

图 5.12 1602 型 LCD 读操作时序

2. 1602型LCD写操作时序

1602 型 LCD 写操作时序如图 5.13 所示。

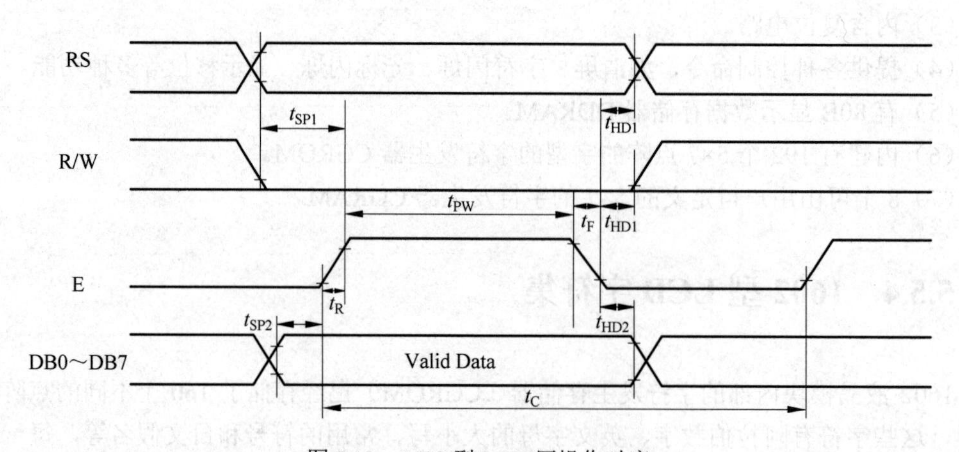

图 5.13 1602 型 LCD 写操作时序

5.5.6 1602 型 LCD 指令集

1602 通过 D0～D7 的 8 位数据端传输数据和指令。

（1）显示模式设置（初始化）：

0010 01000 [0x28] 设置 16×2 显示，5×7 点阵，4 位数据接口。

（2）显示开关及光标设置（初始化）：

0000 1DCB——D 显示（1 有效），C 光标显示（1 有效），B 光标闪烁（1 有效）。

0000 01NS——N=1（读或写一个字符后地址指针加 1 &光标加 1），N=0（读或写一个字符后地址指针减 1 &光标减 1），S=1 且 N=1（当写一个字符后，整屏显示左移），S=0 当写一个字符后，整屏显示不移动。

（3）数据指针设置：数据首地址为80H，所以数据地址为80H+地址码（0～27H，40～67H）。

（4）其他设置：01H（显示清屏，数据指针=0，所有显示=0）；02H（显示回车，数据指针=0）。

5.5.7　1602型LCD 4线连接方式

LCD1602的4线连接方式可以节省4个端口，只需7个I/O端口就可以满足要求，数据口只需要连接DB4～DB7，写入命令和数据的顺序是先高4位，后低4位。由于CC2530的I/O端口相对于其他单片机来说较少，所以学习板上采用的是LCD1602的4线连接方式。

5.5.8　实验：LCD显示实验

（1）实验目的：编程实现LCD在第一行显示“Hello!”，在第二行显示“ZigBee!”，掌握LCD编程的方法。

（2）硬件电路分析。

LCD原理图如图5.14所示。

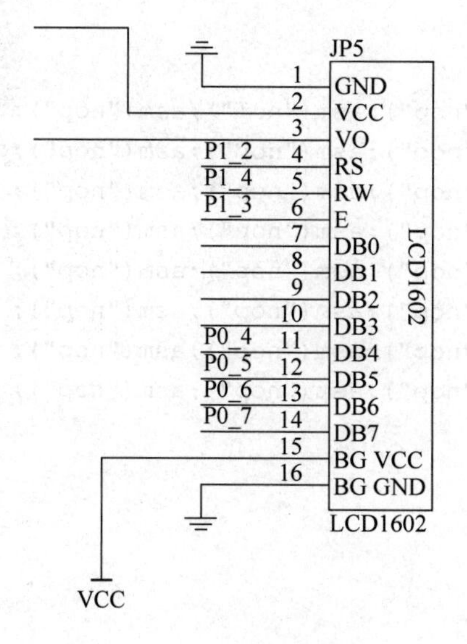

图5.14　LCD原理图

P1_2，P1_3和P1_4对应LCD1602的VO，RW，E三个控制引脚。P0_4、P0_5、P0_6、P0_7对应着LCD1602的4个数据接口，进行数据传输时，P0先传输高4位，再将低4位移位到高4位进行传输。

（3）例程：

```
/*******************************************************************************
*  描述：
```

```
*
*         1602 字符型 LCD 显示演示程序
*
*         在第一行显示  Hello!
*
*         在第二行显示  ZigBee!
*
*
*
*****************************************************************************/
#include<ioCC2530.h>
#include "exboard.h"

#define rs P1_2
#define rw P1_4
#define ep P1_3
char count=1;

void delay_us(int n)
{
    while(n--)
    {
    asm("nop");asm("nop");asm("nop");asm("nop");
    asm("nop");asm("nop");asm("nop");asm("nop");
    asm("nop");asm("nop");asm("nop");asm("nop");
    asm("nop");asm("nop");asm("nop");asm("nop");
    asm("nop");asm("nop");asm("nop");asm("nop");
    asm("nop");asm("nop");asm("nop");asm("nop");
    asm("nop");asm("nop");asm("nop");asm("nop");
    asm("nop");asm("nop");asm("nop");asm("nop");
}
}

//延时 1ms
void delay(int n)
{
    while(n--)
      {
    delay_us(1000);
}
}
char lcd_bz()
{                                            //测试 LCD 忙碌状态
    P0DIR&=0x0F;                             //将高 4 位设为输入
       char result;
```

```
    rs=0;
    rw = 1;
    ep = 1;
    asm("nop");
    asm("nop");
    asm("nop");
    asm("nop");

    result = (P0 & 0x80);
    ep = 0;
       P0DIR|=0xF0;                                //将高 4 位设为输出
    return result;
}

void lcd_wcmd(char cmd)
{                                                  //写入指令数据到 LCD
    while(lcd_bz());
    rs = 0;
    rw = 0;
    ep = 0;
    asm("nop");
    asm("nop");
    P0 = cmd;                                      //先将命令高 4 位写入
    delay(1);
    ep = 1;
    delay(1);
    ep = 0;
asm("nop");
    asm("nop");
    P0 = cmd<<4;                                   //再将命令低 4 位写入
    delay(1);
    ep = 1;
    delay(1);
    ep = 0;
}

void lcd_pos(char pos)
{                                                  //设定显示位置
    lcd_wcmd(pos | 0x80);
}

void lcd_wdat(char dat)
{                                                  //写入字符显示数据到 LCD
    While(lcd_bz());
    rs = 1;
    rw = 0;
    ep = 0;
```

```
    P0 = dat;                          //先将数据高 4 位写入
    delay(1);
    ep = 1;
    delay(1);
    ep = 0;

      P0 = dat<<4;                     //再将数据低 4 位写入
    delay(1);
    ep = 1;
    delay(1);
    ep = 0;
}

void lcd_init()
{                                      //LCD 初始化设定
     rs=0;
     rw=0;
     asm("nop");
        ep=0;
     asm("nop");

     ep=1;
     asm("nop");
     P0=0x20;
     asm("nop");
     ep=0;
        delay(1);
        ep=1;
     asm("nop");
     P0=0x20;
     asm("nop");
     ep=0;
        delay(5);

        ep=1;
     asm("nop");
     P0=0x20;
     asm("nop");
     ep=0;
        delay(1);
       lcd_wcmd(0x28);
    delay(1);
    lcd_wcmd(0x0C);
    delay(1);
    lcd_wcmd(0x06);
    delay(1);
    lcd_wcmd(0x01);                    //清除 LCD 的显示内容
```

```
    delay(1);
}

Main()
{
unsigned char dis1[] = "Hello!";
unsigned char dis2[] = "ZigBee!";
        P1SEL &= ~0x1C;
        P1INP |= 0x01;
        P0DIR|=0xF0;
        P1DIR|=0x1C;
    char i;
    lcd_init();                          //初始化LCD
    delay(10);
    lcd_pos(1);                          //设置显示位置为第一行的第5个字符
    i = 0;
    while(dis1[i] != '\0')
    {                                    //显示字符"Hello!"
        lcd_wdat(dis1[i]);
        i++;
    }
    lcd_pos(0x41);                       //设置显示位置为第二行第二个字符
    i = 0;
    while(dis2[i] != '\0')
    {
        lcd_wdat(dis2[i]);               //显示字符"ZigBee!"
        i++;
    }


}
```

为了在其他实验中使用LCD，根据上面的程序编写了文件LCD.h和LCD.c。LCD.h文件内容如下：

```
extern void lcd_init();
extern void delay(char ms);
extern void lcd_pos(char pos);
extern void lcd_wdat(char dat);
extern void lcd_WriteString(char *line1,char *line2);
```

增加了一个void lcd_WriteString（char *line1，char *line2），可以直接在LCD上输出上下两行字符串，函数lcd_WriteString()如下：

```
void lcd_WriteString(char *line1,char *line2)
{

lcd_wcmd(0x01);
```

```
lcd_wcmd(0x02);
lcd_pos(1);                              //设置显示位置为第一行的第五个字符

    while(*line1 != '\0')
    {                                    //显示字符"welcome!"
        lcd_wdat(*line1);
        line1++;
    }
    lcd_pos(0x40);                       //设置显示位置为第二行第二个字符

    while(*line2 != '\0')
    {                                    //显示字符"welcome!"
        lcd_wdat(*line2);
        line2++;
    }
}
```

作业：

查阅资料，在作业板上的LCD12864上显示：

```
Hello!
ZigBee!
```

5.6 USART

5.6.1 串行通信接口

CC2530 有两个串行通信接口 USART0 和 USART1，它们能够分别运行于异步模式（UART）或者同步模式（SPI）。当寄存器位 UxCSR.MODE 设置为 1 时，就选择 UART 模式，这里的 *x* 是 USART 的编号，其数值为 0 或者 1。两个 USART 具有同样的功能，可以设置单独的 I/O 引脚，一旦硬件电路确定下来，再进行程序设计时，需要按照硬件电路来设置 USART 的 I/O 引脚。寄存器位 PERCFG.U0CFG 选择是否使用备用位置 1 或备用位置 2。在 UART 模式中，可以使用双线连接方式（含有引脚 RXD、TXD）或者四线连接方式（含有引脚 RXD、TXD、RTS 和 CTS），其中 RTS 和 CTS 引脚用于硬件流量控制。UART 模式的操作具有下列特点：

（1）8位或者9位负载数据。

（2）奇校验、偶校验或者无奇偶校验。

（3）配置起始位和停止位电平。

（4）配置LSB或者MSB首先传送。

（5）独立收发中断。

（6）独立收发DMA触发。

（7）奇偶校验和帧校验出错状态。

UART 模式提供全双工传送，接收器中的位同步不影响发送功能。传送一个 UART 字节包含一个起始位、8 个数据位、一个作为可选项的第 9 位数据或者奇偶校验位再加上一个或两个停止位。注意，虽然真实的数据包含 8 位或者 9 位，但是，数据传送只涉及一字节。

5.6.2 串行通信接口寄存器

UART 操作由 USART 控制和状态寄存器 UxCSR 以及 UART 控制寄存器 UxUCR 来控制。寄存器 UxBAUD 用于设置波特率，寄存器 UxBUF 是 USART 接收/传送数据缓存，这里的 x 是 USART 的编号，其数值为 0 或者 1。表 5.26～表 5.30 为 USART0 的相关寄存器。

表 5.26 U0CSR——USART 0控制和状态寄存器

位	名 称	复 位	R/W	描 述
7	MODE	0	R/W	USART 模式选择 0：SPI 模式 1：UART 模式
6	RE	0	R/W	UART 接收器使能。注意在 UART 完全配置之前不使能接收 0：禁用接收器 1：接收器使能
5	SLAVE	0	R/W	SPI 主或者从模式选择 0：SPI 主模式 1：SPI 从模式
4	FE	0	R/W0	UART 帧错误状态 0：无帧错误检测 1：字节收到不正确停止位级别
3	ERR	0	R/W0	UART 奇偶错误状态 0：无奇偶错误检测 1：字节收到奇偶错误
2	RX_BYTE	0	R/W0	接收字节状态。URAT 模式和 SPI 从模式。当读 U0DBUF 该位自动清除，通过写 0 清除它，这样有效丢弃 U0DBUF 中的数据 0：没有收到字节 1：准备好接收字节
1	TX_BYTE	0	R/W0	传送字节状态。URAT 模式和 SPI 主模式 0：字节没有被传送 1：写到数据缓存寄存器的最后字节被传送
0	ACTIVE	0	R	USART 传送/接收主动状态、在 SPI 从模式下该位等于从模式选择 0：USART 空闲 1：在传送或者接收模式 USART 忙碌

表 5.27 U0UCR——USART 0 UART 控制寄存器

位	名 称	复 位	R/W	描 述
7	FLUSH	0	R0/W1	清除单元。当设置时，该事件将会立即停止当前操作并且返回单元的空闲状态
6	FLOW	0	R/W	UART 硬件流使能。用 RTS 和 CTS 引脚选择硬件流控制的使用 0：流控制禁止 1：流控制使能
5	D9	0	R/W	UART 奇偶校验位。当使能奇偶校验，写入 D9 的值决定发送的第 9 位的值，如果收到的第 9 位不匹配收到字节的奇偶校验，接收时报告 ERR 如果奇偶校验使能，那么该位设置以下奇偶校验级别 0：奇校验 1：偶校验
4	BIT9	0	R/W	UART 9 位数据使能。当该位是 1 时， 使能奇偶校验位传输（即第 9 位）。如果通过 PARITY 使能奇偶校验，第 9 位的内容是通过 D9 给出的 0：8 位传送 1：9 位传送
3	PARITY	0	R/W	UART 奇偶校验使能。除了为奇偶校验设置该位用于计算，必须使能 9 位模式 0：禁用奇偶校验 1：奇偶校验使能
2	SPB	0	R/W	UART 停止位的位数。选择要传送的停止位的位数 0：1 位停止位 1：2 位停止位
1	STOP	1	R/W	UART 停止位的电平必须不同于开始位的电平 0：停止位低电平 1：停止位高电平
0	START	0	R/W	UART 起始位电平。闲置线的极性采用选择的起始位级别的电平的相反的电平 0：起始位低电平 1：起始位高电平

表 5.28 U0GCR（0xC5）——USART 0通用控制寄存器

位	名 称	复 位	R/W	描 述
7	CPOL	0	R/W	SPI 的时钟极性 0：负时钟极性 1：正时钟极性
6	CPHA	0	R/W	SPI 时钟相位 0：当 SCK 从 CPOL 倒置到 CPOL 时数据输出到 MOSI，并且当 SCK 从 CPOL 倒置到 CPOL 时数据输入抽样到 MISO 1：当 SCK 从 CPOL 倒置到 CPOL 时数据输出到 MOSI，并且当 SCK 从 CPOL 倒置到 CPOL 时数据输入抽样到 MISO
5	ORDER	0	R/W	传送位顺序 0：LSB 先传送 1：MSB 先传送
4:0	BAUD_E [4:0]	0 0000	R/W	波特率指数值。BAUD_E 和 BAUD_M 决定了 UART 波特率和 SPI 的主 SCK 时钟频率

表 5.29 U0BUF——USART 0接收/传送数据缓存寄存器

位	名 称	复 位	R/W	描 述
7:0	DATA [7:0]	0x00	R/W	USART 接收和传送数据。当写这个寄存器的时候数据被写到内部，传送数据寄存器。当读取该寄存器的时候，数据来自内部读取的数据寄存器

表 5.30 U0BAUD——USART 0波特率控制寄存器

位	名 称	复 位	R/W	描 述
7:0	BAUD_M [7:0]	0x00	R/W	波特率小数部分的值。BAUD_E 和 BAUD_M 决定了 UART 的波特率和 SPI 的主 SCK 时钟频率

5.6.3 设置串行通信接口寄存器波特率

当运行在UART模式时，内部的波特率发生器设置UART波特率由寄存器UxBAUD.BAUD_M[7:0]和UxGCR.BAUD_E[4:0]定义波特率，如表5.31所示。

表 5.31 32MHz系统时钟常用的波特率设置

波特率 b/s	UxBAUD.BAUD_M	UxGCR.BAUD_E	误差/%
2400	59	6	0.14
4800	59	7	0.14
9600	59	8	0.14
14 400	216	8	0.03
19 200	59	9	0.14
28 800	216	9	0.03
38 400	59	10	0.14
57 600	216	10	0.03
76 800	59	11	0.14
115 200	216	11	0.03
230 400	216	12	0.03

5.6.4 实验 1：UART 发送

当 USART 收/发数据缓冲器、寄存器 UxBUF 写入数据时，该字节发送到输出引脚 TXDx.UxBUF 寄存器是双缓冲的。

（1）实验目的：编程实现学习板通过串口不断向 PC 串口发送字符串“HELLO”，来掌握 UART 发送数据的方法。

（2）程序流程图如图 5.15 所示。

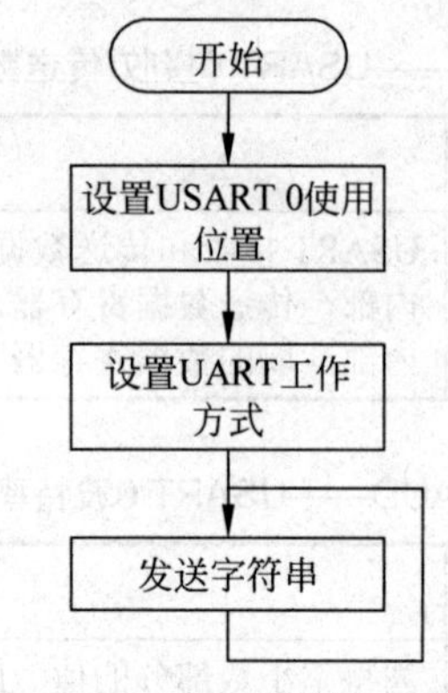

图 5.15 UART 发送程序流程图

（3）例程：

```
#include<ioCC2530.h>
#include<string.h>
#include "exboard.h"

//函数声明
void Delay(uint);
void initUARTSEND(void);
void UartTX_Send_String(char *Data, int len);

char Txdata[25];
/*************************************************************
   延时函数
*************************************************************/
void Delay(uint n)
{
    uint i;
    for(i=0;i<n;i++);
    for(i=0;i<n;i++);
    for(i=0;i<n;i++);
    for(i=0;i<n;i++);
    for(i=0;i<n;i++);
}
/*************************************************************
   串口初始化函数
*************************************************************/
void initUARTSEND(void)
{

    CLKCONCMD &= ~0x40;                 //设置系统时钟源为 32MHz 晶振
    while(CLKCONSTA & 0x40);            //等待晶振稳定
    CLKCONCMD &= ~0x47;                 //设置系统主时钟频率为 32MHz

    PERCFG = 0x00;                      //USART 0 使用位置 1 P0_2, P0_3 口
    P0SEL = 0x3C;                       //P0_2,P0_3,P0_4,P0_5 用作串口

    U0CSR |= 0x80;                      //UART 方式
    U0GCR |=9;
    U0BAUD |= 59;                       //波特率设为 19 200
```

```
  UTX0IF = 0;                    //UART0 TX中断标志初始置位0
}
/**********************************************************
串口发送字符串函数
**********************************************************/
void UartTX_Send_String(char *Data, int len)
{
 int j;
 for(j=0;j<len;j++)
 {
  U0DBUF = *Data++;
  while(UTX0IF == 0);
  UTX0IF = 0;
 }
}
/**********************************************************
主函数
**********************************************************/
void main(void)
{
    uchar i;

    initUARTSEND();

      strcpy(Txdata, "HELLO");       //将字符串HELLO赋给Txdata;
    while(1)
    {
          UartTX_Send_String(Txdata,sizeof("HELLO"));//串口发送数据
          Delay(5000);
    }
}
```

（4）程序分析。

① 函数UartTX_Send_String的作用是将指定长度字符串发送给串口，在一个循环中将字符串中每个字符取出发送给串口。

```
U0DBUF = *Data++;
```

② 将一个字符发送后需要等待字符发送完毕，串口每发送完成一个字符，就会产生一个中断，而中断标志位UTX0IF成为检测字符是否发送完毕的标志。以下代码用于检测字符是否发送完毕：

```
while(UTX0IF == 0);
```

③ 检测完毕之后需要将标志位 UTX0IF 置 0，以便进行下一个字符的发送和检测。

5.6.5 UART 接收

当 1 写入 UxCSR.RE 位时，在 UART 上数据接收就开始了。然后 UART 会在输入引脚 RXDx 中寻找有效起始位，并且设置 UxCSR.ACTIVE 位为 1。当检测出有效起始位时，收

到的字节就传入到接收寄存器，通过寄存器 UxBUF 提供收到的数据字节。当 UxBUF 读出时，xCSR.RX_BYTE 位由硬件清 0。

5.6.6 实验 2：UART 发送与接收

（1）实验目的：编程实现学习板通过串口向 PC 串口发送字符串“What is your name?”，计算机向学习板发送名字，名字以#号结束，学习板向串口发送字符串“HELLO”+名字。

（2）程序流程图如图 5.16 所示。

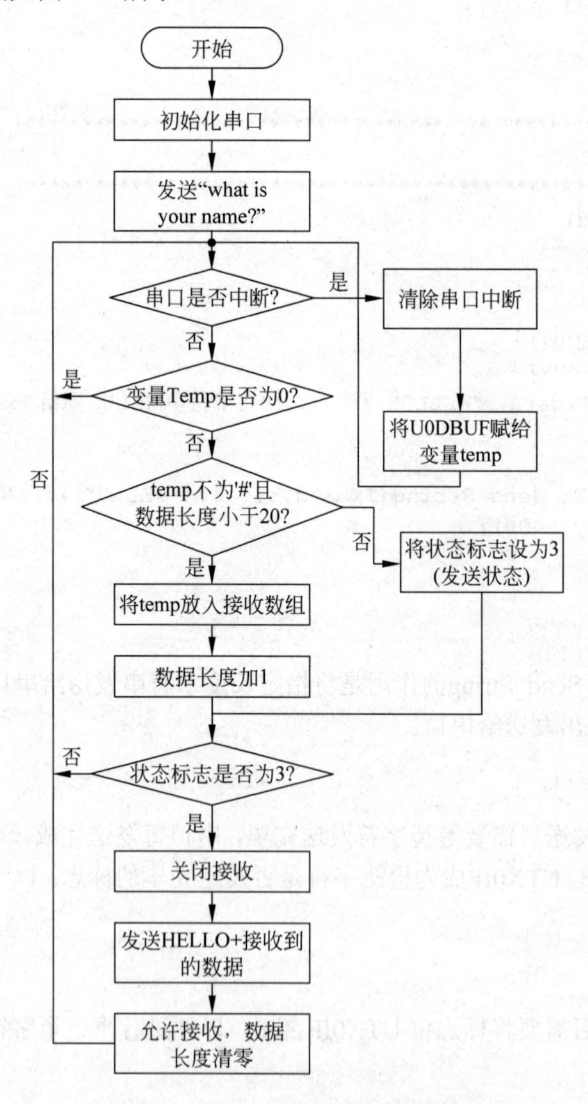

图 5.16 UART 发送与接收程序流程图

（3）例程：

```
#include<ioCC2530.h>
#include<string.h>
```

```
#include "exboard.h"

void initUART0(void);
void InitialAD(void);
void UartTX_Send_String(uchar *Data,int len);

uchar str1[20]="What is your name?";
uchar str2[7]="hello";
uchar Recdata[20];
uchar RXTXflag = 1;
uchar temp;
uint  datanumber = 0;
uint  stringlen;
/************************************************************
初始化串口0函数
************************************************************/
void initUART0(void)
{
   CLKCONCMD &= ~0x40;               //设置系统时钟源为32MHz晶振
   while(CLKCONSTA & 0x40);          //等待晶振稳定
   CLKCONCMD &= ~0x47  ;             //设置系统主时钟频率为32MHz

   PERCFG = 0x00;                    //位置1P0口
   P0SEL = 0x3C;                     //P0用作串口
   P2DIR &= ~0xC0;                   //P0优先作为UART0
   U0CSR |= 0x80;                    //串口设置为UART方式
   U0GCR |= 9;
   U0BAUD |= 59;                     //波特率设为19 200
   UTX0IF = 1;                       //UART0 TX中断标志初始置位1
   U0CSR |= 0x40;                    //允许接收
   IEN0 |= 0x84;                     //开总中断,接收中断
}
/************************************************************
串口发送字符串函数
************************************************************/
void UartTX_Send_String(uchar *Data, int len)
{
  uint j;
  for(j=0;j<len;j++)
  {
    U0DBUF = *Data++;
    while(UTX0IF == 0);
    UTX0IF = 0;
  }
}
/************************************************************
主函数
************************************************************/
void main(void)
{
    P1DIR = 0x03;                    //P1控制LED
```

```
    initUART0();

    UartTX_Send_String(str1,20);
    while(1)
    {
        if(RXTXflag == 1)             //接收状态
        {

          if(temp != 0)
          {
              // '#' 被定义为结束字符,最多能接收20个字符
              if((temp!='#')&& (datanumber<20))

             {
              Recdata[datanumber++] = temp;
             }
             else
             {
              RXTXflag = 3;           //进入发送状态
             }

            temp  = 0;
          }
        }
        if(RXTXflag == 3)             //发送状态
        {
          U0CSR &= ~0x40;             //不能接收
          UartTX_Send_String(str2,6);
          UartTX_Send_String(Recdata,datanumber);
          U0CSR |= 0x40;              //允许接收
          RXTXflag = 1;               //恢复到接收状态
          datanumber = 0;             //指针归0

        }
    }
}
/*****************************************************************************
串口接收一个字符:一旦有数据从串口传至CC2530,则进入中断,将接收到的数据赋值给变量temp
*****************************************************************************/
#pragma vector = URX0_VECTOR
 __interrupt void UART0_ISR(void)
 {
    URX0IF = 0;                       //清中断标志
    temp = U0DBUF;
 }
```

（4）程序分析。

① 当串口接收到数据后，会产生上面的中断，接收到的数据放在S寄存器U0DBUF中。

② 将U0DBUF的值存入全局变量temp，主函数的无限循环中检测到temp有数据，会对其进行进一步处理。

作业：

（1）编写程序，实现从串口发送字符，控制学习板上LED灯。发送1，LED1亮；发送2，LED2亮；发送3，LED1灭；发送4，LED2灭。

（2）编写程序，实现从串口发送字符串，以#字符为结束，将串口发送的内容在学习板上显示出来。

（3）在作业板上实现作业1。

（4）在作业板上实现作业 2。

5.7 ADC

5.7.1 ADC 简介

所谓A/D转换器就是模拟/数字转换器（Analog to Digital Converter，ADC），是将输入的模拟信号转换成为数字信号。在模拟信号需要以数字形式处理、存储或传输时，模拟数字转换器几乎必不可少。8位，10位，12位或16位的慢速片内（On-chip）模拟数字转换器在微控制器里十分普遍。速度很高的模拟数字转换器在数字示波器里是必需的，另外在软件无线电里也很关键。

CC2530的ADC支持多达14位的模拟数字转换，具有多达12位的有效数字位，比一般的单片机的8位ADC精度要高。它包括一个模拟多路转换器，具有多达8个各自可配置的通道；以及一个参考电压发生器。转换结果可以通过DMA 写入存储器，从而减轻CPU的负担。

CC2530的ADC的主要特性如下：

（1）可选的抽取率。

（2）8个独立的输入通道，可接收单端或差分（电压差）信号。

（3）参考电压可选为内部单端、外部单端、外部差分或AVDD5（供电电压）。

（4）产生中断请求。

（5）转换结束时DMA触发。

（6）可以将片内的温度传感器作为输入。

（7）电池测量功能。

5.7.2 ADC 输入

端口 0 引脚的信号可以用作 ADC 输入（这时一般用 AIN0～AIN7 来称呼这些引脚）。可以把 AIN0～AIN7 配置为单端或差分输入。在选择差分输入的情况下，差分输入包括输入对 AIN0-AIN1、AIN2-AIN3、AIN4-AIN5 和 AIN6-AIN7。差分模式下的转换取自输入对之间的电压差，例如 AIN0 和 AIN1 这两个引脚的差。除了输入引脚 AIN0～AIN7，片上温度传感器的输出也可以选择作为 ADC 的输入，用于片上温度测量。还可以输入一个对应

AVDD5/3 的电压作为一个 ADC 输入。这个输入允许在应用中实现一个电池监测器的功能。注意在这种情况下参考电压不能取决于电源电压，比如 AVDD5 电压不能用作一个参考电压。8 位模拟输入来自 I/O 引脚，不必经过编程变为模拟输入。但是相应的模拟输入在 APCFG 中禁用，那么通道将被跳过。当使用差分输入时，处于差分对的两个引脚都必须在 APCFG 寄存器中设置为模拟输入引脚。APCFG 寄存器如表 5.32 所示。

表 5.32 APCFG——模拟I/O配置寄存器

位	名 称	复 位	R/W	描 述
7:0	APCFG [7:0]	0x00	R/W	模拟外设I/O配置。APCFG[7：0]选择P0.7～P0.0作为模拟I/O 0：模拟I/O禁用 1：模拟I/O使用

ADC 的输入用 16 个通道来描述，单端电压输入 AIN0～AIN7 以通道号码 0～7 表示。差分输入对 AIN0-AIN1、AIN2-AIN3、AIN4-AIN5 和 AIN6-AIN7 用通道 8～11 表示。GND 通道号 12，温度传感器通道号 14，AVDD5/3 通道号 15。ADC 使用哪个通道作为输入由寄存器 ADCCON2（序列转换）或 ADCCON3（单个转换）决定。

5.7.3 ADC 寄存器

ADC 有两个数据寄存器：ADCL——ADC 数据低位寄存器、ADCH——ADC 数据高位寄存器，如表 5.33 和表 5.34 所示。ADC 有三种控制寄存器：ADCCON1、ADCCON2 和 ADCCON3，如表 5.35 和表 5.36。这些寄存器用于配置 ADC 并报告结果。

表 5.33 ADCL——ADC数据低位寄存器

位	名 称	复 位	R/W	描 述
7:2	ADC [5:0]	0000 00	R	ADC 转换结果的低位部分
1:0	—	00	R0	没有使用。读出来一直是 0

表 5.34 ADCH——ADC数据高位寄存器

位	名 称	复 位	R/W	描 述
7:0	ADC [13:6]	0x00	R	ADC 转换结果的高位部分

表 5.35 ADCCON1——ADC控制寄存器1

位	名 称	复 位	R/W	描 述
7	EOC	0	R/H0	转换结束。当 ADCH 被读取的时候清除。如果已读取前一数据之前，完成一个新的转换，EOC 位仍然为高 0：转换没有完成 1：转换完成

续表

位	名 称	复 位	R/W	描 述
6	ST	0		开始转换。读为 1，直到转换完成 0：没有转换正在进行 1：如果 ADCCON1.STSEL=11 并且没有序列正在运行就启动一个转换序列
5:4	STSEL [1:0]	11	R/W1	启动选择。选择该事件，将启动一个新的转换序列 00：P2.0 引脚的外部触发 01：全速。不等待触发器 10：定时器 1 通道 0 比较事件 11：ADCCON1.ST =1
3:2	RCTRL [1:0]	00	R/W	控制 16 位随机数发生器（第 13 章）。当写 01 时，当操作完成时设置将自动返回到 00 00：正常运行（13X 型展开） 01：LFSR 的时钟一次（没有展开） 10：保留 11：停止。关闭随机数发生器
1:0	—	11	R/W	保留。一直设为 11

表 5.36 ADCCON3——ADC控制寄存器3

位	名称	复位	R/W	描 述
7:6	EREF [1:0]	00	R/W	选择用于额外转换的参考电压 00：内部参考电压 01：AIN7 引脚上的外部参考电压 10：AVDD5 引脚 11：在 AIN6-AIN7 差分输入的外部参考电压
5:4	EDIV [1:0]	00	R/W	设置用于额外转换的抽取率。抽取率也决定了完成转换需要的时间和分辨率 00：64 抽取率（7 位 ENOB） 01：128 抽取率（9 位 ENOB） 10：256 抽取率（10 位 ENOB） 11：512 抽取率（12 位 ENOB）
3:0	EDIV [1:0]	0000	R/W	单个通道选择。选择写 ADCCON3 触发的单个转换所在的通道号码。当单个转换完成，该位自动清除 0000：AIN0 0001：AIN1 0010：AIN2 0011：AIN3 0100：AIN4 0101：AIN5 0110：AIN6 0111：AIN7 1000：AIN0-AIN1 1001：AIN2-AIN3 1010：AIN4-AIN5 1011：AIN6-AIN7 1100：GND

续表

位	名称	复位	R/W	描 述
3:0	EDIV [1:0]	0000	R/W	1101：正电压参考 1110：温度传感器 1111：VDD/3

（1）ADCCON1.EOC 位是一个状态位，当一个转换结束时，设置为高电平，常用于判断转换是否完成。当读取 ADCH 时，它就被清除。ADCCON1.ST 位用于启动一个转换序列。当这个位设置为高电平，ADCCON1.STSEL 是 11，如果当前没有转换正在运行时，就启动一个序列。这个序列转换完成，这个位就被自动清除。

（2）ADCCON2 寄存器控制转换序列是如何执行的？ADCCON2.SREF 用于选择参考电压。参考电压只能在没有转换运行的时候修改。ADCCON2.SDIV 位选择抽取率（并因此也设置了分辨率和完成一个转换所需的时间或样本率）。抽取率只能在没有转换运行的时候修改。

（3）ADCCON3 寄存器控制单个转换的通道号码、参考电压和抽取率。单个转换在寄存器 ADCCON3 写入后将立即发生，或如果一个转换序列正在进行，该序列结束之后立即发生。该寄存器位的编码和 ADCCON2 是完全一样的。

5.7.4 ADC 转换结果

数字转换结果以 2 的补码形式表示。对于单端配置，结果总是为正。这是因为结果是输入信号和地面之间的差值，它总是一个正符号数输入幅度等于所选的电压参考 V_{REF} 时，达到最大值。对于差分配置，两个引脚对之间的差分被转换，这个差分可以是负符号数。对于抽取率是 512 的一个数字转换结果的 12 位 MSB，当模拟输入 V_{conv} 等于 V_{REF} 时，数字转换结果是 2047。当模拟输入等于-V_{REF} 时，数字转换结果是-2048。

当 ADCCON1.EOC 设置为 1 时，数字转换结果是可以获得的，且结果放在 ADCH 和 ADCL 中。

5.7.5 单个 ADC 转换

除了转换序列，ADC 可以编程为从任何通道单独执行一个转换。这样一个转换通过写 ADCCON1 寄存器触发。除非一个转换序列已经正在进行，转换立即开始。

5.7.6 片内温度传感器实验

（1）实验目的：编程实现片内温度传感器值的读取，掌握单个 ADC 转换编程的方法。

（2）实验步骤与现象：液晶上显示片内温度传感器值。

（3）程序流程图如图 5.17 所示。

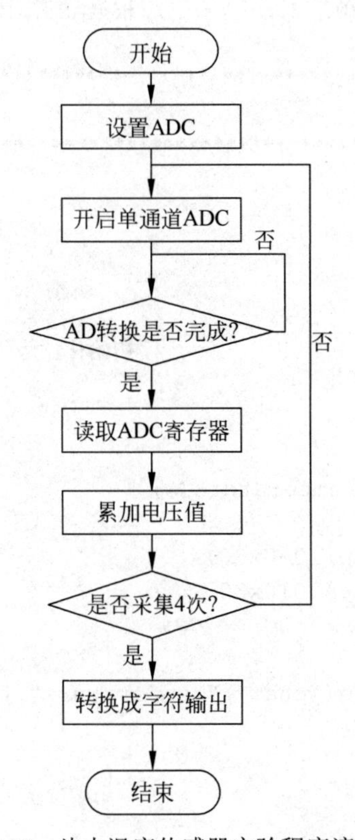

图 5.17 片内温度传感器实验程序流程图

（4）例程：

```
#include "ioCC2530.h"
#include "exboard.h"
#include "lcd.h"

uint AvgTemp;

uint getTemperature(void){
  char   i;
  uint  AdcValue;
  uint  value;

  AdcValue = 0;
  For( i = 0; i < 4; i++ )
  {
    ADCCON3|=0x3E;
    ADCCON1|=0x40;                //使用1.25V内部电压,12位分辨率,AD源为片内温度
                                  //传感器开启单通道ADC
    While(!(ADCCON1&0x80));       //等待AD转换完成
    value =  ADCL >> 2;           //ADCL寄存器低两位无效
    value |= (((uint)ADCH) << 6);
    AdcValue += value;            //AdcValue被赋值为4次AD值之和
  }
```

```
  value = AdcValue >> 2;                   //累加除以4,得到平均值
  return value*0.0629-303.3;               //根据AD值,计算出实际的温度
}
/*************************************************************
主函数
*************************************************************/
void main(void)
{
    char i;
      char temp[3];

     lcd_init();                           //初始化LCD

         AvgTemp = 0;

           AvgTemp= getTemperature();

         temp[0]=AvgTemp/10+0x30;
         temp[1]=AvgTemp%10+0x30;
         temp[2]= '\0';

         lcd_WriteString((char*)"temperature",temp);
}
```

5.8 睡眠定时器

5.8.1 睡眠定时器简介

睡眠定时器用于设置系统进入和退出低功耗睡眠模式之间的周期，睡眠定时器的主要功能如下：

◆ 24位的定时计数器，运行在32kHz的时钟频率。

◆ 24位的比较器，具有中断和DMA触发功能。

◆ 24位捕获。

睡眠定时器是一个24位的定时器，运行在一个32kHz的时钟频率（可以是RC振荡器或晶体振荡器）上。睡眠定时器在复位之后立即启动，如果没有中断就继续运行。定时器的当前值可以从寄存器ST2:ST1:ST0中读取。当定时器的值等于24位比较器的值时，就发生一次定时器比较。通过写入寄存器ST2:ST1:ST0来设置比较值。当STLOAD.LDRDY是1写入ST0开始加载新的比较值，即写入ST2、ST1和ST0寄存器的最新的值。加载期间STLOAD.LDRDY是0，软件不能开始一个新的加载，直到STLOAD.LDRDY回到1。读ST0将捕获24位计数器的当前值。因此，ST0寄存器必须在ST1和ST2之前读，以捕获一个正确的睡眠定时器计数值。当发生一个定时器比较时，中断标志STIF被设置。定时器值被系统时钟更新。ST中断的中断使能位是IEN0.STIE，中断标志是IRCON.STIF。

当运行在所有供电模式，除了 PM3 时，睡眠定时器将开始运行。因此，睡眠定时器的值在 PM3 下不保存。在 PM1 和 PM2 下睡眠定时器比较事件用于唤醒设备，返回主动模式的主动操作。复位之后的比较值的默认值是 0xFFFFFF。睡眠定时器比较还可以用作一个 DMA 触发。注意如果电压降到 2V 以下同时处于 PM2，睡眠间隔将会受到影响。

5.8.2 睡眠定时器寄存器

睡眠定时器使用的寄存器是：ST2——睡眠定时器 2；ST1——睡眠定时器 1；ST0——睡眠定时器 0；STLOAD——睡眠定时器加载状态，如表 5.37～表 5.40 所示。

表 5.37　ST2——休眠定时器2

位	名　称	复　位	R/W	描　　述
7:0	ST2 [7:0]	0x00	R/W	休眠定时器计数/比较值。当读取时，该寄存器返回休眠定时器的高位[23:16]。当写该寄存器的值时设置比较值的高位[23:16]。在读寄存器 ST0 的时候，值的读取是锁定的。当写 ST0 的时候，写该值是锁定的

表 5.38　ST2——休眠定时器1

位	名称	复　位	R/W	描　　述
7:0	ST1 [7:0]	0x00	R/W	休眠定时器计数/比较值。当读取的时候，该寄存器返回休眠定时计数的中间位[15:8]。当写该寄存器的时候，设置比较值的中间位[15:8]。在读取寄存器 ST0 的时候，读取该值是锁定的。当写 ST0 的时候，写该值是锁定的

表 5.39　ST0——休眠定时器0

位	名　称	复　位	R/W	描　　述
7:0	ST0 [7:0]	0x00	R/W	休眠定时器计数/比较值。当读取的时候，该寄存器返回休眠定时计数的低位[7:0]。当写该寄存器的时候，设置比较值的低位[7:0]。写该寄存器被忽略，除非 STLOAD.LDRDY 是 1

表 5.40　STLOAD——睡眠定时器加载状态寄存器

位	名　称	复　位	R/W	描　　述
7:1	—	0000 000	R0	保留
0	LDRDY	1	R	加载准备好。当睡眠定时器加载 24 位比较值时，该位是 0。当睡眠定时器准备好开始加载一个新的比较值时，该位是 1

5.8.3 实验：睡眠定时器唤醒实验

（1）实验目的：了解睡眠定时器的使用。

（2）实验现象：LED1 每隔 8s 闪烁 10 次，LED2 每隔 8s 闪烁 1 次。

（3）代码分析：

① 当睡眠定时器的值等于24位比较器的值时，就发生一次睡眠定时器中断。

② 睡眠定时器在复位之后立即启动，所以不能直接设置睡眠定时器的比较值，需要先将睡眠定时器的当前值读出，再加上需要定时的值，再写入睡眠定时器。

③ 通过写入寄存器 ST2：ST1：ST0 来设置比较值。而 STLOAD.LDRDY 初始值是 1，所以不需要设置。写入 ST0 开始加载新的比较值，即写入 ST2、ST1 和 ST0 寄存器的最新的值。所以写入的次序应为 ST2，ST1，ST0。

④ 读 ST0 将捕获 24 位计数器的当前值。因此，ST0 寄存器必须在 ST1 和 ST2 之前读，以捕获一个正确的睡眠定时器计数值。

⑤ 发生一次睡眠定时器中断，IRCON.STIF 位将置 1，所以在中断后要继续定时，需要将 STIF 位清除。

⑥ 睡眠定时器的时钟频率为 32.768kHz，不能分频，所以 1s 睡眠定时器的值会增加 32 768，也就是睡眠定时器的值增加 32 768，定时 1s 时间。

（4）程序流程图如图 5.18 所示。

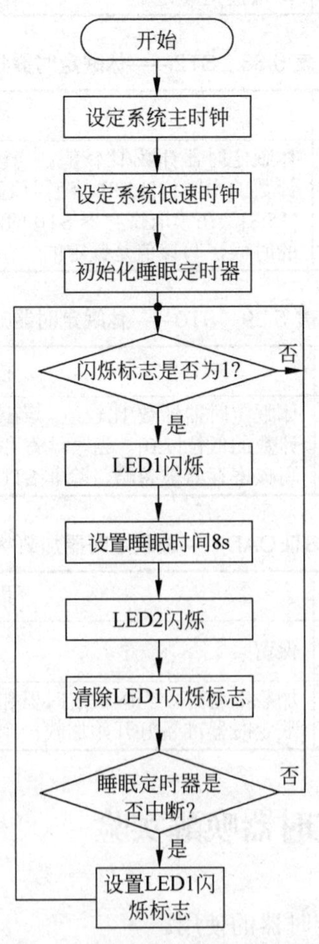

图 5.18　睡眠定时器唤醒程序流程图

（5）例程：

```
#include<ioCC2530.h>
#include "exboard.h"

#define CRYSTAL 0
#define RC 1

void Set_ST_Period(uint sec);
void Init_SLEEP_TIMER(void);
void Delay(uint n);
void LedGlint(void);

char LEDBLINK;

void InitLEDIO(void)
{
    P1DIR |= 0xC0;                    //P16、P17定义为LED输出
    led1 = 0;
    led2 = 0;
    //LED灯初始化为关
}

/****************************************
设定系统主时钟函数
****************************************/
void  SET_MAIN_CLOCK(source)
   {
      if(source) {
        CLKCONCMD |= 0x40;             /*选择16MRC振荡器*/
        While(!(CLKCONSTA &0x40)) ; /*待稳*/
            }
      else {
        CLKCONCMD &= ~0x47;            /*选择32MHz晶振*/
        while((CLKCONSTA &0x40));     /*待稳*/
      }
   }
/****************************************
设定系统低速时钟函数
****************************************/
void SET_LOW_CLOCK(source)
    {
  (source==RC)?(CLKCONCMD |= 0x80):CLKCONCMD &= ~0x80);
        }
```

```
/*******************************************************************
//主函数
*******************************************************************/
void main(void)
{
  SET_MAIN_CLOCK(CRYSTAL);
  SET_LOW_CLOCK(CRYSTAL);
  InitLEDIO();
  LEDBLINK = 0;
  led1 = 1;
  led2 = 0;

  Init_SLEEP_TIMER();                    //初始化睡眠定时器
  LedGlint();                            //闪烁 LED1
  Set_ST_Period(8);                      //设置睡眠时间 8s
  while(1)
  {

    If(LEDBLINK)
    {
      LedGlint();
      Set_ST_Period(8);
      led2 = !led2;
      LEDBLINK = 0;                      //清除 LED1 闪烁标志
    }
    Delay(100);

  }
}

/******************************************
//初始化睡眠定时器
******************************************/
void Init_SLEEP_TIMER(void)
{
  ST2 = 0x00;
  ST1 = 0x0F;
  ST0 = 0x0F;
  EA = 1;                                //开中断
  STIE = 1;                              //睡眠定时器中断使能
  STIF = 0;                              //睡眠定时器中断状态位置 0
}

/******************************************
```

```
//延时函数
****************************************/
void Delay(uint n)
{
  uint jj;
  for(jj=0;jj<n;jj++);
  for(jj=0;jj<n;jj++);
  for(jj=0;jj<n;jj++);
  for(jj=0;jj<n;jj++);
  for(jj=0;jj<n;jj++);
}

/****************************************
//LED1闪烁函数,闪烁10次
****************************************/
void LedGlint(void)
{
  uchar jj=10;
  while(jj--)
  {
    led1 = !led1;
    Delay(10000);
  }
}
/*****************************************************************
//设置睡眠时间
*****************************************************************/
void Set_ST_Period(uint sec)
{
   long sleepTimer = 0;
   //读睡眠定时器当前值到变量sleepTimer中,先读ST0的值
   sleepTimer |= ST0;
   sleepTimer |= (long)ST1 <<  8;
   sleepTimer |= (long)ST2 << 16;
   //睡眠定时器的时钟频率为32.768kHz,1s需要增加32 768
   //将睡眠时间加到sleepTimer上
   sleepTimer += ((long)sec * (long)32768);
   //将sleepTimer写入睡眠定时器
   ST2 = (char) (sleepTimer >> 16);
   ST1 = (char) (sleepTimer >> 8);
   ST0 = (char) sleepTimer;
}
//当睡眠定时器值等于24位比较器的值时，触发睡眠定时器中断
#pragma vector = ST_VECTOR
```

```
__interrupt void ST_ISR(void)
{
  STIF = 0;                                   //清除睡眠定时器标志位
  LEDBLINK = 1;                               //设置 LED1 闪烁标志
}
```

5.9 时钟和电源管理

CC2530 的数字内核和外设由一个 1.8V 的低差稳压器供电，CC2530 包括一个电源管理功能，可以实现使用不用供电模式的低功耗运行模式，来延长电池的使用寿命。

5.9.1 CC2530 电源管理简介

CC2530 不同的运行模式或供电模式用于低功耗运行。超低功耗运行的实现通过关闭电源模块以避免损耗功耗，还通过使用特殊的门控时钟和关闭振荡器来降低动态功耗。

CC2530 有 5 种不同的运行模式（供电模式），分别称作主动模式、空闲模式、PM1、PM2 和 PM3。主动模式是一般模式，而 PM3 具有最低的功耗。不同的供电模式对系统运行的影响如表 5.41 所示，并给出了稳压器和振荡器选择。

表 5.41 供电模式

供电模式	高频振荡器	低频振荡器	稳压器（数字）
配置	A：32MHz 晶体振荡器 B：16MHz RC 振荡器	C：32kHz 晶体振荡器 D：32kHz RC 振荡器	
主动/空闲模式	A 或 B	C 或 D	ON
PM1	无	C 或 D	ON
PM2	无	C 或 D	OFF
PM3	无	无	OFF

（1）主动模式：完全功能模式。稳压器的数字内核开启，16MHz RC 振荡器和 32MHz 晶体振荡器至少一个运行。32kHz RC 振荡器或 32kHz 晶体振荡器也有一个在运行。

（2）空闲模式：除了 CPU 内核停止运行，其他和主动模式一样。

（3）PM1：稳压器的数字部分开启。32MHz 晶体振荡器和 16MHz RC 振荡器都不运行。32kHz RC 振荡器或 32kHz 晶体振荡器运行。复位、外部中断或睡眠定时器过期时系统将转到主动模式。

（4）PM2：稳压器的数字内核关闭。32MHz 晶体振荡器和 16MHz RC 振荡器都不运行。32kHz RC 振荡器或 32kHz 晶体振荡器运行。复位、外部中断或睡眠定时器到期时系统将转到主动模式。

（5）PM3：稳压器的数字内核关闭。所有的振荡器都不运行。复位或外部中断时系统将转到主动模式。

5.9.2 CC2530 电源管理控制

所需的供电模式通过使用寄存器 SLEEPCMD 的 MODE 位和 PCON.IDLE 位来选择。设置寄存器 PCON.IDLE 位，进入 SLEEPCMD.MODE 所选的模式。

来自端口引脚或睡眠定时器的使能的中断，或上电复位将从其他供电模式唤醒设备，使它回到主动模式。当进入 PM1、PM2 或 PM3，就运行一个掉电序列。当设备从 PM1、PM2 或 PM3 中出来，从它在 16MHz 开始，进入供电模式（设置 PCON.IDLE）且 CLKCONCMD.OSC = 0 时，自动变为 32MHz。如果当进入供电模式设置了 PCON.IDLE 且 CLKCONCMD.OSC = 1，它继续运行在 16MHz。

5.9.3 CC2530 振荡器和时钟

设备有一个内部系统时钟或主时钟。该系统时钟的源既可以用 16MHz RC 振荡器，也可以采用 32MHz 晶体振荡器。时钟的控制可以使用寄存器 CLKCONCMD 来完成。

设备还有一个 32kHz 时钟源，可以是 RC 振荡器或晶振，也由 CLKCONCMD 寄存器控制。CLKCONSTA 寄存器是一个只读的寄存器，用于获得当前时钟状态。振荡器可以选择高精度的晶体振荡器，也可以选择低功耗的高频 RC 振荡器。

（1）设备有两个高频振荡器：32MHz 晶振振荡器，16MHz RC 振荡器。

32MHz 晶振振荡器启动时间对一些应用程序来说可能比较长，因此设备可以运行在 16MHz RC 振荡器，直到晶振稳定。16MHz RC 振荡器功耗低于晶振振荡器，但是由于不像晶振那么精确，不能用于 RF 收发器操作。

（2）设备的两个低频振荡器为 32kHz 晶振振荡器和 32kHz RC 振荡器。

32kHz 晶体振荡器用于运行在 32.768kHz，为系统需要的时间精度提供一个稳定的时钟信号。校准时，32kHz RC 振荡器运行在 32.753kHz。32kHz RC 振荡器应用于降低成本和电源消耗。这两个 32kHz 振荡器不能同时运行。

（3）数据保留。在供电模式 PM2 和 PM3 下，从大部分内部电路中去除了电源。但是 SRAM 将保留它的部分内容，PM2 和 PM3 下内部寄存器的内容也保留。除非又另指定一个给定的寄存器位域，保留其内容的寄存器是 CPU 寄存器、外设寄存器和 RF 寄存器。转换到 PM2 或 PM3 低功耗模式对软件是透明的。

5.9.4 实验：中断唤醒系统实验

（1）实验目的：了解几种系统电源模式的基本设置及切换。

（2）实验现象：程序指定 S1 为外部中断源唤醒 CC2530，每次系统唤醒 LED1 灯亮，LED2 闪烁 10 下后关闭两个 LED，进入系统睡眠模式 PM3。当然，也可通过系统复位进行系统唤醒。

（3）程序流程图如图5.19所示。

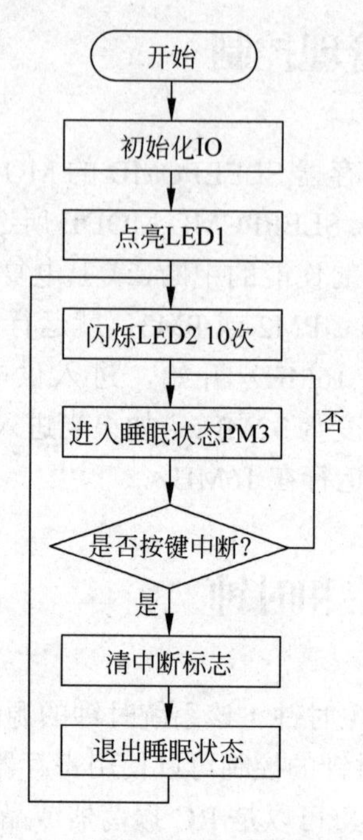

图5.19 中断唤醒系统实验程序流程图

（4）例程：

```
#include<ioCC2530.h>

#define uint unsigned int
#define uchar unsigned char
#define DELAY 15000

#define RLED P1_0
#define YLED P1_1                          //LED灯控制IO口定义

void Delay(void);
void Init_IO_AND_LED(void);
void SysPowerMode(uchar sel);

/***********************************************************
    延时函数
***********************************************************/
void Delay(void)
{
    uint i;
    for(i = 0;i<DELAY;i++);
    for(i = 0;i<DELAY;i++);
    for(i = 0;i<DELAY;i++);
```

```
    for(i = 0;i<DELAY;i++);
    for(i = 0;i<DELAY;i++);
}

/***********************************************************
系统工作模式选择函数
* para1  0  1   2   3
* mode  PM0 PM1 PM2 PM3
***********************************************************/
void SysPowerMode(uchar mode)
{
    uchar i,j;
    i = mode;
    if(mode<4)
    {
        SLEEPCMD &= 0xFC;
        SLEEPCMD |= i;                    //设置系统睡眠模式
        for(j=0;j<4;j++);
        PCON = 0x01;                      //进入睡眠模式
    }
    else
    {
        PCON = 0x00;                      //系统唤醒
    }
}

/***********************************************************
     LED 控制 IO 口初始化函数
***********************************************************/
void Init_IO_AND_LED(void)
{
    P1DIR = 0x03;
    RLED = 0;
    YLED = 0;
    //P0SEL &= ~0x32;
    //P0DIR &= ~0x32;
    P0INP  &= ~0x32;                      //设置 P0 口输入电路模式为上拉/下拉
    P2INP &= ~0x20;                       //选择上拉
    P0IEN |= 0x32;                        //P01 设置为中断方式
    PICTL |= 0x01;                        //下降沿触发
    EA = 1;
    IEN1 |= 0x20;                         //开 P0 口总中断
    P0IFG |= 0x00;                        //清中断标志
};
/***********************************************************
    主函数
***********************************************************/
```

```
void main()
{
    uchar count = 0;
    Init_IO_AND_LED();
    RLED = 1;                                //开红色LED,系统工作指示
    Delay();                                 //延时
    while(1)
    {
        YLED = !YLED;
              RLED = 1;
        count++;
        if(count >= 20)
              {
               count = 0;
                RLED = 0;
                SysPowerMode(3);
          //10次闪烁后进入睡眠状态PM3
              }
         //Delay();
           Delay();
                //延时函数无形参,只能通过改变系统时钟频率或DELAY的宏定义
                //来改变小灯的闪烁频率
    };
}
/*****************************************
    中断处理函数-系统唤醒
*****************************************/
#pragma vector = P0INT_VECTOR
 __interrupt void P0_ISR(void)
 {
      if(P0IFG>0)
    {
        P0IFG = 0;
     }
        P0IF = 0;
        SysPowerMode(4);
 }
```

5.10 看门狗

当单片机程序可能进入死循环的情况下，看门狗定时器（WDT）用作一个恢复的方法。当软件在选定时间间隔内不能清除WDT时，WDT必须复位系统。看门狗可用于容易受到电气噪声、电源故障、静电放电等影响的应用，或需要高可靠性的环境。如果一个应用不需要看门狗功能，可以配置看门狗定时器为一个定时器，这样可以用于在选定的时间间隔产生中断。

看门狗定时器的特性如下：

（1）4 个可选的定时器间隔。

（2）看门狗模式。

（3）定时器模式。

（4）在定时器模式下产生中断请求。

WDT 可以配置为一个看门狗定时器或一个通用的定时器。WDT 模块的运行由 WDCTL 寄存器控制。看门狗定时器包括一个 15 位计数器，它的频率由 32kHz 时钟源获得。注意，用户不能获得 15 位计数器的内容。在所有供电模式下，15 位计数器的内容保留，如果重新进入主动模式，看门狗定时器会继续计数。

5.10.1　看门狗模式

在系统复位之后，看门狗定时器就被禁用。要设置 WDT 在看门狗模式，必须设置 WDCTL.MODE[1:0]位为 10。然后看门狗定时器的计数器从 0 开始递增。在看门狗模式下，一旦定时器使能，就不可以禁用定时器，

因此，如果 WDT 位已经运行在看门狗模式下，再往 WDCTL.MODE[1:0]写入 00 或 10 就不起作用了。WDT 运行在一个频率为 32.768kHz（当使用 32kHz XOSC）的看门狗定时器时钟上。这个时钟频率的超时期限等于 1.9ms、15.625ms、0.25s 和 1s，分别对应 64、512、8192 和 32 768 的计数值设置。

如果计数器达到选定定时器的间隔值，看门狗定时器就为系统产生一个复位信号。如果在计数器达到选定定时器的间隔值之前，执行了一个看门狗清除序列，计数器就复位到 0，并继续递增。看门狗清除的序列包括在一个看门狗时钟周期内，写入 0xA 到 WDCTL.CLR[3:0]，然后写入 0x5 到同一个寄存器位。如果这个序列没有在看门狗周期结束之前执行完毕，看门狗定时器就为系统产生一个复位信号。

在看门狗模式下，WDT 使能，就不能通过写入 WDCTL.MODE[1:0]位改变这个模式，且定时器间隔值也不能改变。在看门狗模式下，WDT 不会产生一个中断请求。

5.10.2　定时器模式

如果不需要看门狗功能，可以将看门狗定时器设置成普通定时器，必须把 WDCTL.MODE[1:0]位设置为 11，定时器就开始，且计数器从 0 开始递增。当计数器达到选定间隔值，定时器将产生一个中断请求。

在定时器模式下，可以通过写入 1 到 WDCTL.CLR[0]来清除定时器内容。当定时器被清除，计数器的内容就置为 0。写入 00 或 01 到 WDCTL.MODE[1:0]来停止定时器，并清除它为 0。

定时器间隔由 WDCTL.INT[1:0]位设置。在定时器操作期间，定时器间隔不能改变，且当定时器开始时必须设置。在定时器模式下，当达到定时器间隔时，不会产生复位。

注意，如果选择了看门狗模式，定时器模式就不能在芯片复位之前选择。

5.10.3 看门狗定时器寄存器

看门狗定时器的寄存器WDCTL如表5.42所示。

表 5.42 看门狗定时器的寄存器WDCTL

位	名 称	复 位	R/W	描 述
7:4	CLR [3:0]	0000	R0/W	清除定时器。当 0xA 跟随 0x5 写到这些位，定时器被清除（即加载 0）。注意定时器仅写入 0xA 后，在一个看门狗时钟周期内写入 0x5 时被清除。当看门狗定时器是 IDLE 时写这些位没有影响。当运行在定时器模式，定时器可以通过写 1 到 CLR[0]（不管其他三位）被清除为 0x0000（但是不停止）
3:2	MODE [1:0]	00	R/W	模式选择。该位用于启动 WDT 处于看门狗模式还是定时器模式。当处于定时器模式，设置这些位为 IDLE 将停止定时器。注意：当运行在定时器模式时要转换到看门狗模式，首先停止 WDT，然后启动 WDT 处于看门狗模式。当运行在看门狗模式，写这些位没有影响。 00：IDLE 01：IDLE（未使用，等于 00 设置） 10：看门狗模式 11：定时器模式
1:0	INT [1:0]	00	R/W	定时器间隔选择。这些位选择定时器间隔定义为 32kHz 振荡器周期的规定数。注意间隔只能在 WDT 处于 IDLE 时改变，这样间隔必须在定时器启动的同时设置 00：定时周期×32 768（~1s）当运行在 32kHz 晶振 01：定时周期×8192（~0.25s） 10：定时周期×512（~15.625ms） 11：定时周期×64（~1.9ms）

5.10.4 实验：看门狗实验

（1）实验目的：编程实现看门狗周期单片机重启，LED1和LED2不断闪烁。加入喂狗函数后不重启，验证看门狗功能。

（2）程序流程图如图5.20所示。

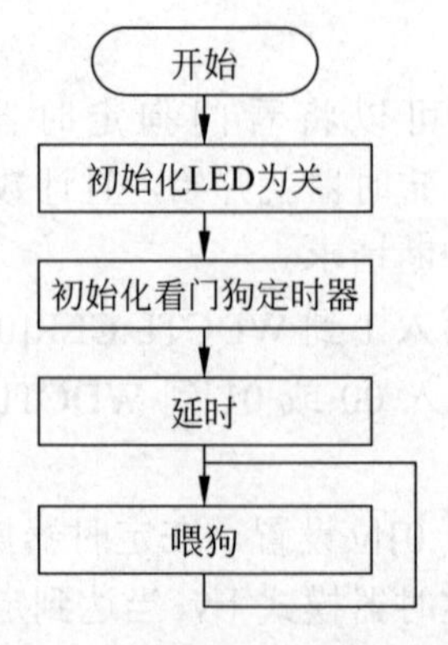

图 5.20 看门狗实验程序流程图

（3）例程：

```
#include<ioCC2530.h>
#include "exboard.h"

void InitLEDIO(void)
{

    P1DIR |= 0xC0;                          //P16、P17 定义为输出
    led2 =0;
    led1 = 0;                               //LED 灯初始化为关
}

void Init_Watchdog(void)
{
    WDCTL = 0x00;
    //时间间隔 1s,看门狗模式
    WDCTL |= 0x08;
    //启动看门狗
}

void SET_MAIN_CLOCK(source)
  {
    if(source) {
      CLKCONCMD |= 0x40;                 /*RC*/
      while(!(CLKCONSTA &0x40));         /*待稳*/
            }
    else {
      CLKCONCMD &= ~0x47;                /*晶振*/
      while((CLKCONSTA &0x40));          /*待稳*/
    }
  }
void FeetDog(void)
{
    WDCTL = 0xA0;
    WDCTL = 0x50;
}
void Delay(uint n)
{
    uint i;
    for(i=0;i<n;i++);
    for(i=0;i<n;i++);
    for(i=0;i<n;i++);
    for(i=0;i<n;i++);
    for(i=0;i<n;i++);
}
```

```
void main(void)
{
    SET_MAIN_CLOCK(0);
    InitLEDIO();
    Init_Watchdog();

      Delay(10000);

    led2=1;
    led1=1;
    while(1)
    {
        FeetDog();
    }                                   //喂狗指令(加入后系统不复位,小灯不闪烁)
}
```

（4）代码分析：

① 将LED1和LED2初始化为关。

② 设置看门狗模式为时间间隔1s。

③ 将LED1和LED2初始化为开。

④ 在死循环中，不断地执行喂狗函数，单片机不重启，LED1和LED2不闪烁。

⑤ 如果在死循环中，将喂狗函数注释，单片机重启，LED1和LED2不断闪烁。

5.11 DMA

DMA是Direct Memory Access的缩写，即“直接内存存取”。这是一种高速的数据传输模式，ADC/UART/RF收发器等外设单元和存储器之间可以直接在DMA控制器的控制下交换数据而几乎不需要CPU的干预。除了在数据传输开始和结束时做一点处理外，在传输过程中CPU可以进行其他的工作。这样，在大部分时间里，CPU和这些数据交互处于并行工作状态。因此，系统的整体效率可以得到很大的提高。

在实际项目中，传感器的数量往往很多，大量的转换数据有待处理。对这些数据的移动将会给CPU带来很大的负担。为了解放CPU，会将一些传输大量数据的操作交给DMA。

DMA可以用来减轻8051CPU内核传送数据操作的负担，从而实现在高效利用电源的条件下的高性能。只需要CPU极少的干预，DMA控制器就可以将数据从诸如ADC或RF收发器的外设单元数据传送到存储器。

DMA控制器协调所有的DMA传送，确保DMA请求和CPU存储器访问之间按照优先等级协调、合理地进行。DMA控制器含有若干可编程的DMA通道，用来实现存储器到存储器的数据传送。

DMA控制器控制整个XDATA存储空间的数据传送。由于大多数寄存器映射到DMA存储器空间，对通道的操作能够实现很多功能，从而减轻 CPU 的负担，例如，从存储器传送数据到USART，或定期在ADC和存储器之间传送数据样本，等等。使用DMA还可以保持CPU在低功耗模式下与外设单元之间传送数据，不需要唤醒，这就降低了整个系统的功耗。

DMA控制器的主要功能如下：

（1）5个独立的DMA通道。

（2）3个可以配置的DMA通道优先级。

（3）32个可以配置的传送触发事件。

（4）源地址和目标地址的独立控制。

（5）单独传送、数据块传送和重复传送模式。

（6）支持设置可变传输长度。

（7）既可以工作在字模式，又可以工作在字节模式。

5.11.1 DMA操作

DMA控制器有5个通道，即DMA通道0到通道4。每个DMA通道能够从DMA存储器空间的一个位置传送数据到另一个位置，比如XDATA位置之间。

为了使用DMA通道，必须首先对DMA进行配置。

当DMA通道配置完毕后，在允许任何传输发起之前，必须进入工作状态。DMA通道通过将DMA通道工作状态寄存器DMAARM中指定位置1，就可以进入工作状态。

一旦DMA通道进入工作状态，当配置的DMA触发事件发生时，DMA传送就开始了。可能的DMA触发事件有32个，例如UART传输、定时器溢出等。DMA通道要使用的触发事件由DMA通道配置设置，因此直到配置被读取之后才能知道。

补充一点，为了通过DMA触发事件开始DMA传送，用户软件可以设置对应的DMAREQ位，强制使一个DMA传送开始。

5.11.2 DMA配置参数

（1）源地址。DMA通道开始读数据的地址。

（2）目标地址。DMA通道从源地址读出要写数据的首地址。用户必须确认该目标地址可写。这可以是任何XDATA地址——在RAM、XREG或XDATA寻址的SFR中。

（3）传送数量。指DMA传输完成之前必须传送的字节/字的个数。当达到传送数量后，DMA通道重新进入工作状态或者解除工作状态，并警告CPU即将有中断请求到来。传送数量可以在配置中定义，或可以采用可变长度。

（4）VLEN设置。

（5）DMA通道可以利用源数据中的第一个字节或字（对于字，使用位12:0）作为传送长度。这允许可变长度的传输。当使用可变长度传送时，要给出关于如何计算要传输的字节数的各种选项。在任何情况下，都是设置传送长度（LEN）为传送的最大长度。如果首字节或字指明的传输长度大于LEN，那么LEN个字节/字将被传输。

当使用可变长度传输时，那么LEN应设置为允许传输的最大长度加1。

注意，仅在选择字节长度传送数据时才可以使用M8位。

可以同VLEN一起设置的选项如下：

① 传输首字节/字规定的个数+1 字节/字（先传输字节/字的长度，然后按照字节/字长度指定传输尽可能多的字节/字）。

② 传输首字节/字规定的字节/字。

③ 传输首字节/字规定的个数+2 字节/字（先传输字节/字的长度，然后按照字节/字长度指定+1传输尽可能多的字节/字）。

④ 传输首字节/字规定的个数+3 字节/字（先传输字节/字的长度，然后按照字节/字长度指定+2传输尽可能多的字节/字）。

（6）源和目标增量。当DMA通道进入工作状态或者重新进入工作状态时，源地址和目标地址传送到内部地址指针。其地址增量可能有下列4种：

增量为0。每次传送之后，地址指针将保持不变。

增量为1。每次传送之后，地址指针将加上一个数。

增量为2。每次传送之后，地址指针将加上两个数。减量为1。每次传送之后，地址指针将减去一个数。

其中，一个数在字节模式下等于1字节，在字模式下等于2字节。

（7）DMA传输模式。传输模式确定当DMA通道开始传输数据时是如何工作的。下面描述了4种传输模式。

单一模式：每当触发时，发生一个DMA传送，DMA通道等待下一个触发。完成指定的传送长度后，传送结束，通报CPU，解除DMA通道的工作状态。

块模式：每当触发时，按照传送长度指定的若干DMA传送被尽快传送，此后，通报CPU，解除DMA通道的工作状态。

重复的单一模式：每当触发时，发生一个DMA传送，DMA通道等待下一个触发。完成指定的传送长度后，传送结束，通报CPU，且DMA通道重新进入工作状态。

重复的块模式：每当触发时，按照传送长度指定的若干DMA传送被尽快传送，此后通报CPU，DMA通道重新进入工作状态。

（8）DMA优先级。DMA优先级别对每个DMA通道是可以配置的。DMA优先级别用于判定同时发生的多个内部存储器请求中的哪一个优先级最高，以及DMA存储器存取的优先级别是否超过同时发生的CPU存储器存取的优先级别。

在同属内部关系的情况下，采用轮转调度方案应对，确保所有的存取请求。有以下三种级别的DMA优先级。

- 高级：最高内部优先级别。DMA存取总是优先于CPU存取。
- 一般级：中等内部优先级别。保证DMA存取至少在每秒一次的尝试中优先于CPU存取。
- 低级：最低内部优先级别。DMA存取总是劣于CPU存取。

（9）字节或字传输。判定已经完成的传送究竟是8位（字节）还是16位（字）。

（10）中断屏蔽。在完成DMA传送的基础上，该DMA通道能够产生一个中断到处理器。这个位可以屏蔽该中断。

（11）模式8设置。这个域的值，决定是采用7位还是8位长的字节来传送数据。此模式仅适用于字节传送。

DMA配置数据结构如表5.43所示。

表5.43 DMA配置数据结构

字节偏移量	位	名 称	描 述
0	7:0	SRCADDR[15:8]	DMA通道源地址，高位
1	7:0	SRCADDR[7:0]	DMA通道源地址，低位
2	7:0	DESTADDR[15:8]	DMA通道目的地址，高位。请注意，闪存存储器不能直接写入
3	7:0	DESTADDR[7:0]	DMA通道目的地址，高位。请注意，闪存存储器不能直接写入
4	7:5	VLEN[2:0]	可变长度传输模式。在字模式中，第一个字的12：0位被认为是传送长度的 000：采用LEN作为传送长度 001：传送由第一个字节/字+1指定的字节/字的长度（上限到由LEN指定的最大值）。因此，传输长度不包括字节/字的长度 010：传送通过第一个字节/字指定的字节/字的长度（上限到由LEN指定的最大值）。因此，传输长度包括字节/字的长度 011：传送通过第一个字节/字+2指定的字节/字的长度（上限到由LEN指定的最大值）。因此，传输长度不包括字节/字的长度 100：传送通过第一个字节/字+3指定的字节/字的长度（上限到由LEN指定的最大值）。因此，传输长度不包括字节/字的长度 101：保留 110：保留 111：使用LEN作为传输长度的备用
4	4:0	LEN[12:8]	DMA的通道传送长度。当VLEN从000到111时采用最大允许长度。当处于WORDSIZE模式时，DMA通道数以字为单位，否则以字节为单位
5	7:0	LEN[7:0]	DMA的通道传送长度。当VLEN从000到111时采用最大允许长度。当处于WORDSIZE模式时，DMA通道数以字为单位，否则以字节为单位
6	7	WORDSIZE	选择每个DMA传送是采用8位（0）还是16位（1）
6	6:5	TMODE[1:0]	DMA通道传送模式 00：单个 01：块 10：重复单一 11：重复块

续表

字节偏移量	位	名　称	描　　述
6	4:0	TRIG[4:0]	选择要使用的 DMA 触发 00000：无触发（写到 DMAREQ 仅是触发） 00001：前一个 DMA 通道完成 00010–11110：选择外部事件
7	7:6	SRCINC[1:0]	源地址递增模式（每次传送之后） 00：0 字节/字 01：1 字节/字 10：2 字节/字 11：-1 字节/字
7	5:4	DESTINC[1:0]	目的地址递增模式（每次传送之后） 00：0 字节/字 01：1 字节/字 10：2 字节/字 11：-1 字节/字
7	3	IRQMASK	该通道的中断屏蔽 。 0：禁止中断发生 1：DMA 通道完成时使能中断发生
7	2	M8	采用 VLEN 的第 8 位模式作为传送单位长度；仅应用在 WORDSIZE=0 且 VLEN 从 000 到 111 时 0：采用所有 8 位作为传送长度 1：采用字节的低 7 位作为传送长度
7	1:0	PRIORITY[1:0]	DMA 通道的优先级别 00：低级，CPU 优先 01：保证级，DMA 至少在每秒一次的尝试中优先 10：高级，DMA 优先 11：保留

5.11.3 DMA 配置安装

以上描述的 DMA 通道参数（诸如地址模式、传送模式和优先级别等）必须在 DMA 通道进入工作状态之前配置并激活。参数不直接通过寄存器配置，而是通过写入存储器中特殊的 DMA 配置数据结构中配置。

对于使用的每个 DMA 通道，需要有它自己的 DMA 配置数据结构。DMA 配置数据结构包含 8 字节，DMA 配置数据结构可以存放在由用户软件设定的任何位置，而地址通过一组 SFR，DMAxCFGH：DMAxCFGL 送到 DMA 控制器。一旦 DMA 通道进入工作状态，DMA 控制器就会读取该通道的配置数据结构。需要注意的是，指定 DMA 配置数据结构开始地址的方法十分重要。这些地址对于 DMA 通道 0 和 DMA 通道 1～4 是不同的。

DMA0CFGH：DMA0CFGL 给出 DMA 通道 0 配置数据结构的开始地址。

DMA1CFGH：DMA1CFGL 给出 DMA 通道 1 配置数据结构的开始地址，其后跟着通道 2～4 的配置数据结构。

1. 停止DMA传输

使用 DMAARM 寄存器来解除 DMA 通道工作状态，停止正在运行的 DMA 传送或进入工作状态的 DMA。将 1 写入 DMAARM.ABORT 寄存器位，就会停止一个或多个进入工作状态的 DMA 通道，同时通过设置相应的 DMAARM.DMAARMx 为 1 选择停止哪个 DMA 通道。当设置 DMAARM.ABORT 为 1，非停止通道的 DMAARM.DMAARMx 位必须写入 0。

2. DMA中断

每个 DMA 通道可以配置为一旦完成 DMA 传送，就产生中断到 CPU。该功能由 IRQMASK 位在通道配置时实现。当中断产生时，寄存器 DMAIRQ 中所对应的中断标志位置 1。当然要处理 DMA 中断需要设置 DMAIE = 1 和 EA = 1。

一旦 DMA 通道完成传送，不管在通道配置中 IRQMASK 位是何值，中断标志都会置 1。这样，当通道重新进入工作状态且 IRQMASK 的设置改变时，软件必须总是清除这个寄存器相应位。

5.11.4 实验：DMA 传输

（1）实验现象：程序运行后，在 LCD 上显示提示信息，按 S1 键，DMA 传输开始，如果传输成功显示提示信息。

（2）程序分析。

① 对于 DMA 传输来说，DMA 配置参数非常重要，在 dma.h 文件中定义了以下结构体。

```
#pragma bitfields=reversed
typedef struct {
   char SRCADDRH;
   char SRCADDRL;
   char DESTADDRH;
   char DESTADDRL;
   char VLEN        :3;
   char LENH        :5;
   char LENL        :8;
   char WORDSIZE    :1;
   char TMODE       :2;
   char TRIG        :5;
   char SRCINC      :2;
   char DESTINC     :2;
   char IRQMASK     :1;
```

```
    char M8          :1;
    char PRIORITY    :2;
} DMA_DESC;
```

在定义此结构体时，用到了很多冒号（:），后面还跟着一个数字，这种语法叫“位域”。位域是指信息在存储时，并不需要占用一个完整的字节，而只需占几个或一个二进制位。例如，在存放一个开关量时，只有0和1两种状态，用一位二进制位即可。为了节省存储空间，并使处理简便，C语言提供了一种数据结构，称为“位域”或“位段”。所谓“位域”是把一个字节中的二进制位划分为几个不同的区域，并说明每个区域的位数。每个域有一个域名，允许在程序中按域名进行操作。这样就可以把几个不同的对象用一个字节的二进制位域来表示。

首先必须配置DMA，但DMA的配置比较特殊：不是直接对某些SFR赋值，而是在外部定义一个结构体，对其赋值，然后再将此结构体的首地址的高8位赋给DMA0CFGH，将其低8位赋给DMA0CFGL。

② 定义一个结构体，对其赋值：

```
//设置DMA通道
   SET_WORD(dmaChannel.SRCADDRH,dmaChannel.SRCADDRL,&sourceString);
//设置源数据的地址
   SET_WORD(dmaChannel.DESTADDRH,dmaChannel.DESTADDRL,&destString);
//设置源目的地址
   SET_WORD(dmaChannel.LENH,dmaChannel.LENL,sizeof(sourceString));
//设置传输的长度
   dmaChannel.VLEN       = 0;      //设置传输的动态长度
   dmaChannel.PRIORITY   = 0x02;   //设置优先级
   dmaChannel.M8         = 0;      //字节传输时是8位
   dmaChannel.IRQMASK    = 0;      //DMA中断屏蔽
   dmaChannel.DESTINC    = 0x01;   //设置目的地址增量
   dmaChannel.SRCINC     = 0x01;   //设置源地址增量
   dmaChannel.TRIG       = 0;      //设置触发方式为手动触发
   dmaChannel.TMODE      = 0x01;   //每一次DMA触发,传送长度为LEN的块
   dmaChannel.WORDSIZE   = 0x00;   //一次DMA传送一个字节
```

③ 将结构体的首地址的高8位赋给DMA0CFGH，将其低8位赋给DMA0CFGL。

```
DMA0CFGH = (char)((uint)(&dmaChannel)>> 8);
   DMA0CFGL = (char)((uint)(&dmaChannel));
```

④ 等待DMA传输完毕：通道0的DMA传输完毕后，就会触发中断，通道0的中断标志DMAIRQ第0位会被自动置1。通过检测它来判断DMA传输是否结束。

```
while(!(DMAIRQ & 0x01));
```

（3）程序流程图如图5.21所示。

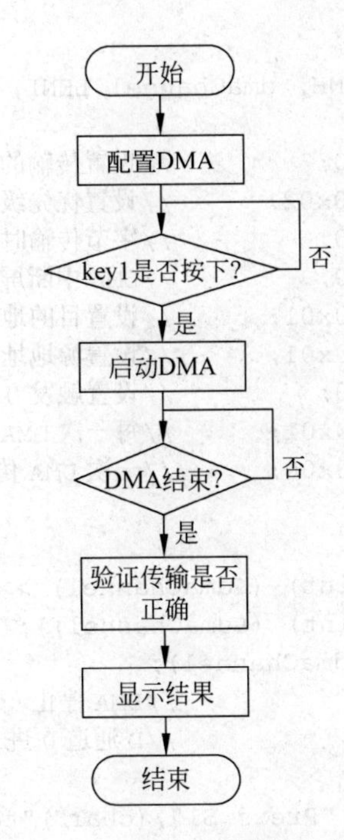

图 5.21 DMA 传输程序流程图

（4）例程:

```
#include<ioCC2530.h>
#include "exboard.h"
#include "lcd.h"
#include "dma.h"
void main(void){
  DMA_DESC dmaChannel;
  char     sourceString[] = "This is a test string used to demonstrate DMA
transfer.";
  char     destString[ sizeof(sourceString) ];
  char     i;
  char     errors = 0;

   CLKCONCMD &= ~0x40;                  //设置系统时钟源为 32MHz 晶振
   while(CLKCONSTA & 0x40);             //等待晶振稳定
   CLKCONCMD &= ~0x47;                  //设置系统主时钟频率为 32MHz

   P0DIR &= ~0x01;                      //初始化按键
   lcd_init();                          //初始化 LCD

  //清除目的字符串
  memset(destString, 0, sizeof(destString));

  //设置 DMA 通道
  SET_WORD(dmaChannel.SRCADDRH, dmaChannel.SRCADDRL,   &sourceString);
  //设置源数据的地址
  SET_WORD(dmaChannel.DESTADDRH, dmaChannel.DESTADDRL, &destString);
```

```
    //设置源目的地址
    SET_WORD(dmaChannel.LENH, dmaChannel.LENL, sizeof(sourceString));
    //设置传输的长度
    dmaChannel.VLEN      = 0;              //设置传输的动态长度
    dmaChannel.PRIORITY = 0x02;            //设置优先级
    dmaChannel.M8        = 0;              //字节传输时是 8 位
    dmaChannel.IRQMASK   = 0;              //DMA 中断屏蔽
    dmaChannel.DESTINC   = 0x01;           //设置目的地址增量
    dmaChannel.SRCINC    = 0x01;           //设置源地址增量
    dmaChannel.TRIG      = 0;              //设置触发方式为手动触发
    dmaChannel.TMODE     = 0x01;           //每一次 DMA 触发,传送长度为 LEN 的块
    dmaChannel.WORDSIZE = 0x00;            //一次 DMA 传送一个字节

    //配置 DMA 通道 0
     DMA0CFGH = (char) ((uint) (&dmaChannel) >> 8);
     DMA0CFGL = (char) ((uint) (&dmaChannel));
    //DMA_SET_ADDR_DESC0(&dmaChannel);
    DMAARM = 0x81;                         //DMA 停止
    DMAARM = 0x01;                         //D 通道 0 进入工作状态
    //等待启动 DMA
    lcd_WriteString((char*)"Press S1",(char*)"to start DMA");
    while(key1);

    DMAIRQ = 0x00;                         //清除 DMA 中断标志
    DMAREQ = 0x01;                         //启动 DMA

    //等待 DMA 结束
    while(!(DMAIRQ & 0x01));

    //验证传输是否正确
    for(i=0;i<sizeof(sourceString);i++)
    {
      if(sourceString[i] != destString[i])
          errors++;
    }

    //显示结果
    if(errors == 0){

      lcd_WriteString((char*)"Dma transfer",(char*)"Correct!");

    }
    else{
      lcd_WriteString((char*)"Error",(char*)"Transfer");

    }
}
```

第 6 章 常用传感器

CHAPTER 6

6.1 数字温湿度传感器 DHT11

6.1.1 DHT11 简介

DHT11 数字温湿度传感器是一款含有已校准数字信号输出的温湿度复合传感器。它应用专用的数字模块采集技术和温湿度传感技术，确保产品具有极高的可靠性与卓越的长期稳定性。传感器包括一个电阻式感湿元件和一个 NTC 测温元件，并与一个高性能 8 位单片机相连接。因此该产品具有品质卓越、超快响应、抗干扰能力强、性价比极高等优点。每个 DHT11 传感器都在极为精确的湿度校验室中进行校准。校准系数以程序的形式存储在 OTP 内存中，传感器内部在检测信号的处理过程中要调用这些校准系数。单线制串行接口，使系统集成变得简易快捷。超小的体积、极低的功耗，信号传输距离可达 20m 以上，使其成为各类应用甚至最为苛刻的应用场合的最佳选择。

6.1.2 DHT11 典型应用电路

DHT11典型应用电路如图6.1所示。

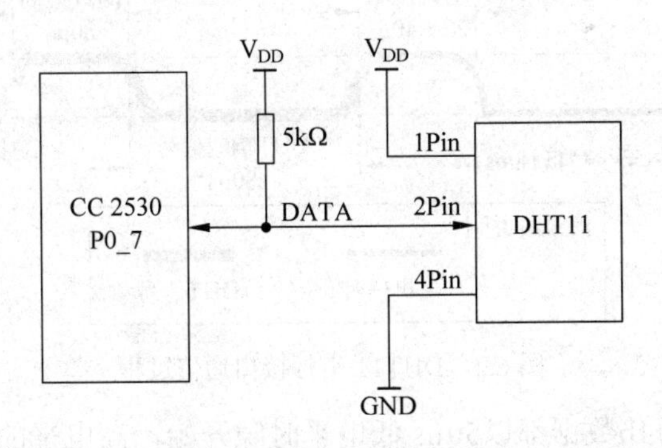

图 6.1　DHT11 典型应用电路

在传感器板上，DHT11 与 CC2530 的 P0_7 端口相连。

6.1.3 DHT11串行接口

DATA引脚用于单片机与DHT11之间的通信和同步，采用单总线数据格式，一次通信时间4ms左右，数据分为小数部分和整数部分，具体格式在下面说明，当前小数部分用于以后扩展，现读出为零。操作流程如下：

（1）一次完整的数据传输为40b，高位先出。

（2）数据格式：8b湿度整数数据+8b湿度小数数据+8b温度整数数据+8b温度小数数据+8b校验和。

（3）数据传送正确时校验和数据等于“8b湿度整数数据+8b湿度小数数据+8b温度整数数据+8b温度小数数据”所得结果的末8位。

（4）用户 MCU 发送一次开始信号后，DHT11 从低功耗模式转换到高速模式，等待主机开始信号结束后，DHT11 发送响应信号，送出 40b 的数据，并触发一次信号采集，用户可选择读取部分数据。如果没有接收到主机发送开始信号，DHT11 不会主动进行温湿度采集，采集数据后转换到低速模式。

6.1.4 DHT11串行接口通信过程

总线空闲状态为高电平，主机把总线拉低等待DHT11响应，主机把总线拉低必须大于18ms，保证DHT11能检测到起始信号。DHT11接收到主机的开始信号后，等待主机开始信号结束，然后发送80μs低电平响应信号。主机发送开始信号结束后，延时等待20～40μs后，读取DHT11的响应信号，主机发送开始信号后，可以切换到输入模式，或者输出高电平均可，总线由上拉电阻拉高，总线为低电平，说明DHT11发送响应信号，DHT11发送响应信号后，再把总线拉高80μs，准备发送数据。如果读取响应信号为高电平，则DHT11没有响应，请检查线路是否连接正常。当最后1b数据传送完毕后，DHT11拉低总线50μs，随后总线由上拉电阻拉高进入空闲状态。DHT11串行接口通信过程如图6.2所示。

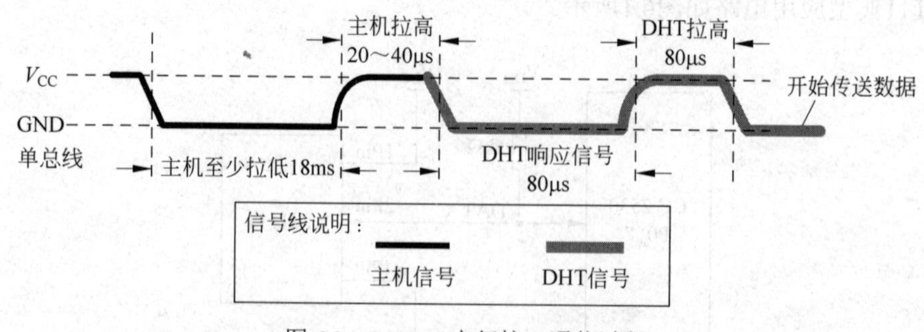

图6.2 DHT11串行接口通信过程

DHT11串行接口每1b数据都以50μs低电平时隙开始，高电平的长短决定了数据位是0还是1。

数字0信号表示方法如图6.3所示。

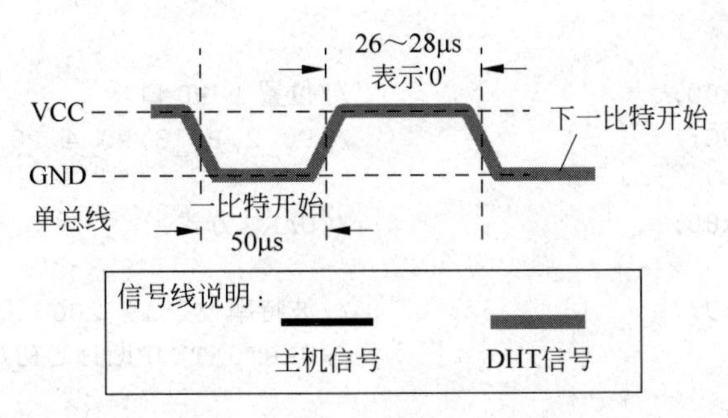

图 6.3　数字 0 信号表示方法

数字1信号表示方法如图6.4所示。

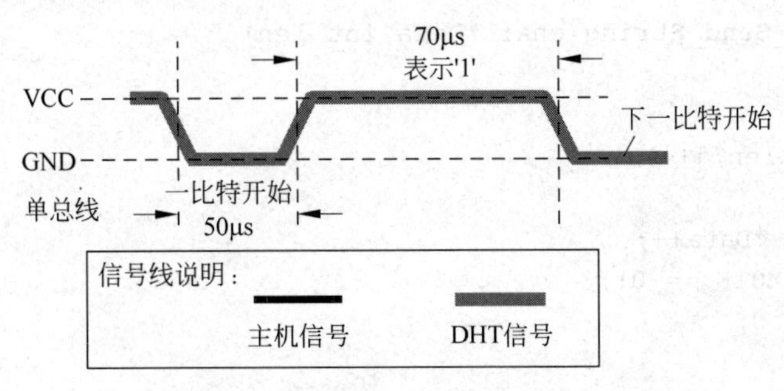

图 6.4　数字 1 信号表示方法

6.1.5　实验：DHT11 实验

（1）实验目的：编程实现不断读取 DHT11 的温湿度值并通过串口发送给 PC，掌握 DHT11 温湿度传感器编程的方法。

（2）例程：

```
    #include<ioCC2530.h>
    #include "exboard.h"

    char  charFLAG;
    char  charcount,chartemp;
    char  charT_data_H,charT_data_L,charRH_data_H,
charRH_data_L,charcheckdata;
    char  charT_data_H_temp,charT_data_L_temp,charRH_data_H_temp,
charRH_data_L_temp,charcheckdata_temp;
    char  charcomdata;
    char  str[5];
    char Txdata[25]= "当前温度和湿度:";
    void initUART(void)
    {
        CLKCONCMD &= ~0x40;                 //设置系统时钟源为 32MHz 晶振
        while(CLKCONSTA & 0x40);            //等待晶振稳定
        CLKCONCMD &= ~0x47;                 //设置系统主时钟频率为 32MHz
```

```
    PERCFG = 0x00;                          //位置1 P0口
    P0SEL = 0x0C;                           //P0_2,P0_3,P0_4,P0_5用作串口

    U0CSR |= 0x80;                          //UART方式
    U0GCR |=9;
    U0BAUD |= 59;                           //波特率设为19 200
    UTX0IF = 0;                             //UART0 TX中断标志初始置位0
  }
  /**************************************************************
  串口发送字符串函数
  **************************************************************/
  void UartTX_Send_String(char *Data,int len)
  {
    int j;
    for(j=0;j<len;j++)
    {
      U0DBUF = *Data++;
      while(UTX0IF == 0);
      UTX0IF = 0;
    }
  }


  void  Delay_10us(void)
  {
    char i;
    for(i=0;i<16;i++);
  }

  void Delay(int ms)
  {                                         //延时子程序
    char i,j;
    while(ms)
    {
      for(i = 0; i<=167; i++)
      {
      for(j=0;j<=48;j++);
      }
     ms--;
    }
  }
  void  COM(void)
  {
     char i;
     for(i=0;i<8;i++)
     {
```

```
charFLAG=2;
while((!P0_7)&&charFLAG++);
Delay_10us();
Delay_10us();
Delay_10us();
chartemp=0;
if(P0_7)chartemp=1;
charFLAG=2;
while((P0_7)&&charFLAG++);
//超时则跳出 for 循环
if(charFLAG==1)break;
//判断数据位是 0 还是 1

 charcomdata<<=1;
 charcomdata|=chartemp;
   }//rof

}

//----------------------------------
//----湿度读取函数 -----------
//----------------------------------
//----以下变量均为全局变量--------
//----温度高 8 位== charT_data_H------
//----温度低 8 位== charT_data_L------
//----湿度高 8 位== charRH_data_H-----
//----湿度低 8 位== charRH_data_L-----
//----校验 8 位 == charcheckdata-----

void RH(void)
{
  //主机拉低 18ms
   P0DIR |= 0x80;
   P0_7=0;
   Delay(18);
   P0_7=1;
 //总线由上拉电阻拉高,主机延时 40μs
   Delay_10us();
   Delay_10us();
   Delay_10us();
   Delay_10us();
 //主机设为输入,判断从机响应信号
   P0_7=1;
       P0DIR &= ~0x80;
 //判断从机是否有低电平响应信号,如不响应则跳出,响应则向下运行
   if(!P0_7)                    //T!
   {
   charFLAG=2;
```

```
        //判断从机是否发出 80 μs 的低电平,响应信号是否结束
          while((!P0_7)&&charFLAG++);
          charFLAG=2;
        //判断从机是否发出 80 μs 的高电平,如发出则进入数据接收状态
          while((P0_7)&&charFLAG++);
        //数据接收状态
          COM();
          charRH_data_H_temp=charcomdata;
          COM();
          charRH_data_L_temp=charcomdata;
          COM();
          charT_data_H_temp=charcomdata;
          COM();
          charT_data_L_temp=charcomdata;
          COM();
          charcheckdata_temp=charcomdata;
              P0DIR |= 0x80;
          P0_7=1;
        //数据校验

          chartemp=(charT_data_H_temp+charT_data_L_temp+charRH_ data_H_temp+
charRH_ data_L_temp) ;
          if(chartemp==charcheckdata_temp)
          {
              charRH_data_H=charRH_data_H_temp;
              charRH_data_L=charRH_data_L_temp;
              charT_data_H=charT_data_H_temp;
              charT_data_L=charT_data_L_temp;
              charcheckdata=charcheckdata_temp;
          }
          }

     }
   void main()
   {

          //系统初始化串口
     initUART();
     Delay(1);                    //延时 1ms
       while(1)
       {
            UartTX_Send_String(Txdata,25);
          //------------------------
          //调用温湿度读取子程序
          RH();
          str[0]=charT_data_H/10+0x30;
          str[1]=charT_data_H%10+0x30;
          str[2]=charRH_data_H/10+0x30;
```

```
        str[3]=charRH_data_H%10+0x30;
        str[4]='\t';
            //串口显示程序
        //--------------------------
        UartTX_Send_String(str,5);//SendData(str);//发送到串口
        //读取模块数据周期不易小于 2s
        Delay(2000);
    }

}
```

6.2 红外人体感应模块实验

红外人体感应模块是基于红外线技术的自动控制产品，灵敏度高，可靠性强，超低电压工作模式，广泛应用于各类自动感应电器设备，尤其是干电池供电的自动控制产品。

6.2.1 红外人体感应模块功能特点

（1）全自动感应：人进入其感应范围则输出高电平，人离开其感应范围则自动延时关闭高电平，输出低电平。

（2）工作电压范围宽：默认工作电压 DC(4.5～20)V。

（3）微功耗：静态电流<50μA，特别适合于电池供电的自动控制产品。

（4）感应模块通电后有 1min 左右的初始化时间，在此期间模块会间隔地输出 0～3 次，1min 后进入待机状态。

（5）感应距离 7m 以内，感应角度<100°锥角，工作温度为-15～70℃。

6.2.2 红外人体感应模块实物

红外人体感应模块如图 6.5 所示。

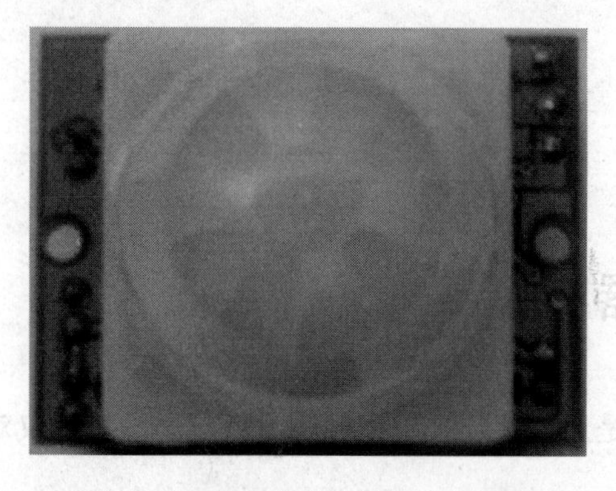

图 6.5 红外人体感应模块实物图片

6.2.3 实验：红外人体感应模块实验

（1）实验目的：编程实现当有人体进入红外人体感应模块探测区域，传感板上的LED1和LED2灯闪烁，掌握红外人体感应模块编程的方法。

（2）例程：

```
#include "ioCC2530.h"
#include "exboard.h"
#define signal P0_5

void main(void)
{
  P1SEL &= ~0xc0;
  P1DIR |= 0xc0;

  P0SEL &= ~0x20;
  P0DIR &= ~0x20;
  while(1)
      {
   if(signal)
   {
   led1=1;
   led2=1;
   }
   else
   {
    led1=0;
   led2=0;

   }
      }

}
```

6.3 结露传感器实验

HDS05结露传感器是正特性开关型元件，对低湿不敏感而仅对高湿敏感，可在直流电压下工作。

6.3.1 HDS05 结露传感器特性曲线

HDS05 结露传感器特性曲线如图 6.6 所示。

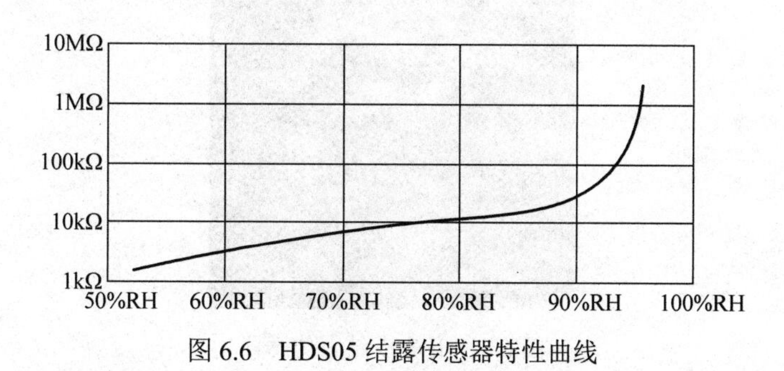

图 6.6 HDS05 结露传感器特性曲线

在高湿环境下，HDS05 结露传感器的阻值急剧变化。

6.3.2 HDS05 结露传感器电路设计

HDS05 结露传感器应用电路原理如图 6.7 所示。

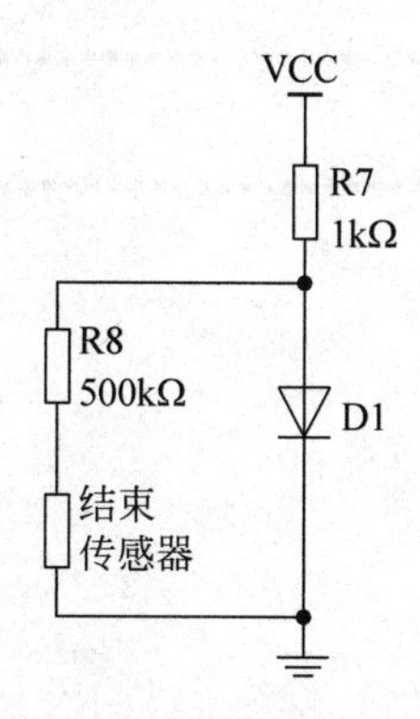

图 6.7 HDS05 结露传感器应用电路原理图

HDS05 结露传感器安全电压是 0.8V，所以并联了一个二极管，二极管正向导通电压在 0.7V 左右，可以限制 HDS05 结露传感器工作在安全电压，在使用 CC2530 进行 A/D 转换时，可以使用 1.25V 的参考电压，HDS05 结露传感器对高湿敏感，在环境温度超过 90%RH 时，阻值急剧发生变化，可以根据实验设定一个阈值，超过这个值就发出结露报警。

6.3.3 HDS05 结露传感器实物

HDS05 结露传感器实物如图 6.8 所示。

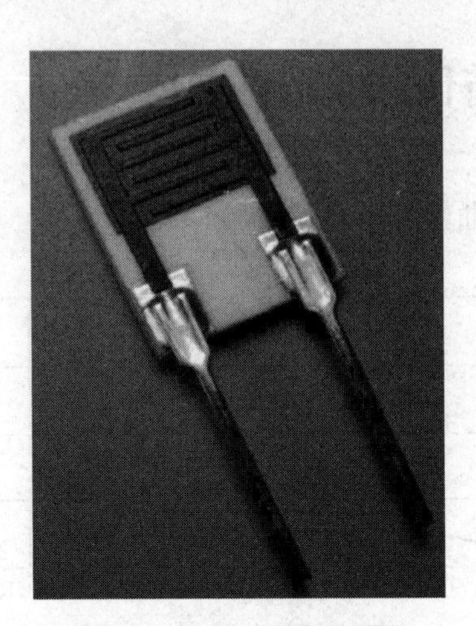

图 6.8 HDS05 结露传感器

6.3.4 实验：结露传感器实验

```
#include "ioCC2530.h"
#include "exboard.h"

char Txdata[25];
/************************************************************
   延时函数
************************************************************/
void Delay(uint n)
{
    uint i;
    for(i=0;i<n;i++);
    for(i=0;i<n;i++);
    for(i=0;i<n;i++);
    for(i=0;i<n;i++);
    for(i=0;i<n;i++);
}
/************************************************************
   串口初始化函数
************************************************************/
void initUARTSEND(void)
{

    CLKCONCMD &= ~0x40;              //设置系统时钟源为32MHz晶振
    while(CLKCONSTA & 0x40);         //等待晶振稳定
    CLKCONCMD &= ~0x47;              //设置系统主时钟频率为32MHz

    PERCFG = 0x00;                   //USART 0使用位置1 P0_2,P0_3口
    P0SEL = 0x3C;                    //P0_2,P0_3,P0_4,P0_5用作串口
```

```
    U0CSR |= 0x80;                          //UART方式
    U0GCR |=9;
    U0BAUD |= 59;                           //波特率设为19 200
    UTX0IF = 0;                             //UART0 TX中断标志初始置位0
}
/*************************************************************
串口发送字符串函数
*************************************************************/
void UartTX_Send_String(char *Data, int len)
{
  int j;
  for(j=0;j<len;j++)
  {
    U0DBUF = *Data++;
    while(UTX0IF == 0);
    UTX0IF = 0;
  }
}
uint vol;
uint getVol(void){
    uint  value;
    uint  value1;
    APCFG|=0x40;

    value=0;

    ADCCON3=0x36;
    ADCCON1=0x7F;                       //使用1.25V内部电压,12位分辨率,AD源为:温度传感器
                                        //开启单通道ADC
    while(!(ADCCON1&0x80));             //等待A/D转换完成
   value =  ADCL >> 2;                  //ADCL寄存器低两位无效
   value1=ADCH;
   value |= (value1 << 6);


    return value;                       //根据AD值,计算出实际的温度
}
/*************************************************************
主函数
*************************************************************/
void main(void)
{

        initUARTSEND();             //初始化串口

            vol = getVol();
```

```
        if(vol>3500)
        {
          strcpy(Txdata,"water");    //将字符串water赋给Txdata
        UartTX_Send_String(Txdata，sizeof("water"));      //串口发送数据
        }
        else
        {
            strcpy(Txdata, "no water"); //将字符串no water赋给Txdata
        UartTX_Send_String(Txdata,sizeof("no water"));    //串口发送数据
        }
}
```

6.4 烟雾传感器模块

6.4.1 烟雾传感器模块的功能特点

（1）具有信号输出指示。
（2）双路信号输出（模拟量输出及TTL电平输出）。
（3）TTL输出有效信号为低电平（当输出低电平时信号灯亮，可直接接单片机）。
（4）模拟量输出0～5V电压，浓度越高电压越高。
（5）对液化气、天然气、城市煤气有较好的灵敏度。
（6）具有长期的使用寿命和可靠的稳定性。
（7）快速的响应恢复特性。

6.4.2 烟雾传感器模块实物

烟雾传感器模块如图6.9所示。

图6.9 烟雾传感器模块

6.4.3 实验：烟雾传感器模块实验

（1）实验目的：编程实现有烟雾时，传感板上的 LED1 和 LED2 灯闪烁，掌握烟雾传感器模块编程的方法。

（2）例程：

```
#include "ioCC2530.h"
#include "exboard.h"
#define signal P0_6
void main(void)
{
   P1SEL &= ~0xC0;
   P1DIR |= 0xC0;

   P0SEL &= ~0x40;
   P0DIR &= ~0x40;
   while(1)
       {
    if(!signal)
    {
    led1=1;
    led2=1;
    }
    else
    {
     led1=0;
    led2=0;

    }
       }

}
```

6.5 光强度传感器模块

6.5.1 GY-30 数字光模块介绍

GY-30数字光模块具有如下特点：

（1）I2C总线接口。

（2）光谱的范围与人眼相近。

（3）照度数字转换器。

（4）宽范围和高分辨率（1～65 535lux）。

（5）低电流关机功能。

（6）50Hz / 60Hz光噪声抗干扰功能。

（7）1.8V逻辑输入接口。

（8）无需任何外部零件。

（9）光源的依赖性不大（例如白炽灯、荧光灯、卤素灯、白LED）。

（10）红外线的影响很小。

6.5.2 数字光模块实物

数字光模块如图 6.10 所示。

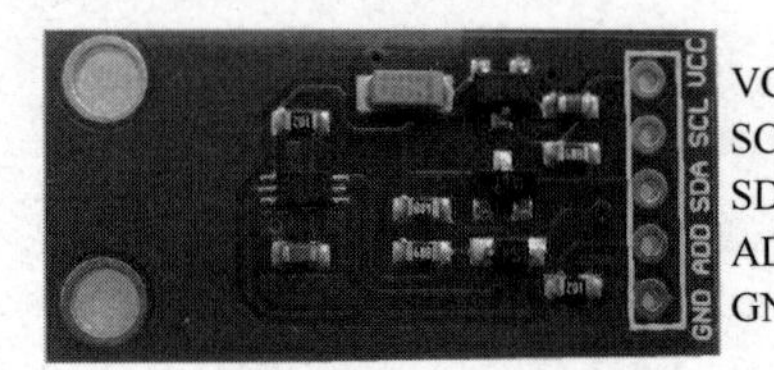

图 6.10 数字光模块

6.5.3 I2C 总线介绍

1. I2C总线概述

I2C（Inter-Integrated Circuit）总线是一种由 PHILIPS 公司开发的两线式串行总线，用于连接微控制器及其外围设备（特别是外部存储器件）。

I2C 总线是由数据线 SDA 和时钟 SCL 构成的串行总线，可发送和接收数据。

I2C 总线在传送数据过程中共有三种特殊类型的信号，它们分别是开始信号、结束信号和应答信号。

I2C 总线最主要的优点是其简单性和有效性。由于接口直接在组件之上，因此 I2C 总线占用的空间非常小，减少了电路板的空间和芯片管脚的数量，降低了互连成本。I2C 总线的另一个优点是，它支持多主机，其中任何能够进行发送和接收的设备都可以成为主机。一个主机能够控制信号的传输和时钟频率。当然，在任何时间点上只能有一个主机。

I2C 总线是由数据线 SDA 和时钟 SCL 构成的串行总线，可发送和接收数据。各种 I2C 均并联在这条总线上，但就像电话机一样只有拨通各自的号码才能工作，所以每个电路和模块都有唯一的地址。

2. I2C总线的起始和停止

SCL 线为高电平期间，SDA 线由高电平向低电平的变化表示起始信号；SCL 线为高电平期间，SDA 线由低电平向高电平的变化表示终止信号，如图 6.11 所示。

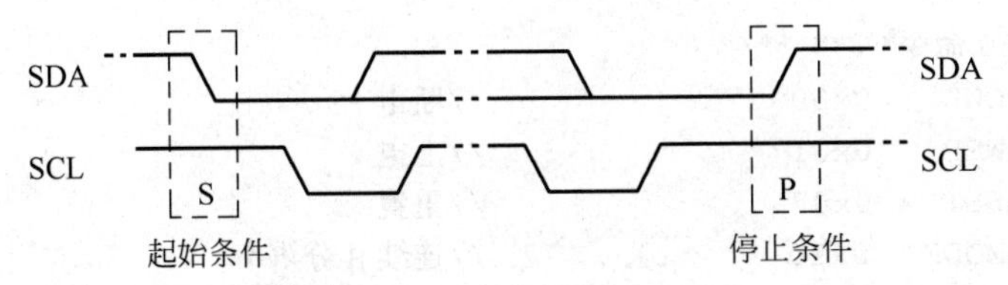

图 6.11 I2C 总线的起始和停止

3. I2C的数据传输

SCL 为高电平期间，数据线上的数据必须保持稳定，只有 SCL 信号为低电平期间，SDA 状态才允许变化。

4. I2C的数据读写和应答

（1）I2C 与 UART 不同的地方首先在于先传高位，后传低位。

（2）主机写数据时，每发送一个字节，接收机需要回复一个应答位“0”，通过应答位来判断从机是否接收成功。

（3）主机读数据时，接收一个字节结束后，主机也需要发送一应答位“0”，但是当接收最后一个字节结束后，则需发送一个非应答位“1”，发完了 1 后，再发一个停止信号，最终结束通信。

6.5.4 实验：光强度传感器模块实验

```
#include "ioCC2530.h"
#include "uart.h"
#include "exboard.h"

#define BV(n)      (1 << (n))
#define st(x)      do { x } while (__LINE__ == -1)
#define HAL_IO_SET(port, pin, val)       HAL_IO_SET_PREP(port, pin, val)
#define HAL_IO_SET_PREP(port, pin, val)   st( P##port##_##pin## = val;)
#define HAL_IO_GET(port, pin)   HAL_IO_GET_PREP( port,pin)
#define HAL_IO_GET_PREP(port, pin)   (P##port##_##pin)

#define LIGHT_SCL_0()  HAL_IO_SET(1,4,0)
#define LIGHT_SCL_1()  HAL_IO_SET(1,4,1)
#define LIGHT_DTA_0()  HAL_IO_SET(1,3,0)
#define LIGHT_DTA_1()  HAL_IO_SET(1,3,1)

#define LIGHT_DTA()     HAL_IO_GET(1,3)

#define SDA_W() (P1DIR |=BV(3))
#define SCL_W() (P1DIR |=BV(4))
#define SDA_R() (P1DIR &=~BV(3))
#define delay() {asm("nop");asm("nop");asm("nop");asm("nop");}
```

```
/**** BH1750 命令********/
#define DPOWR    0x00                     //断电
#define POWER    0x01                     //上电
#define RESET    0x07                     //重置
#define CHMODE   0x10                     //连续H分辨率
#define CHMODE2  0x11                     //连续H分辨率2
#define CLMODE   0x13                     //连续低分辨
#define HMODE    0x20                     //一次H分辨率
#define HMODE2   0x21                     //一次H分辨率2
#define LMODE    0x23                     //一次L分辨率模式

#define  SlaveAddress   0x46              //定义器件在IIC总线中的从地址,根据ALT
                                          //ADDRESS地址引脚不同修改
                                          //ALTADDRESS引脚接地时地址为0x46,接电
                                          //源时地址为0x3A

char   BUF[8];                            //光照数据缓冲区
char   lux[5];
char Txdata[25]= "当前光照度:";
char ack;
//延时1us
void delay_us(int n)
{
    while(n--)
    {
    asm("nop");asm("nop");asm("nop");asm("nop");
    asm("nop");asm("nop");asm("nop");asm("nop");
    asm("nop");asm("nop");asm("nop");asm("nop");
    asm("nop");asm("nop");asm("nop");asm("nop");
    asm("nop");asm("nop");asm("nop");asm("nop");
    asm("nop");asm("nop");asm("nop");asm("nop");
    asm("nop");asm("nop");asm("nop");asm("nop");
    asm("nop");asm("nop");asm("nop");asm("nop");
}
}

//延时1ms
void delay_ms(int n)
{
    while(n--)
        {
    delay_us(1000);
}
}
//光照数据转换函数
char conversion(int temp_data)
{   char t,flag=0,i=0;
```

```
   uint  k=10000;
   while(k>0)
   {
   t=temp_data/k;
   temp_data-=t*k;
   if(flag==0)
    {
     if(t!=0)
     {
       lux[i++]=t+0x30;
       flag=1;
     }
    }
   else
   {
      lux[i++]=t+0x30;
   }
   k=k/10;
   }
   return i+1;
}

/****************************
启动 I2C

****************************/

void start_i2c(void)
{
    SDA_W();
    SCL_W();
    LIGHT_DTA_1();
    delay_us(5);
    LIGHT_SCL_1();
    delay_us(5);
    LIGHT_DTA_0();
    delay_us(5);
    LIGHT_SCL_0();
    delay_us(5);

}

/******************************

结束 I2C

******************************/
```

```
void stop_i2c(void)
{
    SDA_W();
    LIGHT_DTA_0();
    //delay_us(5);
    LIGHT_SCL_1();
    delay_us(5);
    LIGHT_DTA_1();
    delay_us(5);
       LIGHT_SCL_0();
    delay_us(5);

}

/********************************

字节发送成功收到0,ACK=1

********************************/
static int  send_byte(unsigned char c)
{
    char i,error=0;
    SDA_W();
    for(i=0x80;i>0;i/=2)
        {
                LIGHT_SCL_0();
                delay_us(5);
            if(i&c)
                LIGHT_DTA_1();
            else
                LIGHT_DTA_0();

            LIGHT_SCL_1();              //设置时钟线为高通知设备开始接收数据
            delay_us(6);

            }
    delay_us(1);
       LIGHT_SCL_0();
    LIGHT_DTA_1();
    SDA_R();
       P1INP=0;
       P2INP=0;
    //delay_us();
    LIGHT_SCL_1();
    delay_ms(6);
    if(LIGHT_DTA())
```

```
      ack=0;
      else ack=1;

   LIGHT_SCL_0();
      delay_us(6);
   return error;


}
/********************************

发送ACK=1或0

********************************/
void sendACK(char ack)
{
  SDA_W();
    if(ack) LIGHT_DTA_1();
    else LIGHT_DTA_0();;                   //写应答信号
    LIGHT_SCL_1();                          //拉高时钟线
    delay_us(6);                            //延时
    LIGHT_SCL_0();                          //拉低时钟线
    delay_us(6);                            //延时
}

char read_byte()
{
    uint  i;
    char val=0;
    LIGHT_DTA_1();
    SDA_R();
    for(i=0x80;i>0;i/=2)
        {
            LIGHT_SCL_1();
            delay_us(5);
            if(LIGHT_DTA())
                val=(val | i);

            LIGHT_SCL_0();
            delay_us(5);
        }

    return val;

 }
//********单字节写入*****************************************
void Single_Write_BH1750(char REG_Address)
```

```
{
    start_i2c();                          //起始信号
    send_byte(SlaveAddress);              //发送设备地址+写信号
    send_byte(REG_Address);               //内部寄存器地址
    stop_i2c();                           //发送停止信号
}
//*****************************************************
//
//连续读出BH1750内部数据
//
//*****************************************************
 void Multiple_read_BH1750(void)
{   char i;
    start_i2c();                          //起始信号
    send_byte(SlaveAddress+1);            //发送设备地址+写信号

     for (i=0; i<3; i++)                  //连续读取三个地址数据,存储到BUF
    {
        BUF[i] = read_byte();             //BUF存储数据
        if (i == 3)
        {

          sendACK(1);                     //最后一个数据需要回应NOACK
        }
        else
        {
         sendACK(0);                      //回应ACK
       }
   }

    stop_i2c();                      //停止信号
    delay_ms(5);
}

/*************************
测量光强度

*************************/

float  get_light(void)
{
    uint t0;

    float t;
    Single_Write_BH1750(0x01);           //power on
   Single_Write_BH1750(0x10);            //H-resolution mode
    delay_ms(180);
```

```
    Multiple_read_BH1750();

   t0=BUF[0];
   t0=(t0<<8)+BUF[1];                     //合成数据,即光照数据

   t=(float)t0/1.2;

    return t;

}
 void main(void)
{
  initUARTSEND();
  UartTX_Send_String(Txdata,12);
  int l=conversion(get_light());
  UartTX_Send_String(lux,l);

}
```

作业:

查阅资料，在作业板上使用 DS18B20 测量环境温度。

第 7 章 CHAPTER 7 CC2530实现红外通信

7.1 红外通信简介

7.1.1 红外线通信的特点

无线遥控方式可分为无线电波式、声控式、超声波式和红外线式。由于无线电式容易对其他电视机和无线电通信设备造成干扰，而且系统本身的抗干扰性能也很差，误动作多，所以未能大量使用。超声波式频带较窄，易受噪声干扰，系统抗干扰能力差，声控式识别正确率低，因难度大而未能大量采用。红外遥控方式是以红外线作为载体来传送控制信息的，同时随着电子技术的发展、单片机的出现，催生了数字编码方式的红外遥控系统的快速发展。另外，红外遥控具有很多的优点，例如，红外线发射装置采用红外发光二极管，遥控发射器易于小型化且价格低廉；采用数字信号编码和二次调制方式，不仅可以实现多路信息的控制，增加遥控功能，提高信号传输的抗干扰性，减少误动作，而且功率消耗低；红外线不会向室外泄漏，不会产生信号串扰；反应速度快、传输效率高、工作稳定可靠。所以现在很多无线遥控方式都采用红外遥控方式。红外线遥控器在家用电器和工业控制系统中已得到广泛应用。将基带二进制信号调制为一系列的脉冲串信号，通过红外发射管发射红外信号。

7.1.2 红外线发射和接收

人们见到的红外遥控系统分为发射和接收两部分。发射部分的发射元件为红外发光二极管，它发出的是红外线而不是可见光。常用的红外发光二极管发出的红外线波长为 940nm 左右，外形与普通ϕ5mm 发光二极管相同，只是颜色不同。一般有透明、黑色和深蓝色等三种。

根据红外发射管本身的物理特性，必须要有载波信号与即将发射的信号相“与”，然后将相“与”后的信号送发射管，才能进行红外信号的发射传送，而在频率为 38kHz 的载波信号下，发射管的性能最好，发射距离最远，所以在硬件设计上，一般采用 38kHz 的晶振产生载波信号，与发射信号进行逻辑“与”运算后，驱动到红外发光二极管上，红外发射信号形成过程如图 7.1 所示。

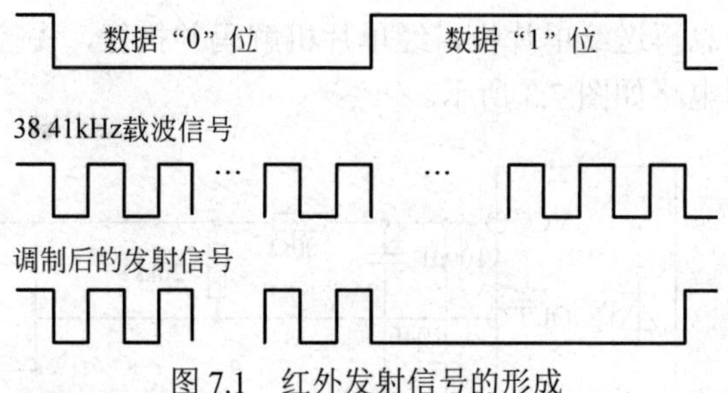

图 7.1　红外发射信号的形成

接收电路的红外接收管是一种光敏二极管，使用时要给红外接收二极管加反向偏压，它才能正常工作而获得高的灵敏度。红外接收二极管一般有圆形和方形两种。由于红外发光二极管的发射功率较小，红外接收二极管收到的信号较弱，所以接收端就要增加高增益放大电路。所以现在不论是业余制作或正式的产品，大都采用成品的一体化接收头。红外线一体化接收头是集红外接收、放大、滤波和比较器输出等于一体的模块，性能稳定、可靠。所以，有了一体化接收头，人们不再制作接收放大电路，这样红外接收电路不仅简单而且可靠性大大提高。

常用红外接收头的外形，均有三只引脚，即电源正（VDD）、电源负（GND）和数据输出（Out）。接收头的引脚排列因型号不同而不尽相同，如图 7.2 所示是学习板上用的红外发射接收头的引脚图。

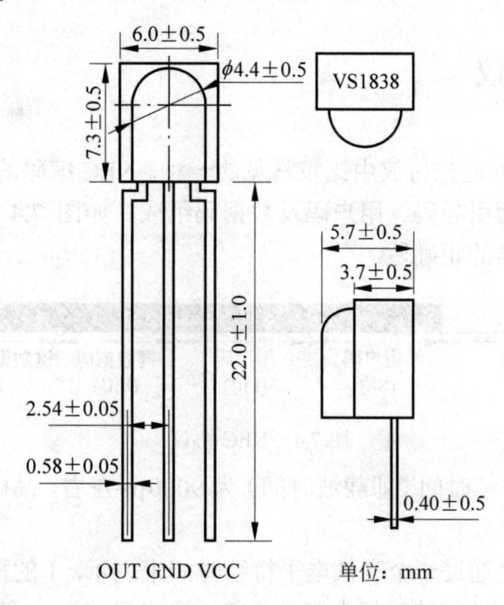

图 7.2　红外发射接收头 VS1838 引脚图

7.1.3　红外线遥控发射和接收电路

红外遥控有发送和接收两个组成部分。发送端采用单片机将待发送的二进制信号编码调制为一系列的脉冲串信号，通过红外发射管发射红外信号。红外接收端普遍采用价格便宜、性能可靠的一体化红外接收头接收红外信号，它同时对信号进行放大、检波、整形，得到数字信号的编码信息再送给单片机，经单片机解码并执行，去控制相关对象。

红外遥控接收应用电路如图 7.3 所示。

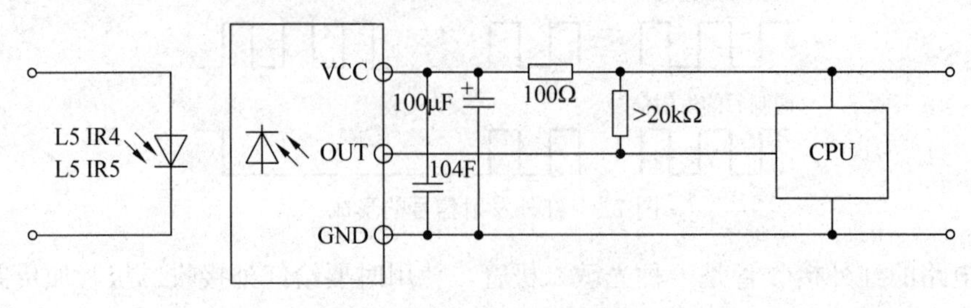

图 7.3 红外遥控接收应用电路

7.1.4 红外发射电路

由于 CC2530 可以使用定时器产生 38kHz 的调制信号，所以只需要在 CC2530 引脚上接一个红外发射管就可以了，在一般情况下，还需要串联一个小电阻。需要注意的是红外发射对引脚的驱动能力有要求，对于 CC2530 只有引脚 P1_0 和 P1_1 符合要求，可以作为红外信号的输出引脚。

7.1.5 NEC 协议

NEC 协议是众多红外遥控协议中比较常见的一种。NEC 编码的一帧（通常按一下遥控器按钮所发送的数据）由引导码、用户码及数据码组成，如图 7.4 所示。把地址码及数据码取反的作用是加强数据的正确性。

图 7.4 NEC 协议

（1）引导码低电平持续时间（即载波时间）为 9000μs 左右，高电平持续时间为 4500μs 左右。

（2）键码的数字信息通过一个高低电平持续时间来表示，1 的持续时间大概是 1680μs 高电平+560μs 低电平，0 的持续时间大概是 560μs 高电平+560μs 低电平。

（3）键码的反码是为了保证传输的准确。

7.2 实验 1：中断方式发射红外信号

（1）实验目的：学习板上编程向另一块学习板发送红外信号，掌握 CC2530 以中断方式发射红外信号的方法。

（2）代码分析。

① 定时器 3 产生 38kHz 载波信号。

定时器 3 有一个单独的分频器，T3CTL.DIV 取值 010，有效时钟=标记频率/4。寄存器 T3CC0 设置载波信号的周期，取值 105，频率约为 76kHz。T3 定时器选择模模式，当 T3 定时器计数器的值等于寄存器 T3CC0 时，发生 T3 定时器溢出中断，在中断处理函数中，如果当前的信号为 0，则将高低电平进行转换，一个高低电平组成的波的频率为 38kHz。表 7.1 为 38kHz 载波频率误差的计算。

表 7.1 38kHz载波频率误差

描 述	值
系统时钟频率	32 000kHz
IR 载波频率	38kHz
系统时钟周期	0.000 031 25ms
IR 载波周期	0.000 031 25ms
定时器分频器	4
定时器周期	0.000 125ms
理想的定时器值	210.526 315 8
实际的定时器值	211
实际的定时器周期	0.026 375ms
实际的定时器频率	37.914 691 94kHz
周期误差	59.210 526 32ns
频率误差	85.308 056 87Hz
频率误差%	0.2245%

下面的代码为 T3 定时器中断处理函数。

```
//定时器 3 的中断处理函数,每 1/76000s 被调用一次
#pragma vector = T3_VECTOR
 __interrupt void T3_ISR(void)
{
//当标志位为 0 时,将 IR 输出引脚电平反转,输出 38kHz 信号
if (flag==0)
{
    P1_1=~P1_1;
}
else
{
    P1_1 = 0;
}

 }
```

② 信号周期的定时。

红外信号对信号周期的要求比较严格，所以采用定时器 1 来定时。

下面几个宏用于定时器1的操作。

```
#define T1_Start() T1CTL=0xa                    //启动定时器1的宏
#define T1_Stop() T1CTL=0x8                     //停止定时器1的宏
#define T1_Clear() T1STAT=0                     //清除定时器1中断标志的宏
#define T1_Set(dat) T1CC0L=dat; T1CC0H=dat>>8  //启动定时器1通道0比较值的宏
#define T1_Over()(T1STAT&1)                     //测试定时器1通道0中断标志的宏
```

下面代码的作用为发送9ms的低电平引导码，其中flag=0表示发送低电平信号。

```
T1_Set(9000);
flag=0;
T1_Clear();
T1_Start();
while(!T1_Over());
T1_Stop();
```

（3）例程：

```
#include<ioCC2530.h>

#define uint unsigned int

#define T1_Start() T1CTL=0xa            //启动定时器1的宏
#define T1_Stop() T1CTL=0x8             //停止定时器1的宏
#define T1_Clear() T1STAT=0             //清除定时器1中断标志的宏
#define T1_Set(dat)T1CC0L=dat;T1CC0H=dat>>8    //启动定时1通道0比较值的宏
#define T1_Over() (T1STAT&1)            //测试定时器1通道0中断标志的宏

static unsigned int count;              //延时计数器
static unsigned char flag;              //红外发送标志
char iraddr1;                           //十六位地址的第一个字节
char iraddr2;                           //十六位地址的第二个字节

void SendIRdata(char p_irdata);
void Init_T3(void)
{
   P1DIR = 0x02;                        //设引脚P1_1为输出

   CLKCONCMD &= ~0x7f;                  //晶振设置为32MHz
    while(CLKCONSTA & 0x40);            //等待晶振稳定

    EA = 1;                             //开总中断
    T3IE = 1;                           //开定时器3中断

    T3CTL=0x46;                         //定时器3设分4频,设模模式
    T3CCTL0=0x44;                       //定时器3通道0开中断,设比较模式
    T3CC0=105;                          //设置定时器3通道0比较寄存器值
```

```
}
void Init_T1(void)
{

   T1IE = 1;                                    //开定时器 1 中断
   T1CTL =0x0a;                                 //定时器 1 设分频,设模模式
   T1CCTL0=0x44;                                //定时器 1 道 0 开中断,设比较模式

}

void main(void)
{
Init_T3();
Init_T1();

P1_1 = 1;                                       //IR 输出引脚,初始化为 1
T3CTL|=0x10;                                    //启动定时器 3

iraddr1=0;                                      //地址码第一个字节
iraddr2=0xFF;

SendIRdata(18);
}
//定时器 3 的中断处理函数,每 1/76000s 被调用一次
#pragma vector = T3_VECTOR
 __interrupt void T3_ISR(void)
{
//当标志位为 0 时,将 IR 输出引脚电平反转,输出 38kHz 信号
if (flag==0)
{
    P1_1=~P1_1;
}
else
{
    P1_1 = 0;
}

 }

void SendIRdata(char p_irdata)
{
int i;
char irdata=p_irdata;

//发送 9ms 的低电平引导码
T1_Set(9000);
flag=0;
```

```
T1_Clear();
T1_Start();
while(!(T1_Over()));
T1_Stop();

//发送 4.5ms 的高电平引导码

T1_Set(4500);
flag=1;
T1_Clear();
T1_Start();
While(!T1_Over());
T1_Stop();
//发送 300μs 低电平引导码
flag=0;
T1_Set(300);
T1_Clear();
T1_Start();
while(!T1_Over());
T1_Stop();

//发送十六位地址的第一个字节
irdata=iraddr1;
for(i=0;i<8;i++)
{
    //如果当前位为1,则发送 1680μs 的高电平和 560s 的低电平
    //如果当前位为0,则发送 560μs 的高电平和 560s 的低电平
     if(irdata-(irdata/2)*2)
     {
         T1_Set(1680);
     }
     else
     {
       T1_Set(560);
     }
     T1_Clear();
     T1_Start();
     flag=1;
     while(!T1_Over());
     T1_Stop();

     flag=0;
     T1_Set(560);
     T1_Clear();
     T1_Start();
     while(!T1_Over());
     T1_Stop();
```

```
    irdata=irdata>>1;                    //数据右移一位,等待发送
}
flag=0;
//发送十六位地址的第二个字节
irdata=iraddr2;
for(i=0;i<8;i++)
{

    flag=1;

    if(irdata-(irdata/2)*2)
    {
       T1_Set(1680);
    }
    else
    {
      T1_Set(560);
    }
    T1_Clear();
    T1_Start();
    while(!T1_Over());
    T1_Stop();

    flag=0;
    T1_Set(560);
    T1_Clear();
    T1_Start();
    while(!T1_Over());
    T1_Stop();

    irdata=irdata>>1;
}
flag=0;
//发送 8 位数据
irdata=p_irdata;
for(i=0;i<8;i++)
{

    flag=1;

    if(irdata-(irdata/2)*2)
    {
       T1_Set(1680);
    }
    else
    {
```

```
        T1_Set(560);
      }
      T1_Clear();
      T1_Start();
      while(!T1_Over());
      T1_Stop();
      flag=0;
      T1_Set(560);
      T1_Clear();
      T1_Start();
      while(!T1_Over());
      T1_Stop();

      irdata=irdata>>1;
   }
   flag=0;
   //发送 8 位数据的反码
   irdata=~p_irdata;

   for(i=0;i<8;i++)
   {

      flag=1;
      if(irdata-(irdata/2)*2)
      {
         T1_Set(1680);
      }
      else
      {
        T1_Set(560);
      }
      T1_Clear();
      T1_Start();
      while(!T1_Over());
      T1_Stop();

      flag=0;
      T1_Set(560);
      T1_Clear();
      T1_Start();
      while(!T1_Over());
      T1_Stop();

      irdata=irdata>>1;
   }
   flag=1;
   }
```

7.3 实验 2：PWM 方式输出红外信号

CC2530 可以按照类似 PWM 输出的机制来输出调制的红外信号，输出只需最少的 CPU 参与即可产生 IR 的功能。调制码可以使用 16 位的定时器 1 和 8 位的定时器 3 合作生成。定时器 3 用于产生载波。定时器 3 有一个单独的分频器。它的周期使用 T3CC0 设置。定时器 3 通道 1 用于 PWM 输出。载波的占空比使用 T3CC1 设置。通俗地说，T3CC0 设置的是一个 38kHz 载波信号的周期，T3CC1 设置的是在这个周期中高电平和低电平周期是多少。而通道 1 使用比较模式："在比较时清除，在 0x00 设置输出"（T3CCTL1.CMP=100）。例如，T3CC0=211，T3CC1=105，这时定时器 3 通道 1 输出是占空比为 1∶2 的方波，也就是高低电平各占一半的方波。这种方法与前面使用的中断产生载波的方式不同，前面的程序是中断每半个载波周期跳转一次，而 PWM 方式是一次完整地输出一个载波，而且如果需要输出占空比为 1∶3 的方波，PWM 方式就方便多了。

IRCTL.IRGEN 寄存器位使得定时器 1 处于 IR 产生模式。当设置了 IRGEN 位，定时器 1 采用定时器 3 通道 1 的输出比较信号作为标记，而不是采用系统标记。这时相当于定时器 1 计数器不再计算系统时钟信号的个数，而是计算定时器 3 通道 1 输出的方波的个数，这个在后面需要给定时器 1 通道比较寄存器赋值的时候尤其要注意。

定时器 1 处于调制模式（T1CTL.MODE = 10）。定时器 1 的周期是使用 T1CC0 设置的，通道 0 处于比较模式（T1CCTL0.MODE = 1）。通道 1 比较模式"在比较时设置输出，在 0x0000 清除"（T1CCTL1.CMP = 011）用于输出门控信号。标记载波的个数由 T1CC1.T1CC1 设置。例如，在 NEC 码中数据 1 的持续时间大概是 1680μs 高电平+560μs 低电平，需要将 T1CC1 设置为 1680μs，而 T1CC0 要设置成 1680μs+560μs，而 T1CC1 和 T1CC0 的值需要分别设为 1680/26.3 和 2240/26.3，其中 26.3μs 是 38kHz 载波信号的周期。每个定时器每周期由 DMA 或 CPU 更新一次，而这个定时操作是需要由 24 位的睡眠定时器完成的，这是由于定时器 1 和定时器 3 已经使用，而定时器 4 是 8 位定时器。

（1）实验目的：学习板上编程向另一块学习板发送红外信号，掌握CC2530以PWM 输出方式发射红外信号的方法。

（2）例程：

```
#include<ioCC2530.h>
#include "exboard.h"

#define T1_Set(dat)     T1CC0L=dat;T1CC0H=dat>>8
#define T11_Set(dat)    T1CC1L=dat;T1CC1H=dat>>8

char iraddr1=0;                  //十六位地址的第一个字节
char iraddr2=0xFF;               //十六位地址的第二个字节

void Set_ST_Period(uint sec)
{
```

```
    long sleepTimer = 0;
    //读睡眠定时器当前值到变量sleepTimer中,先读ST0的值
    sleepTimer |= ST0;
    sleepTimer |= (long)ST1 <<  8;
    sleepTimer |= (long)ST2 << 16;

    //将睡眠时间加到sleepTimer上
    sleepTimer += sec;
    //将sleepTimer写入睡眠定时器
    ST2 = (char)(sleepTimer >> 16);
    ST1 = (char)(sleepTimer >> 8);
    ST0 = (char) sleepTimer;
}

void Init_SLEEP_TIMER(void)
{
   ST2 = 0x00;
   ST1 = 0x0F;
   ST0 = 0x0F;
   EA = 1;              //开中断
   STIE = 1;            //睡眠定时器中断使能
   STIF = 0;            //睡眠定时器中断状态位置0
}

void SendIRdata(char p_irdata);
void Init_T3(void)
{

    T3IE = 0;           //关定时器3中断
    T3CTL =0x46;        //定时器3设分4频,设模模式
    T3CCTL1=0x24;       //定时器3通道1开中断,设比较模式100,在比较时清除输出,在0时设置
    T3CC0=211;          //设置波形总的周期
    T3CC1=105;          //设置波形高电平的周期

}

void Init_T1(void)
{

   T1IE = 0;            //关T1定时器溢出中断


    T1CTL =0x02;        //定时器1设为设模模式
    PERCFG=0x40;        //外设T1定时器使用备用位置2,输出为引脚P1_1
    T1CCTL0=0x04;       //外设T1定时器通道0设为比较输出
    T1CCTL1=0x5c;       //外设T1定时器通道1设为比较输出,设比较模式101,在等于T1CC0时
                        //清除输出,在等于T1CC1时设置输出

  }
```

```
void main(void)
{
  CLKCONCMD &= ~0x7f;              //晶振设置为32MHz
  While(CLKCONSTA & 0x40);         //等待晶振稳定

  P1SEL = 0xFE;                    //将相应引脚设为外设功能
  P2SEL = 0x28;
  P1DIR = 0xFE;                    //将相应引脚设为输出

  Init_T3();;

  P1_1 = 0;
  IRCTL=0x01;                      //定时器3的输出作为定时器1的标记输入
  Init_T1();

  Init_SLEEP_TIMER();

  T3CTL|=0x10;                     //启动定时器3

  SendIRdata(18);
 }
 void SendIRdata(char p_irdata)
 {
  int i;
  char irdata;
 //发送4.5ms的高电平起始码
  T1_Set(180);
  T11_Set(165);

  Set_ST_Period(154);                  //睡眠定时器控制波形的时间

  while(!(IRCON&0x80));
  STIF=0;                              //睡眠定时器消除中断标志

 //发送十六位地址的第一个字节
  irdata=iraddr1;
  for(i=0;i<8;i++)
  {
     if(irdata-(irdata/2)*2)
     {
        T1_Set(85);
        T11_Set(63);
        Set_ST_Period(73);
            }
     else
     {
```

```
            T1_Set(42);
            T11_Set(21);
            Set_ST_Period(37);
        }

    while(!(IRCON&0x80));
    STIF=0;

        irdata=irdata>>1;
    }

  //发送十六位地址的第二个字节
    irdata=iraddr2;
    for(i=0;i<8;i++)
    {
        if(irdata-(irdata/2)*2)
        {

            T1_Set(85);
            T11_Set(63);
            Set_ST_Period(73);
        }
        else
        {
            T1_Set(42);
            T11_Set(21);
            Set_ST_Period(37);
        }

    while(!(IRCON&0x80));
    STIF=0;
    irdata=irdata>>1;
    }
  //发送8位数据
    irdata=p_irdata;
    for(i=0;i<8;i++)
    {
        if(irdata-(irdata/2)*2)
        {
            T1_Set(85);
            T11_Set(63);
            Set_ST_Period(73);
        }
        else
        {
            T1_Set(42);
            T11_Set(21);
```

```
        Set_ST_Period(37);
    }

  while(!(IRCON&0x80));
  STIF=0;
    irdata=irdata>>1;
  }

//发送8位数据的反码
  irdata=~p_irdata;

  for(i=0;i<8;i++)
  {
    if(irdata-(irdata/2)*2)
    {
        T1_Set(85);
        T11_Set(63);
        Set_ST_Period(73);
    }
    else
    {
        T1_Set(42);
        T11_Set(21);
        Set_ST_Period(37);
    }

  while(!(IRCON&0x80));
  STIF=0;
    irdata=irdata>>1;
  }
  T3CTL&=~0x10;
  }
```

7.4 实验 3：红外接收实验

（1）实验目的：编程实现接收红外遥控器的按键编码，并将其键码显示在学习板的1602LCD上。

（2）设计思路。

① 红外接收要求能够准确计算信号周期，所以使用定时器1计算信号的周期。可以将定时器1进行32倍分频，定时器1每个计数周期就是1 μs 。

② 红外遥控器的按键动作是随机产生的，所以需要使用输入引脚P1_0的中断处理处理红外接收头接收的数据。

（3）例程：

```
#include<ioCC2531.h>
#include "exboard.h"
#include "lcd.h"

#define IRIN  P1_0                          //红外接收器数据线

uchar IRCOM[7];
#define T1_Start() T1CTL=0x09
#define T1_Stop9) T1CTL=0x08
#define T1_Clear() T1STAT=0
#define T1_Set(dat)     T1CC0L=dat;T1CC0H=dat>>8
#define T1_Over()(T1STAT&1)

Main()
{

    CLKCONCMD &= ~0x7F;                     //晶振设置为32MHz
    while(CLKCONSTA & 0x40);                //等待晶振稳定

        P0DIR=0xf0;                         //设置P0口引脚方向
        P1DIR=0x1c;

    lcd_init();                             //初始化LCD

  P1IEN |= 0x11;                            //P1_0设置为中断方式
  PICTL |= 0x02;                            //下降沿触发
   EA = 1;
  IEN2 |= 0x10;                             //P0设置为中断方式
    //初始化中断标志位

  T1CTL =0x09;

   while(1)
   {

   }

} //end main
/*********************************************************/
#pragma vector = P1INT_VECTOR
 __interrupt void P1_ISR(void)
 {unsigned char j,k;
    unsigned int N=0;

    IEN2 &= ~0x10;
          if (IRIN==1)                       //如果先出现的是高电平信号,则退出
     {
```

```
    IEN2 |= 0x10;
    Return;
   }
  T1CNTL=0;
  T1CNTH=0;
  T1_Start();                           //启动T1定时器定时
while (!IRIN)                           //等IR变为高电平,跳过9ms的前导低电平信号
  {
  }
  T1_Stop();
  N=T1CNTH;                             //停止T1定时器定时
  N=N<<8;                               //计算时间
  N=N+T1CNTL;
  if(N<8500)                            //如果小于8500μs,则退出
  {
    IEN2 |= 0x10;
   return;
   }
  T1CNTL=0;
  T1CNTH=0;

for (j=0;j<4;j++)                       //收集4组数据
{

for (k=0;k<8;k++)                       //每组数据有8位
{
 while (IRIN)                           //等IR变为低电平,跳过4.5ms的前导高电平信号
   {
   }
  while (!IRIN)                         //等IR变为高电平
   {
   }

  T1CNTL=0;
  T1CNTH=0;
  T1_Start();
   while (IRIN)                         //计算IR高电平时长
    {
  //delay(1);
      }
  N=T1CNTH;
  N=N<<8;
  N=N+T1CNTL;
  if (N>=2000)                          //IR高电平时长超过2000μs则退出
   {
       IEN2 |= 0x10;
   break;
```

```
      }
    IRCOM[j]=IRCOM[j] >> 1;            //数据右移一位,最高位补"0"
    if (N>=700)                        //IR高电平时长超过700μs,数据最高位置"1"
    {
      IRCOM[j] = IRCOM[j] | 0x80;

    }//数据最高位补"1"
    N=0;
    T1CNTL=0;
    T1CNTH=0;
   T1_Stop();
  }//end for k
   }//end for j
  IEN2 |= 0x10;

  IRCOM[5]=IRCOM[2] & 0x0F;            //取键码的低4位,存入IRCOM[5]
  IRCOM[6]=IRCOM[2] >> 4;              //键码右移4次,高4位变为低4位,存入IRCOM[6]

  if(IRCOM[5]>9)                       //IRCOM[5]转为ASCII码
   { IRCOM[5]=IRCOM[5]+0x37;}
  else
  IRCOM[5]=IRCOM[5]+0x30;

  if(IRCOM[6]>9)
   { IRCOM[6]=IRCOM[6]+0x37;}
  else
  IRCOM[6]=IRCOM[6]+0x30;
  P1DIR=0x1c;                          //IRCOM[6]转为ASCII码
    lcd_pos(0);
    lcd_wdat(IRCOM[6]);                //第一位数显示
    lcd_pos(1);
    lcd_wdat(IRCOM[5]);                //第二位数显示

    P1IFG |= 0x00;

}
```

第 8 章 CHAPTER 8 Z-Stack协议栈

8.1 Z-Stack 协议栈基础

8.1.1 Z-Stack 协议栈简介

Z-Stack 是 TI 公司开发的 ZigBee 协议栈，TI 公司在推出其 CC2530 射频芯片同时，也向用户提供了自己的 ZigBee 协议栈软件 Z-Stack。这是一款业界领先的商业级协议栈，经过了 ZigBee 联盟的认可而为全球众多开发商所广泛采用，使用 CC2530 射频芯片，可以使用户很容易地开发出具体的应用程序来，Z-Stack 实际上是帮助程序员方便开发 ZigBee 的一套系统。Z-Stack 使用瑞典公司 IAR 开发的 IAR Embedded Workbench for 8051 作为它的集成开发环境。TI 公司为自己设计的 Z-Stack 协议栈中提供了一个名为操作系统抽象层 OSAL 的协议栈调度程序。对于用户来说，除了能够看到这个调度程序外，其他任何协议栈操作的具体实现细节都被封装在库代码中。用户在进行具体的应用开发时只能够通过调用 API 来进行，而无法知道 ZigBee 协议栈实现的具体细节。

8.1.2 Z-Stack 协议栈基本概念

1. 设备类型

在ZigBee网络中存在三种逻辑设备类型：Coordinator（协调器）、Router（路由器）和 End-Device（终端设备）。ZigBee网络由一个协调器以及多个路由器和多个终端设备组成。

1）协调器

协调器负责启动整个网络。它也是网络的第一个设备。协调器选择一个信道和一个网络ID（也称为PAN ID，即Personal Area Network ID），随后启动整个网络。

协调器也可以用来协助建立网络中安全层和应用层的绑定。

注意，协调器的角色主要涉及网络的启动和配置。一旦这些都完成后，协调器的工作就和一个路由器相同。由于ZigBee网络本身的分布特性，因此接下来整个网络的操作就不再依赖协调器是否存在。

2）路由器

路由器的主要功能是：允许其他设备加入网络，多跳路由协助由电池供电的子终端设备的通信。

通常，路由器需要一直处于活动状态，因此它必须使用主电源供电。但是当使用树这种网络拓扑结构时，允许路由器间隔一定的周期操作一次，这样就可以使用电池给其供电。

3）终端设备

终端设备没有维持网络结构的职责，它可以睡眠或者唤醒，因此它可以是一个由电池供电的设备。

通常，终端设备所需存储空间（特别是RAM的需要）比较小。

2．信道

ZigBee采用直接序列扩频（DSSS）工作在工业科学医疗（ISM）频段，在2.4GHz频段上，IEEE 802.15.4/ZigBee规定了16个信道，每个信道频带宽度为5MHz。

ZigBee与其他通信协议的信道冲突：15、20、25、26信道与Wi-Fi信道冲突较小；蓝牙基本不会冲突；无绳电话尽量不与ZigBee同时使用。

3．PANID

16位的ID值用来标识唯一一个ZigBee网络，主要是用于区分网络，使得同一地区可以同时存在多个ZigBee网络。其取值范围是0x0000～0xFFFF。当设置为0xFFFF时，协调器可以随机获取一个16位的PANID建立一个网络。路由器或者终端设备可以加入任意一个已设定信道上的网络而不去关心PANID。PANID用于在逻辑上区分同一地区或者同一信道上的ZigBee节点，在不同地区或者同一地区不同的信道可以使用同一PANID。

4．地址

ZigBee设备有两种类型的地址。一种是64位IEEE地址，即MAC地址，另一种是16位网络地址。

64位地址是全球唯一的地址，设备将在它的生命周期中一直拥有它。它通常由制造商或者被安装时设置。这些地址由IEEE来维护和分配。

16位地址为网络地址，是当设备加入网络后分配的，协调器按照一定的算法进行分配。它在网络中是唯一的，用来在网络中鉴别设备和发送数据。

5．数据传送方式

1）单点传送

单点传送是指将数据包发送给一个已经知道网络地址的网络设备。

2）间接传送

间接传送模式是指当应用程序不知道数据包的目标设备在哪里的时候使用的模式。从发送设备的栈的绑定表中查找目标设备。这种特点称为源绑定。当数据向下发送到达栈中，从绑定表中查找并且使用该目标地址。这样，数据包将被处理成为一个标准的单点传送数据包。如果在绑定表中找到多个设备，则向每个设备都发送一个数据包的拷贝。

3）广播传送

广播传送模式是指当应用程序需要将数据包发送给网络中的每一个设备时，使用的数据传送模式。目标地址可以设置为下面广播地址中的一种：

（1）（0xFFFF）——数据包将被传送到网络上的所有设备，包括睡眠中的设备。对于睡眠中的设备，数据包将被保留在其父亲节点直到查询到它，或者消息超时。

（2）（0xFFFD）——数据包将被传送到网络上的所有在空闲时打开接收的设备，也就是说，除了睡眠中的所有设备。

（3）（0xFFFC）——数据包发送给所有的路由器，包括协调器。

（4）组寻址。当应用程序需要将数据包发送给网络上的一组设备时使用。在使用这个功能之前，必须在网络中定义组。注意组可以用来关联间接寻址。绑定表中找到的目标地址可能是单点传送或者是一个组地址。另外，广播发送可以看作是一个组寻址的特例。

6．端点

端点EndPoint是为实现一个设备描述而定义的一组群集，定义了一个设备内的一个通信实体，一个特定应用通过它被执行。ZDO的Endpoint为0，其他应用程序的Endpoint为1～240，241～255保留未用。关于EndPoint的理解就是虚拟链路。

7．拓扑结构

ZigBee技术具有强大的组网能力，可以形成星状、树状和Mesh网状网络，可以根据实际项目需要来选择合适的网络结构。默认的拓扑结构是Mesh网状拓扑结构。

8．簇

一个应用规范内的所有设备，通过簇的方式彼此进行通信。簇可被输入给一个设备，也可从一个设备被输出。簇的作用主要在于发送方和接收方关于通信的一种约定，接收方根据接收到的信息的簇ID来判定要对接收到的信息进行怎样的处理。

9．路由

路由能够自愈ZigBee网络，如果某个无线连接断开了，路由又能自动寻找一条新的路径避开那个断开的网络连接，这就极大地提高了网络的可靠性，同时也是ZigBee网络的一个关键特性。

10．协议栈规范

协议栈规范是由ZigBee联盟定义指定的。在同一个网络中的设备必须符合同一个协议栈规范（同一个网络中所有设备的协议栈规范必须一致）。

ZigBee联盟为ZigBee协议栈2007定义了两个规范：ZigBee和ZigBee PRO。所有的设备只要遵循该规范，即使在不同厂商买的不同设备同样可以形成网络。

ZigBee和ZigBee PRO之间最主要的特性差异就是对高级别安全性的支持。高级别安全性提供了一个在点对点连接之间建立链路密钥的机制，并且当网络设备在应用层无法得到信任时增加了更多的安全性。像许多PRO特性那样，高级安全特性对于某些应用而言非常有用，但在有效利用宝贵节点空间方面却付出很大代价。

尽管ZigBee和ZigBee PRO在大部分特性上相同，但只有在有限条件下二者的设备才能在同一网络上同时使用。如果所建立的网络（由协调器建立）为一个ZigBee网络，那么ZigBee PRO设备将只能以有限的终端设备的角色连接和参与到该网络中，即该设备将通过一个父级设备（路由器或协调器）与该网络保持通信，且不参与到路由或允许更多的设备连接到该网络中。同样，如果网络最初建立了一个PRO网络，那么ZigBee设备也只能以有限的终端设备的角色参与到该网络中来。

如果应用开发者改变了规范，那么他的产品将不能与遵循 ZigBee 联盟定义规范的产品组成网络，也就是说该开发者开发的产品具有特殊性，通常称为“关闭的网络”。

8.1.3 Z-Stack 的下载与安装

Z-Stack可以从TI公司的官方网站上下载，本书使用的是Z-Stack-CC2530-2.5.0版本，是Z-Stack较新的一个版本，需要IAR Assembler for 8051 8.10.1版本支持。Z-Stack建议安装在C盘根目录下，其目录结构如下：默认会在C盘的根目录下建立Texas Instruments目录，该目录下面的子目录就是安装Z-Stack的文件，根目录下有4个文件夹，分别是Documents、Components、Tools和Project。

1．Documents

Documents文件夹包含对整个协议栈进行说明的所有文档信息，该文件夹中有很多的PDF格式的文档，可以把它们当作参考手册，根据需要来阅读。

2．Projects

该目录下包含用于Z-Stack功能演示的各个项目的例子，可供开发者们参考。

3．Tools

该目录下包含TI公司提供的一些工具。

4．Components

Components文件夹是Z-Stack协议栈的各个功能部件的实现，本文件夹下包含的子目录如下：

（1）hal文件夹为硬件平台的抽象层。

（2）mac文件夹包含IEEE 802.15.4物理协议的实现需要的代码文件的头文件，由于TI公司出于某种考虑，这部分并没有给出具体的源代码，而是以库文件的形式存在.\Projects\Z-Stack\Libraries文件夹中。

（3）mt文件夹包含为系统添加在计算机上有Z-tools调试功能所需要的源文件。

（4）osal文件夹包含操作系统抽象层所需要的文件。

（5）service文件夹包含Z-Stack提供的两种服务：寻址服务和数据服务所需要的文件。

（6）stack文件夹是Components文件夹最核心的部分，是ZigBee协议栈的具体实现部分，在其下又分为af（应用框架）、nwk（网络层）、sapi（简单应用接口）、sec（安全）、sys（系统头文件）、zcl（ZigBee簇库）、zdo（ZigBee设备对象）等7个文件夹。

（7）zmac文件夹包含Z-Stack MAC导出层文件。

从上面可以看到其中核心部分的代码都是编译好的，以库文件的形式给出，比如安全模块、路由模块和 Mesh 自组网模块。如果要获得这部分的源代码可以向 TI 购买。TI 所谓的“开源”只是提供一个平台，开发者可以在上面做应用而已，而绝不是通常人们理解的开源。这也就是在下载源代码后，根本无法查看到有些函数的源代码的原因。

8.2 Sample Application 工程

8.2.1 Sample Application 工程简介

Sample Application 是 Z-Stack 协议栈提供的一个非常简单的演示实例，对了解 Z-Stack 协议栈工作机制很有帮助，在以后的几节中，将以这个工程为例介绍 Z-Stack 协议栈的工作原理。

在 IAR 主界面上选择 File|Open|Workspace 命令，打开文件 C：\Texas Instruments\Z-Stack-CC2530-2.5.0\Projects\Z-Stack\Samples\SampleApp\CC2530DB\SampleApp.ewp，出现如图 8.1 所示的界面。

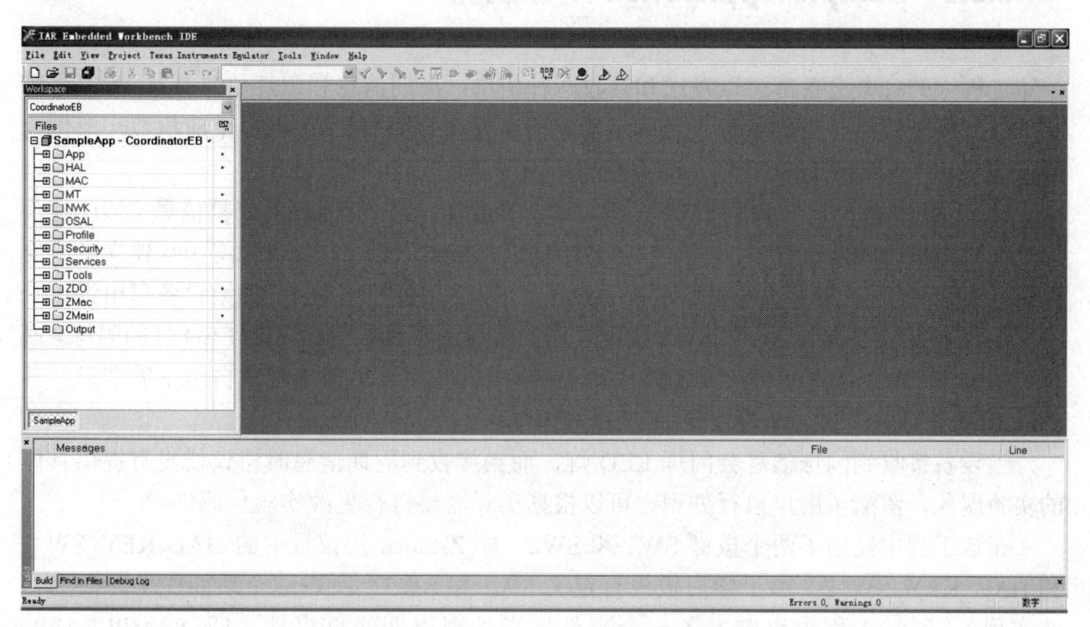

图 8.1 IAR Sample Application 工程界面

在左侧窗格中列出了 SampleApp 工程的目录结构，这也是 Z-Stack 工程的结构，大部分 Z-Stack 工程有相同的目录结构，只是在 APP 目录中稍有不同。

Z-Stack 目录结构如下。

APP（Application Programming）：应用层目录，这是用户创建各种不同工程的区域，在这个目录中包含应用层的内容和这个项目的主要内容。

HAL（Hardware（H/W）Abstraction Layer）：硬件层目录，包含与硬件相关的配置和驱动及操作函数。

MAC：包含 MAC 层的参数配置文件及其 MAC 的 LIB 库的函数接口文件。

MT（Monitor Test）：实现通过串口可控各层，与各层进行直接交互。

NWK（ZigBee Network Layer）：网络层目录，包含网络层配置参数文件及网络层库的函数接口文件。

OSAL（Operating System（OS）Abstraction Layer）：协议栈的操作系统。

Profile：AF层目录，包含AF层处理函数文件。

Security：安全层目录，包含安全层处理函数，比如加密函数等。

Services：地址处理函数目录，包括地址模式的定义及地址处理函数。

Tools：工程配置目录，包括空间划分及Z-Stack相关配置信息。

ZDO（ZigBee Device Objects）：ZDO目录。

ZMac：MAC层目录，包括MAC层参数配置及MAC层LIB库函数回调处理函数。

ZMain：主函数目录，包括入口函数及硬件配置文件。

Output：输出文件目录，由IAR自动生成。

8.2.2 Sample Application 工程概况

工程中的每个设备都可以发送和接收两种信息：周期信息和闪烁信息。

（1）周期信息。当设备加入该网络后，所有设备每隔5s（加上一个随机数，单位为ms）发送一个周期信息，该信息的数据载荷为发送信息的次数。

（2）闪烁信息。通过按下SW1按键发送一个控制LED灯闪烁的广播信息，该广播信息只针对组1内的所有设备。所有设备初始化后都被加入组1，所以网络一旦建立完成便可执行LED灯闪烁实验。可以通过按下设备的SW2按键退出组1，如果设备退出组1则不再接收来自组1的消息，其SW1按键发送的消息也不再控制组1中LED灯的闪烁。通过再次按下SW2按键便可让设备再次加入到组1，从而又可以接收来自组1的消息，其SW1按键也可以控制组1内设备的LED灯闪烁了。

当设备接收到闪烁信息会闪烁LED灯，而当接收到周期信息时协议栈没有提供具体的实验现象，留给了用户自行处理，可以根据实际需要自行更改实验代码。

在该工程中使用了两个按键SW1和SW2，即Z-Stack协议栈中的HAL_KEY_SW_1和HAL_KEY_SW_2（由于学习板没有定义SW1和SW2，所以这个功能在学习板上无法实现）。同时工程中也定义了一个事件用来处理周期信息事件，即SAMPLEAPP_SEND_PERIODIC_MSG_EVT[SampleApp.h]。

8.2.3 Sample Application 工程初始化与事件的处理

Z-Stack协议栈的核心是事件的产生和事件的处理。Z-Stack协议栈各层的初始化是事件处理的前提。

Sample Application工程应用层初始化代码如下：

```
void SampleApp_Init( uint8 task_id )
{
  SampleApp_TaskID = task_id;        //通过参数的传递为每一层分发任务 ID
```

```
  SampleApp_NwkState = DEV_INIT;     //设定设备的网络状态为"初始化"
  SampleApp_TransID = 0;

 #if defined ( BUILD_ALL_DEVICES )
   //BUILD_ALL_DEVICES 是一个编译选项
   //这里根据跳线决定设备是路由器或者是协调器，如果检测到
 //跳线则为协调器,否则为路由器,在设备启动时如果定义了BUILD_ALL_DEVICES编译选项,则
设备初始化时设备的类型为可选类型.当程序执行到这里就明确了具体是什么类型的设备
  if ( readCoordinatorJumper())     //如果检测到跳线则设备为协调器
   zgDeviceLogicalType = ZG_DEVICETYPE_COORDINATOR;
  else                              //如果没有检测到跳线则设备为路由器
   zgDeviceLogicalType = ZG_DEVICETYPE_ROUTER;
 #endif                             //BUILD_ALL_DEVICES

 #if defined ( HOLD_AUTO_START )
  //如果定义了 HOLD_AUTO_START 编译选项则执行以下函数
  ZDOInitDevice(0);
 #endif

  //设定周期信息的地址,此地址为广播地址 0xFFFF
  SampleApp_Periodic_DstAddr.addrMode = (afAddrMode_t)AddrBroadcast;
  SampleApp_Periodic_DstAddr.endPoint = SAMPLEAPP_ENDPOINT;
  SampleApp_Periodic_DstAddr.addr.shortAddr = 0xFFFF;

  //设定闪烁信息的地址,此地址为组 1 的地址
  SampleApp_Flash_DstAddr.addrMode = (afAddrMode_t)afAddrGroup;
  SampleApp_Flash_DstAddr.endPoint = SAMPLEAPP_ENDPOINT;
  SampleApp_Flash_DstAddr.addr.shortAddr = SAMPLEAPP_FLASH_GROUP;

  //对端点 SAMPLEAPP_ENDPOINT 进行描述
  SampleApp_epDesc.endPoint = SAMPLEAPP_ENDPOINT;
  SampleApp_epDesc.task_id = &SampleApp_TaskID;
  SampleApp_epDesc.simpleDesc
          = (SimpleDescriptionFormat_t *)&SampleApp_SimpleDesc;
  SampleApp_epDesc.latencyReq = noLatencyReqs;

  //注册端点描述符
  afRegister(&SampleApp_epDesc);

  //注册按键,按键事件由应用层进行处理
  RegisterForKeys(SampleApp_TaskID);

  //默认情况,所有的设备都加入组 1
  SampleApp_Group.ID = 0x0001;                          //设定组 ID
  osal_memcpy( SampleApp_Group.name,"Group 1",7 );     //设定组名
  aps_AddGroup( SAMPLEAPP_ENDPOINT,&SampleApp_Group ); //加入组
```

```
//如果编译了 LCD_SUPPORTED,在液晶上显示"SampleApp".注意:需要评估板支持的 LCD
#if defined(LCD_SUPPORTED)
  HalLcdWriteString("SampleApp", HAL_LCD_LINE_1);
#endif
}
```

8.2.4 Sample Application 工程事件的处理函数

Sample Application 工程事件处理函数如下:

```
uint16 SampleApp_ProcessEvent( uint8 task_id,  uint16 events )
{
  afIncomingMSGPacket_t *MSGpkt;
  (void)task_id;
  if ( events & SYS_EVENT_MSG )
  {
    //从消息列表中获取 SampleApp_TaskID 相关的消息
    MSGpkt = (afIncomingMSGPacket_t) osal_msg_receive(SampleApp_TaskID);
    while ( MSGpkt )                    //不为空,说明有消息
    {
      switch ( MSGpkt->hdr.event )  //消息的事件
      {
        //按键事件
        case KEY_CHANGE:
          SampleApp_HandleKeys(((keyChange_t *)MSGpkt)->state,
((keyChange_t *)MSGpkt)->keys);
          break;
        //OTA 消息事件
        case AF_INCOMING_MSG_CMD:
          SampleApp_MessageMSGCB( MSGpkt );
          break;
        //设备状态改变事件
        case ZDO_STATE_CHANGE:
          SampleApp_NwkState = (devStates_t)(MSGpkt->hdr.status);
          if ((SampleApp_NwkState == DEV_ZB_COORD)
              || (SampleApp_NwkState == DEV_ROUTER)
              || (SampleApp_NwkState == DEV_END_DEVICE))
          {
            //Start sending the periodic message in a regular interval.
            osal_start_timerEx( SampleApp_TaskID,
                                SAMPLEAPP_SEND_PERIODIC_MSG_EVT,
                                SAMPLEAPP_SEND_PERIODIC_MSG_TIMEOUT );
          }
          else
          {
            //Device is no longer in the network
```

```
      }
      break;
    default:
      break;
    }
    //释放内存以防内存泄漏
    osal_msg_deallocate((uint8 *)MSGpkt);
    //在列表中检索下一条信息
    MSGpkt=(afIncomingMSGPacket_t*)osal_msg_receive(SampleApp_TaskID);
  }
  //返回没有处理的事件
  return (events ^ SYS_EVENT_MSG);
}
//周期信息事件
if ( events & SAMPLEAPP_SEND_PERIODIC_MSG_EVT )
{
  //发送周期信息
  SampleApp_SendPeriodicMessage();
  //Setup to send message again in normal period (+ a little jitter)
  osal_start_timerEx( SampleApp_TaskID, SAMPLEAPP_SEND_PERIODIC_ MSG_
EVT,(SAMPLEAPP_SEND_PERIODIC_MSG_TIMEOUT + (osal_rand() & 0x00FF)));
  //返回没有处理的事件
  return (events ^ SAMPLEAPP_SEND_PERIODIC_MSG_EVT);
}
//Discard unknown events
return 0;
}
```

8.2.5 Sample Application 工程流程

1. 周期信息

在 Sample Application 工程中，当设备成功启动最终触发了事件 ZDO_STATE_CHANGE，而此事件会调用 Sample Application 工程应用层的事件处理函数 SampleApp_ProcessEvent()进行处理。处理代码如下：

```
case ZDO_STATE_CHANGE:
  SampleApp_NwkState = (devStates_t)(MSGpkt->hdr。Status);
  if ((SampleApp_NwkState == DEV_ZB_COORD)
     || (SampleApp_NwkState == DEV_ROUTER)
     || (SampleApp_NwkState == DEV_END_DEVICE))
  {
     //Start sending the periodic message in a regular interval.
     osal_start_timerEx( SampleApp_TaskID,
                         SAMPLEAPP_SEND_PERIODIC_MSG_EVT,
                         SAMPLEAPP_SEND_PERIODIC_MSG_TIMEOUT );
```

```
        }
        else
        {
            //Device is no longer in the network
        }
    break;
```

处理 ZDO_STATE_CHANGE：如果设备的网络状态为 DEV_ZB_COORD、DEV_ROUTER 或者 DEV_END_DEVICE 表明设备启动成功。网络状态在设备启动时被设定。如果设备启动成功，则调用函数 osal_start_timerEx()定时触发事件 SAMPLEAPP_SEND_PERIODIC_MSG_EVT。该事件的任务 ID 为 SampleApp_TaskID，即该事件还是由 Sample Application 的应用层事件处理函数进行处理。定时长度为 SAMPLEAPP_SEND_PERIODIC_MSG_TIMEOUT。事件 SAMPLEAPP_SEND_ PERIODIC_ MSG_EVT 的处理代码还是在函数 SampleApp_ ProcessEvent()中，处理代码如下：

```
    if ( events & SAMPLEAPP_SEND_PERIODIC_MSG_EVT )
    {
        //发送周期信息
        SampleApp_SendPeriodicMessage();
        //定时再次触发事件 SAMPLEAPP_SEND_PERIODIC_MSG_EVT
        osal_start_timerEx(SampleApp_TaskID,SAMPLEAPP_SEND_PERIODIC_MSG_ EVT,
                (SAMPLEAPP_SEND_PERIODIC_MSG_TIMEOUT + (osal_rand() &
0x00FF)));
        //返回没有处理完成的事件
        return (events ^ SAMPLEAPP_SEND_PERIODIC_MSG_EVT);
    }
```

在处理事件 SAMPLEAPP_SEND_PERIODIC_MSG_EVT 时，协议栈调用了函数 SampleApp_SendPeriodicMessage()。在 SampleApp_SendPeriodicMessage()处理完成后再次定时触发了事件 SAMPLEAPP_SEND_PERIODIC_MSG_EVT，其任务 ID 依旧是 SampleApp_TaskID，定时长度 SAMPLEAPP_SEND_PERIODIC_MSG_TIMEOUT（5000ms [SampleApp.h]）。可以看出周期信息就是这样被周期性地触发 SAMPLEAPP_SEND_PERIODIC_MSG_EVT 产生的。间隔时间就是定时长度 SAMPLEAPP_SEND_ PERIODIC_MSG_TIMEOUT。

SAMPLEAPP_SEND_PERIODIC_MSG_EVT 事件的处理函数 SampleApp_SendPeriodicMessage()程序代码如下：

```
    void SampleApp_SendPeriodicMessage(void)
    {
      if ( AF_DataRequest( &SampleApp_Periodic_DstAddr, &SampleApp_epDesc,
                           SAMPLEAPP_PERIODIC_CLUSTERID,
                           1,
                           (uint8*)&SampleAppPeriodicCounter,
                           &SampleApp_TransID,
                           AF_DISCV_ROUTE,
```

```
                     AF_DEFAULT_RADIUS ) == afStatus_SUCCESS )
  {
  }
  else
  {
    //Error occurred in request to send.
  }
}
```

在 SampleApp_SendPeriodicMessage()函数中调用了数据发送函数 AF_DataRequest()发送数据。参数中地址为 SampleApp_Periodic_DstAddr 在 SampleApp_Init()中被初始化。其中的参数簇 ID 为 SAMPLEAPP_PERIODIC_CLUSTERID。

当接收端接收到该信息后会触发事件 AF_INCOMING_MSG_CMD 进行处理，根据簇 ID 接收端作出响应的处理。事件 AF_INCOMING_MSG_CMD 的处理如下：

```
case AF_INCOMING_MSG_CMD:
    SampleApp_MessageMSGCB(MSGpkt);
break;
```

在处理 AF_INCOMING_MSG_CMD 事件时调用了事件处理函数 SampleApp_MessageMSGCB()进行处理。SampleApp_MessageMSGCB()函数如下：

```
void SampleApp_MessageMSGCB( afIncomingMSGPacket_t *pkt )
{
   switch ( pkt->clusterId )
  {
    case SAMPLEAPP_PERIODIC_CLUSTERID:
      break;
    …
  }
}
```

在 SampleApp_MessageMSGCB()函数中根据簇 ID 的不同进行处理。但是 Sample Application 在对簇 IDSAMPLEAPP_SEND_PERIODIC_MSG_EVT 处理时什么都没有做，用户可以根据实际需要自行添加自己的代码。

2．闪烁信息

当按键 SW1 被按下时发送控制灯闪烁的广播信息，该广播信息只针对组 1 内的所有设备。按键会触发事件 KEY_CHANGE。按键事件处理流程最后会调用 SampleApp_HandleKeys()处理事件 KEY_CHANGE。

```
case KEY_CHANGE:
  SampleApp_HandleKeys(((keyChange_t *)MSGpkt)->state,
                          ((keyChange_t *)MSGpkt)->keys);
break;
```

SampleApp_HandleKeys()处理函数如下：

```
void SampleApp_HandleKeys( uint8 shift,  uint8 keys )
{
  if ( keys & HAL_KEY_SW_1 )//如果是 SW1 被按下
  {
    SampleApp_SendFlashMessage( SAMPLEAPP_FLASH_DURATION );
  }
…
}
```

由上面的程序可以看出，在处理按键SW1时调用了函数SampleApp_SendFlashMessage()。函数详细代码如下：

```
void SampleApp_SendFlashMessage( uint16 flashTime )
{
  uint8 buffer[3];
  buffer[0] = (uint8)(SampleAppFlashCounter++);
  buffer[1] = LO_UINT16( flashTime );
  buffer[2] = HI_UINT16( flashTime );

  if ( AF_DataRequest( &SampleApp_Flash_DstAddr, &SampleApp_epDesc,
                       SAMPLEAPP_FLASH_CLUSTERID,
                       3,
                       buffer,
                       &SampleApp_TransID,
                       AF_DISCV_ROUTE,
                       AF_DEFAULT_RADIUS ) == afStatus_SUCCESS )
  {
  }
  else
  {
    // Error occurred in request to send.
  }
}
```

在 SampleApp_SendFlashMessage()函数中调用了数据发送函数 AF_DataRequest()发送数据。参数中地址为 SampleApp_Flash_DstAddr 在 SampleApp_Init()中被初始化，该地址为组地址，AF_DataRequest()会将相关信息发送到属于该组的所有设备。其中的参数簇 ID 为 SAMPLEAPP_FLASH_CLUSTERID，数据载体为 buffer，包括发送信息次数和 LED 灯闪烁时间。当接收端接收到该信息后会触发事件 AF_INCOMING_MSG_CMD 进行处理，根据簇 ID 接收端作出响应的处理。事件 AF_INCOMING_MSG_CMD 的处理如下：

```
case AF_INCOMING_MSG_CMD:
     SampleApp_MessageMSGCB( MSGpkt );
break;
```

在处理 AF_INCOMING_MSG_CMD 事件时调用了事件处理函数 SampleApp_MessageMSGCB()进行处理。SampleApp_MessageMSGCB()函数如下：

```
void SampleApp_MessageMSGCB( afIncomingMSGPacket_t *pkt )
{
  uint16 flashTime;

  switch ( pkt->clusterId )
  {
…
    case SAMPLEAPP_FLASH_CLUSTERID:
      flashTime = BUILD_UINT16(pkt->cmd.Data[1], pkt->cmd.Data[2]);
      HalLedBlink( HAL_LED_4, 4, 50, (flashTime / 4) );
      break;
  }
}
```

在 SampleApp_MessageMSGCB()函数中根据簇 ID 的不同进行处理。Sample Application 在对事件 SAMPLEAPP_FLASH_CLUSTERID 处理时调用了灯闪烁函数 HalLedBlink()控制 LED 灯的闪烁，闪烁时间由发送端设定值决定。

3．组的加入与退出

组可以将设备按一定的逻辑加以区分。向一个组发送一条信息则组内的所有设备都会收到这条信息。设备可以利用函数 aps_AddGroup()加入组，利用函数 aps_RemoveGroup()退出组。

协议栈里组结构体定义：

```
typedef struct
{
  uint16 ID;                          //组 ID
  uint8  name[APS_GROUP_NAME_LEN];   //组名
} aps_Group_t;
```

由以上结构体可以看出一个组由组 ID 和组名唯一确定。

在 Sample Application 工程中通过 SW2 按键来加入或者退出组 1。代码如下：

```
case KEY_CHANGE:
  SampleApp_HandleKeys(((keyChange_t *)MSGpkt)->state,
                       ((keyChange_t *)MSGpkt)->keys);
break;
```

SampleApp_HandleKeys()处理函数如下：

```
void SampleApp_HandleKeys( uint8 shift, uint8 keys )
{
…
 if ( keys & HAL_KEY_SW_2 )
  {
    aps_Group_t *grp;
    grp = aps_FindGroup( SAMPLEAPP_ENDPOINT, SAMPLEAPP_FLASH_GROUP );
    if ( grp )
```

```
    {
      aps_RemoveGroup( SAMPLEAPP_ENDPOINT, SAMPLEAPP_FLASH_GROUP );
    }
    else
    {
      aps_AddGroup( SAMPLEAPP_ENDPOINT, &SampleApp_Group );
    }
  }
```

通过函数 aps_FindGroup()查找 SAMPLEAPP_ENDPOINT 是否加入了组 1，如果加入组 1 则退出组 1，否则加入组 1。

注意：由于没有配置 HAL_KEY_SW_1 和 HAL_KEY_SW_2，组的加入与退出和发送闪烁信息这两个功能在学习板上运行 Sample Application 工程时将无法实现。

8.3 OSAL 循环

8.3.1 Z-Stack 的任务调度

ZigBee协议栈中的每一层都有很多原语操作要执行，因此对于整个协议栈来说，就会有很多并发操作要执行。协议栈中的每一层都设计了一个事件处理函数，用来处理与这一层操作相关的各种事件。将这些事件处理函数看成是与协议栈每一层相对应的任务，由ZigBee协议栈中调度程序OSAL来进行管理。这样，对于协议栈来说，无论何时发生了何种事件，都可以通过调度协议栈相应层的任务，即事件处理函数来进行处理。这样，整个协议栈便会按照时间顺序有条不紊地运行。

在协议栈中的每一层都会有很多不同的事件发生，这些事件发生的时间顺序各不相同。很多时候，事件并不要求立即得到处理，而是要求过一定的时间后再进行处理。因此，往往会遇到下面的情况：假设A事件发生后要求10s之后执行，B事件在A事件发生1s后产生，且B事件要求5s后执行。为了按照合理的时间顺序来处理不同事件的执行，就需要对各种不同的事件进行时间管理。OSAL调度程序设计了与时间管理相关的函数，用来管理各种不同的要被处理的事件。

对事件进行时间管理，OSAL 也采用了链表的方式进行，每当发生一个要被处理的事件后，就启动一个逻辑上的定时器，并将此定时器添加到链表之中。利用硬件定时器作为时间操作的基本单元。时间操作的最小精度为 1ms，每 1ms 硬件定时器便产生一个时间中断，在时间中断处理程序中去更新定时器链表。每次更新，就将链表中的每一项时间计数减 1，如果发现定时器链表中有某一表项时间计数已经减到 0，则将这个定时器从链表中删除，并设置相应的事件标志。这样任务调度程序便可以根据事件标志进行相应的事件处理。根据这种思路，来自协议栈中的任何事件都可以按照时间顺序得到处理。从而提高了协议栈设计的灵活性，使 Z-Stack 能够完成对实时性要求不高的多任务。

8.3.2 Z-Stack 主函数

Z-Stack 由 main()函数开始执行，main()函数共做了两件事：一件是系统初始化，另外一件是开始执行函数 osal_start_system()，进入轮转查询式操作系统。

```
int main(void)
{
  osal_int_disable( INTS_ALL );        //关中断
 HAL_BOARD_INIT();                     //初始化开发板板载设备
  zmain_vdd_check();                   //检测电压是否正常

  InitBoard( OB_COLD );                //板载 I/O 口初始化
  HalDriverInit();                     //HAL 层驱动初始化
  osal_nv_init( NULL );                //NV 初始化
  ZMacInit();                          //MAC 层初始化
  zmain_ext_addr();   //检测设备的扩展地址,如果没有有效的扩展地址,则临时分配一个
                      //判断是否需要进行认证初始化
#if defined ZCL_KEY_ESTABLISH
  //Initialize the Certicom certificate information.
  zmain_cert_init();
#endif

zgInit();                              //初始化基本的 NV 条目

//如果没有定义 NONWK 编译选项,则进行 AF 初始化
#ifndef NONWK
  //Since the AF isn't a task, call it's initialization routine
  afInit();
#endif

osal_init_system();                    //初始化 OSAL 操作系统

   osal_int_enable( INTS_ALL );        //开中断

  InitBoard( OB_READY );               //开发板最终初始化

    zmain_dev_info();                  //显示设备信息

  //如果使用了 LCD_SUPPORTED 编译选项,在 LCD 上显示设备的调试信息
#ifdef LCD_SUPPORTED
  zmain_lcd_init();
#endif
//如果定义了 WDT_IN_PM1,则使能看门狗
#ifdef WDT_IN_PM1
  /* If WDT is used, this is a good place to enable it. */
  WatchDogEnable( WDTIMX );
```

```
#endif

  osal_start_system(); //进入轮转查询式操作系统事件处理的死循环,不再返回到主函数
  return 0;
} // main()
```

8.3.3 Z-Stack 任务的初始化

任务初始化为每一层分配一个任务 ID，分配任务 ID 时要和每一层的事件处理函数一一对应。

在主函数中调用文件 osal.c 中的函数 osal_init_system()，函数 osal_init_system()调用文件 OSAL_SampleApp.c 中的函数 osalInitTasks()进行任务初始化。

```
void osalInitTasks(void)
{
  uint8 taskID = 0;

  tasksEvents = (uint16 *)osal_mem_alloc( sizeof( uint16 ) * tasksCnt);
  osal_memset( tasksEvents, 0,  (sizeof( uint16 ) * tasksCnt));

  macTaskInit( taskID++ );
  nwk_init( taskID++ );
  Hal_Init( taskID++ );
#if defined( MT_TASK )
  MT_TaskInit( taskID++ );
#endif
  APS_Init( taskID++ );
#if defined ( ZIGBEE_FRAGMENTATION )
  APSF_Init( taskID++ );
#endif
  ZDApp_Init( taskID++ );
#if defined ( ZIGBEE_FREQ_AGILITY ) || defined ( ZIGBEE_PANID_CONFLICT )
  ZDNwkMgr_Init( taskID++ );
#endif
  SampleApp_Init( taskID );
}
```

代码分析：

```
tasksEvents = (uint16 *)osal_mem_alloc( sizeof( uint16 ) * tasksCnt);
osal_memset( tasksEvents, 0, (sizeof( uint16 ) * tasksCnt));
```

这两句代码为一个长度为 tasksCnt（任务的个数）的 uint16 数组 tasksEvents 分配了内存空间并将其值初始化为零。

变量 taskID 初始值为零，每一层初始化后其值加 1，在每一层初始化过程中记录分配给它的 taskID 值。

注意：每一层的 taskID 值会随着编译选项的不同而不同。

在文件 OSAL_SampleApp.c 中，有一个常量数组存放着每一层事件处理函数的地址，这样每一层的事件处理函数就可以通过每一层的 TaskID 来访问了。

```
const pTaskEventHandlerFn tasksArr[] = {
  macEventLoop,
  nwk_event_loop,
  Hal_ProcessEvent,
#if defined( MT_TASK )
  MT_ProcessEvent,
#endif
  APS_event_loop,
#if defined ( ZIGBEE_FRAGMENTATION )
  APSF_ProcessEvent,
#endif
  ZDApp_event_loop,
#if defined ( ZIGBEE_FREQ_AGILITY) || defined ( ZIGBEE_PANID_CONFLICT )
  ZDNwkMgr_event_loop,
#endif
  SampleApp_ProcessEvent
};
```

8.3.4 Z-Stack 的系统主循环

在主函数的最后调用了函数 Osal_start_system()，其代码如下：

```
void osal_start_system(void)
{
#if !defined ( ZBIT ) && !defined (UBIT)
  for(;;)  //Forever Loop
#endif
  {
    osal_run_system();
  }
}
```

代码分析：

函数 osal_start_system()的主要功能是一个无限次的循环，不断地调用函数 osal_run_system()。

函数 osal_run_system()的程序流程如图 8.2 所示。

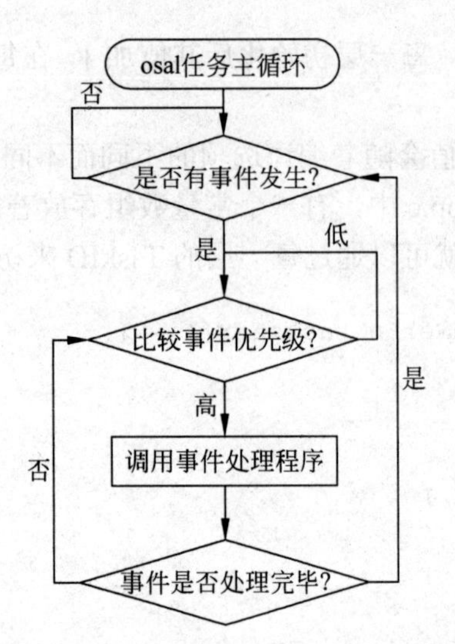

图 8.2　函数 osal_run_system()的程序流程

函数 osal_run_system()的程序代码如下：

```
void osal_run_system( void )
{
  uint8 idx = 0;

  osalTimeUpdate();
  Hal_ProcessPoll();

  do {
    if (tasksEvents[idx])  //Task is highest priority that is ready.
    {
      break;
    }
  } while (++idx < tasksCnt);

  if (idx < tasksCnt)
  {
    uint16 events;
    halIntState_t intState;

    HAL_ENTER_CRITICAL_SECTION(intState);   //关中断
    events = tasksEvents[idx];              //将某层的事件保存
    tasksEvents[idx] = 0;                   //清除某层的事件
    HAL_EXIT_CRITICAL_SECTION(intState);    //开中断

    activeTaskID = idx;
    events = (tasksArr[idx])( idx, events );
    activeTaskID = TASK_NO_TASK;
```

```
    HAL_ENTER_CRITICAL_SECTION(intState);
    tasksEvents[idx] |= events;         //Add back unprocessed events to
                                        //the current task.
    HAL_EXIT_CRITICAL_SECTION(intState);
  }
#if defined( POWER_SAVING )
  else  //Complete pass through all task events with no activity?
  {
    osal_pwrmgr_powerconserve(); //Put the processor/system into sleep
  }
#endif

  /* Yield in case cooperative scheduling is being used. */
#if defined (configUSE_PREEMPTION) && (configUSE_PREEMPTION == 0)
  {
    osal_task_yield();
  }
#endif
}
```

代码分析：

（1）触发事件主要有三种情况：外部中断、定时器和对设备进行轮询。外部中断、定时器不需要进行干预，所以系统主循环每次循环时需要调用函数 Hal_ProcessPoll()对例如串口这样的设备进行轮询，如果这些设备需要处理，则在数组 tasksEvents[]中设置相应的事件。

触发事件函数：

① osal_set_event() 触发事件。

② osal_start_timerEx() 定期触发事件。

③ osal_msg_send() 触发事件并传递消息。

（2）代码：

```
do {
  if (tasksEvents[idx])
  {
   break;
  }
} while (++idx < tasksCnt);
```

遍历数组 tasksEvents[]，如果某个 taskID 对应的数组元素不为零，则说明相应的层有事件发生，跳出循环。从这段代码可以看出，如果不同层同时发生了事件，则 taskID 值相应层的事件处理优先级高。

（3）最后，events =（tasksArr[idx]）（idx，events）根据 taskID 调用相应层的事件处理函数，对事件进行处理。如果 events 中的事件全部处理完，函数返回值为零，否则没有处理完的事件保存在返回值中。

（4）代码：

```
HAL_ENTER_CRITICAL_SECTION(intState);
  tasksEvents[idx] |= events;
HAL_EXIT_CRITICAL_SECTION(intState);
```

将没有处理完的事件保存在tasksEvents[]数组中，在主循环中继续处理。

8.4 数据的发送和接收

8.4.1 网络参数的设置

Z-Stack最重要的功能是组网进行数据的发送和接收，在组网之前需要对网络参数进行设置。

1. 协议栈规范的设置

协议栈规范由ZigBee联盟定义指定。在同一个网络中的设备必须符合同一个协议栈规范（同一个网络中所有设备的协议栈规范必须一致）。

ZigBee联盟为ZigBee协议栈2007定义了两个规范：ZigBee和ZigBee PRO。所有的设备只要遵循该规范，即使在不同厂商买的不同设备同样可以形成网络。如果应用开发者改变了规范，那么他的产品将不能与遵循ZigBee联盟定义规范的产品组成网络，也就是说该开发者开发的产品具有特殊性，称之为“关闭的网络”，它的设备只能在自己的产品中使用，不能与其他产品通信。更改后的规范可以称为“特定网络”规范。

在文件f8wConfig、cfg中，默认情况下，定义了ZIGBEEPRO：

```
/* Enable ZigBee-Pro */
-DZIGBEEPRO
```

而在文件nwk_globals.h中，有这样的定义：

```
#if defined ( ZIGBEEPRO )
  #define STACK_PROFILE_ID      ZIGBEEPRO_PROFILE
#else
  #define STACK_PROFILE_ID      HOME_CONTROLS
#endif
```

所以在默认情况下，Z-Stack的STACK_PROFILE_ID为ZIGBEEPRO_PROFILE，由于ZigBee PRO网络有较好的通信性能和稳定性，所以可以按默认情况，将协议栈规范选择为ZigBee PRO。

2. 拓扑结构

```
#define NWK_MODE_STAR         0
#define NWK_MODE_TREE         1
#define NWK_MODE_MESH         2
```

文件nwk_globals.h中的三种宏定义对应ZigBee网络的三种网络拓扑。而每一种协议规范有自己默认的网络拓扑结构及相关的网络设置。

例如，对于ZIGBEEPRO_PROFILE协议规范，有如下设置，将网络的拓扑设为网状拓扑：

```
#if ( STACK_PROFILE_ID == ZIGBEEPRO_PROFILE )
   #define MAX_NODE_DEPTH      20
   #define NWK_MODE           NWK_MODE_MESH
   #define SECURITY_MODE       SECURITY_COMMERCIAL
  #if   ( SECURE != 0  )
   #define USE_NWK_SECURITY    1  //true 或 false
   #define SECURITY_LEVEL      5
  #else
   #define USE_NWK_SECURITY    0  //true 或 false
   #define SECURITY_LEVEL      0
  #endif
```

注意：在没有确切把握的情况下，不要试图去改变这些网络参数。

3．逻辑设备类型

ZigBee网络中存在三种逻辑设备类型：Coordinator（协调器）、Router（路由器）和End-Device（终端设备）。ZigBee网络由一个Coordinator以及多个Router和多个End_Device组成。

注意：在星状网络拓扑结构中，没有路由器这种逻辑设备类型。

在Z-Stack-CC2530-2.5.0中一个设备的类型通常在编译的时候通过编译选项确定。所有的应用例子都提供独立的项目文件来编译每一种设备类型。对于协调器，在Workspace区域的下拉菜单中选择CoordinatorEB；对于路由器，在Workspace区域的下拉菜单中选择RouterEB；对于终端设备，在Workspace区域的下拉菜单中选择EndDeviceEB。

4．PANID和信道的选择

PANID：16位的网络ID用来标识唯一一个ZigBee网络，主要是用于区分同一地区同一信道的网络，使得同一地区可以同时存在多个ZigBee网络。其取值范围是0x0000～0xFFFE。当设置为0xFFFF时，协调器可以随机获取一个16位的PANID建立一个网络，路由器或者终端设备可以加入任意一个已设定信道上的网络而不去关心PANID。在逻辑上区分同一地区或者同一信道上的ZigBee节点，在不同地区或者同一地区不同的信道可以使用同一PANID。

Tools目录下的f8Config.cfg第59行设置PANID，需要设置一个0x0000～0xFFFE之间的值。例如：

-DZDAPP_CONFIG_PAN_ID=0x3FFF

CC2530采用直接序列扩频（DSSS）工作在工业科学医疗（ISM）频段。在2.4GHz频段上IEEE 802.15.4/ZigBee规定了16个信道，每个信道频带宽度5MHz。

由于Wi-Fi也工作在2.4GHz频段，而Wi-Fi目前又几乎无处不在，所以最好选择ZigBee15/20/25/26信道。另一种工作在2.4GHz频段的常用无线通信技术——蓝牙由于采用了跳频技术，所以对ZigBee不会产生干扰。

同样在Tools目录下的f8Config.cfg文件中设置信道：

```
//-DDEFAULT_CHANLIST=0x04000000  //26 - 0x1A
-DDEFAULT_CHANLIST=0x02000000    //25 - 0x19
//-DDEFAULT_CHANLIST=0x01000000  //24 - 0x18
//-DDEFAULT_CHANLIST=0x00800000  //23 - 0x17
//-DDEFAULT_CHANLIST=0x00400000  //22 - 0x16
//-DDEFAULT_CHANLIST=0x00200000  //21 - 0x15
//-DDEFAULT_CHANLIST=0x00100000  //20 - 0x14
//-DDEFAULT_CHANLIST=0x00080000  //19 - 0x13
//-DDEFAULT_CHANLIST=0x00040000  //18 - 0x12
//-DDEFAULT_CHANLIST=0x00020000  //17 - 0x11
//-DDEFAULT_CHANLIST=0x00010000  //16 - 0x10
//-DDEFAULT_CHANLIST=0x00008000  //15 - 0x0F
//-DDEFAULT_CHANLIST=0x00004000  //14 - 0x0E
//-DDEFAULT_CHANLIST=0x00002000  //13 - 0x0D
//-DDEFAULT_CHANLIST=0x00001000  //12 - 0x0C
//-DDEFAULT_CHANLIST=0x00000800  //11 - 0x0B
```

默认情况下使用 11 信道，为了避免 Wi-Fi 的干扰，将信道改为 25 信道，只需要将 11 信道的代码行注释，而将 25 信道的注释去掉就可以了。

8.4.2 数据的发送

1. 函数AF_DataRequest()

在Z-Stack 2007的协议栈中，只需调用函数AF_DataRequest()即可完成数据的发送。

afStatus_t AF_DataRequest（afAddrType_t *dstAddr，endPointDesc_t *srcEP，uint16 cID，uint16 len，uint8 *buf，uint8 *transID，uint8 options，uint8 radius）

而在使用AF_DataRequest() 函数时只需要了解其参数便可以非常灵活地以各种方式来发送数据。AF_DataRequest()函数参数说明如下：

*dstAddr——发送目的地址、端点地址以及传送模式；

*srcEP ——源端点；

cID ——簇ID；

len ——数据长度；

*buf——数据；

*transID ——序列号；

options ——发送选项；

radius ——跳数。

*dstAddr决定了消息发送到哪个设备及哪个endpoint，而簇ID（cID）决定了设备接收到信息如何处理。簇可以理解为是一种通信的约定，约定了信息将会被怎样处理。

重要参数说明：

1）地址 afAddrType_t

```
typedef struct
```

```
{
union
{
uint16 shortAddr;                          //短地址
}addr;
afAddrMode_taddrMode;                      //传送模式
byte endpoint;                             //端点号
}afAddrType_t;
```

2）端点描述符 endPointDesc_t

```
typedef struct
{
byteendPoint;                              //端点号
byte*task_id;                              //那一个任务的端点号
SimpleDescriptionFormat_t*simpleDesc;      //简单的端点描述
afNetworkLatencyReq_tlatencyReq;
}endPointDesc_t;
```

3）简单描述符SimpleDescriptionFormat_t

```
typedef struct
{
byte EndPoint;                             //EP
uint16 AppProfId;                          //应用规范ID
uint16 AppDeviceId;                        //特定规范ID的设备类型
byte AppDevVer:4;                          //特定规范ID的设备版本
byte Reserved:4;                           //AF_V1_SUPPORTusesforAppFlags:4
byte AppNumInClusters;                     //输入簇ID的个数
cId_t *pAppInClusterList;                  //输入簇ID的列表
byte AppNumOutClusters;                    //输出簇ID的个数
cId_t *pAppOutClusterList;                 //输出簇ID的列表
}SimpleDescriptionFormat_t;
```

4）簇ID cID

ClusterID ——具体应用串ID。

5）发送选项options

发送选项有如下选项：

```
#defineAF_FRAGMENTED 0x01
#defineAF_ACK_REQUEST 0x10
#defineAF_DISCV_ROUTE 0x20
#defineAF_EN_SECURITY 0x40
#defineAF_SKIP_ROUTING 0x80
```

其中，AF_ACK_REQUEST为发送后需要接收方的确认；

```
半径、条数radius
传输跳数或传输半径,默认值为10.
```

2. 数据发送模式说明

在协议栈中数据发送模式有以下几种：单播、组播、广播和直接发送。

1）广播发送

广播发送可以分为三种，如果想使用广播发送，则只需将dstAddr->addrMode设为AddrBroadcast，dstAddr->addr->shortAddr设置为相应的广播类型即可。具体的定义如下：

NWK_BROADCAST_SHORTADDR_DEVALL（0xFFFF）——数据包将被传送到网络上的所有设备，包括睡眠中的设备。对于睡眠中的设备，数据包将被保留在其父亲节点直到查询到它，或者消息超时。

NWK_BROADCAST_SHORTADDR_DEVRXON（0xFFFD）——数据包将被传送到网络上的所有接收机的设备（RXONWHENIDLE），也就是说，除了睡眠中的所有设备。

NWK_BROADCAST_SHORTADDR_DEVZCZR（0xFFFC）——数据包发送给所有的路由器，包括协调器。

2）组播发送

如果设备想传输数据到某一组设备，那么只需将dstAddr->addrMode设为AddrGroup，dstAddr->addr->shortAddr设置为相应的组ID即可。

代码如下：

```
//Setupfortheflash command's destinationaddress-Group1
SampleApp_Flash_DstAddr.addrMode=(afAddrMode_t)afAddrGroup;
SampleApp_Flash_DstAddr.endPoint=SAMPLEAPP_ENDPOINT;
SampleApp_Flash_DstAddr.addr.shortAddr=SAMPLEAPP_FLASH_GROUP;
```

根据上面代码的配置，使用AF_DataRequest()函数来进行组播发送。

3）单播发送

单播发送需要知道目标设备的短地址，需要将dstAddr-> addrMode设为Addr16Bit，dstAddr->addr->shortAddr设置为目标设备的短地址即可。

代码如下：

```
SampleApp_Flash_DstAddr.addrMode=(afAddrMode_t)afAddr16Bit;
SampleApp_Flash_DstAddr.endPoint=SAMPLEAPP_ENDPOINT;
SampleApp_Flash_DstAddr.addr.shortAddr=0x00;//协调器的地址为0
```

根据上面代码的配置，使用AF_DataRequest()函数来进行点对点发送。

4）绑定发送

绑定发送目标设备可以是一个设备、多个设备或者一组设备，由绑定表中的绑定信息决定。绑定发送，需要将dstAddr->addrMode设为AddrNotPresent，dstAddr->addr->shortAddr设置为无效地址0xFFFE。

代码如下：

```
ZDAppNwkAddr.addrMode = AddrNotPresent;
ZDAppNwkAddr.addr.shortAddr = 0xFFFE;
```

根据上面代码的配置，然后使用 AF_DataRequest()函数来进行绑定发送。

8.4.3 数据的接收

在Z-Stack中，如当接收到信息后，将触发SYS_EVENT_MSG事件下的AF_INCOMING_MSG_CMD事件。只需处理AF_INCOMING_MSG_CMD便可。

数据收发实例：

在SampleApp工程中Z-Stack要周期性地向网络所有设备广播发送一个信息，其具体代码如下：

```
void SampleApp_SendPeriodicMessage( void )
{
  if ( AF_DataRequest( &SampleApp_Periodic_DstAddr, &SampleApp_epDesc,
                      SAMPLEAPP_PERIODIC_CLUSTERID,1,
                      (uint8*)&SampleAppPeriodicCounter,
                      &SampleApp_TransID,
                      AF_DISCV_ROUTE,
                      AF_DEFAULT_RADIUS ) == afStatus_SUCCESS )
  {
  }
  else
  {
    // Error occurred in request to send.
  }
}
```

在这个函数中调用了函数AF_DataRequest()完成数据的发送，发送地址为SampleApp_Periodic_DstAddr，即SampleApp周期信息地址，该地址为0xFFFF。而簇ID为SAMPLEAPP_PERIODIC_CLUSTERID。

在接收端触发了目标设备的AF_INCOMING_MSG_CMD事件。具体程序代码如下：

```
uint16 SampleApp_ProcessEvent( uint8 task_id, uint16 events )
{
…
  case AF_INCOMING_MSG_CMD:
SampleApp_MessageMSGCB( MSGpkt)
break;
…
}
```

在对事件AF_INCOMING_MSG_CMD进行处理时，Z-Stack又调用了函数SampleApp_MessageMSGCB（MSGpkt），其代码如下：

```
void SampleApp_MessageMSGCB( afIncomingMSGPacket_t *pkt )
{
  uint16 flashTime;
  switch ( pkt->clusterId )
```

```
  {
    case SAMPLEAPP_PERIODIC_CLUSTERID:
      break;

    case SAMPLEAPP_FLASH_CLUSTERID:
      flashTime = BUILD_UINT16(pkt->cmd.Data[1], pkt->cmd.Data[2] );
      HalLedBlink( HAL_LED_4, 4, 50, (flashTime / 4) );
      break;
  }
}
```

在函数SampleApp_MessageMSGCB（MSGpkt）中会根据接收到信息的簇ID的不同，进行相关的处理，也就是上面提及的簇是一种约定，约定了信息将如何处理。这个实例中Z-Stack对周期信息的处理就是什么都没有做，可以根据实际需要用户自己添加相关代码。

说明：在Z-Stack协议栈中数据的发送函数为AF_DataRequest()，但是在SimpleApp实例中，Z-Stack调用了函数zb_SendDataRequest()进行数据的发送，其实在函数zb_SendDataRequest ()中最终还是调用了AF_DataRequest()对数据进行发送。

练习1：利用两个CC2530模块，组建网状网络，并由协调器向路由器定期发送消息，在路由器的事件处理函数中设置断点，观察无线传送的数据。

步骤：

（1）文件f8wConfig.cfg中，按默认情况，将协议栈规范选择为ZigBee PRO。

（2）文件nwk_globals.H中，按默认情况，将网络的拓扑设为网状拓扑。（注意以上两个步骤并不需要完成，因为协议栈已经默认设置好了。）

（3）设置PANID和信道。

一个节点选择作为网络的协调器，另一个节点选择作为网络的路由器。

练习2：利用两个CC2530模块，组建星状网络，并由协调器向终端设备定期发送消息，在终端设备的事件处理函数中设置断点，观察无线传送的数据。

（1）文件f8wConfig。cfg中，按默认情况，将协议栈规范选择为ZIGBEEPRO。（注意以上这个步骤并不需要完成，因为协议栈已经默认设置好了。）

（2）文件nwk_globals.h中，将网络的拓扑设为星状拓扑。

```
#if ( STACK_PROFILE_ID == ZIGBEEPRO_PROFILE )
    #define MAX_NODE_DEPTH        20
    #define NWK_MODE             NWK_MODE_MESH
    #define SECURITY_MODE         SECURITY_COMMERCIAL
  #if  ( SECURE != 0  )
    #define USE_NWK_SECURITY    1   // true 或 false
    #define SECURITY_LEVEL      5
  #else
    #define USE_NWK_SECURITY    0   // true 或 false
    #define SECURITY_LEVEL      0
  #endif
```

将#define NWK_MODE NWK_MODE_MESH

改为：#define NWK_MODE NWK_MODE_STAR

（3）设置PANID和信道。

一个节点选择作为网络的协调器，另一个节点选择作为网络的终端节点。

注意：星状网络没有路由器。

8.5 修改 LED 驱动

Z-Stack协议栈是TI公司为自己的开发板量身定做的，学习板要满足自己的需求，硬件必然要和TI公司的开发板有所区别，因此，修改硬件驱动就成为学习Z-Stack协议栈的一个重要任务。

SmartRF05EB 是使用CC2530EM评估模块的评估板，主要有rev13和rev17两个版本，在硬件上稍有不同，Z-Stack在文件hal_board_cfg.h中需要对其设置，默认是rev17版本。

在hal_led.h中，定义了和LED相关的参数，包括4个LED、LED的状态及一些参数如下：

```
/* LEDS - The LED number is the same as the bit position */
#define HAL_LED_1     0x01
#define HAL_LED_2     0x02
#define HAL_LED_3     0x04
#define HAL_LED_4     0x08
#define HAL_LED_ALL   (HAL_LED_1 | HAL_LED_2 | HAL_LED_3 | HAL_LED_4)

/* Modes */
  #define HAL_LED_MODE_OFF     0x00
  #define HAL_LED_MODE_ON      0x01
  #define HAL_LED_MODE_BLINK   0x02
  #define HAL_LED_MODE_FLASH   0x04
  #define HAL_LED_MODE_TOGGLE  0x08

/* Defaults */
  #define HAL_LED_DEFAULT_MAX_LEDS      4
  #define HAL_LED_DEFAULT_DUTY_CYCLE    5
  #define HAL_LED_DEFAULT_FLASH_COUNT   50
  #define HAL_LED_DEFAULT_FLASH_TIME    1000
```

HAL目录下的Target|config|hal_board_cfg.h文件中有关于开发板硬件的定义：

```
/* 1 - Green */
#define LED1_BV           BV(0)
#define LED1_SBIT         P1_0
#define LED1_DDR          P1DIR
#define LED1_POLARITY     ACTIVE_HIGH

#if defined (HAL_BOARD_CC2530EB_REV17)
```

```
  /* 2 - Red */
  #define LED2_BV           BV(1)
  #define LED2_SBIT         P1_1
  #define LED2_DDR          P1DIR
  #define LED2_POLARITY     ACTIVE_HIGH

  /* 3 - Yellow */
  #define LED3_BV           BV(4)
  #define LED3_SBIT         P1_4
  #define LED3_DDR          P1DIR
  #define LED3_POLARITY     ACTIVE_HIGH
#endif
```

代码分析：

```
#define LED1_BV           BV(0)         //LED1位于第0位
#define LED1_SBIT         P1_0          //LED1端口为P1_0
#define LED1_DDR          P1DIR         //将P1_0设为输出
#define LED1_POLARITY     ACTIVE_HIGH   //LED1高电平有效
```

根据学习板的LED的设置，将以上代码修改为以下代码：

```
/* 1-Green */
#define LED1_BV           BV(6)
#define LED1_SBIT         P1_6
#define LED1_DDR          P1DIR
#define LED1_POLARITY     ACTIVE_HIGH

#if defined (HAL_BOARD_CC2530EB_REV17)
/* 2-Red */
#define LED2_BV           BV(7)
#define LED2_SBIT         P1_7
#define LED2_DDR          P1DIR
#define LED2_POLARITY     ACTIVE_HIGH

  /* 3-Yellow */
 #define LED3_BV           BV(4)
 #define LED3_SBIT         P1_4
 #define LED3_DDR          P1DIR
 #define LED3_POLARITY     ACTIVE_HIGH
#endif
```

TI评估板的LCD引脚定义与实验板的LED引脚有冲突，在文件hal_lcd.c中，定义了LCD的引脚：

```
//control
  P0.0 - LCD_MODE
  P1.1 - LCD_FLASH_RESET
  P1.2 - LCD_CS
```

```
  //spi
  P1.5 - CLK
  P1.6 - MOSI
  P1.7 - MISO
*/

/* LCD Control lines */
#define HAL_LCD_MODE_PORT   0
#define HAL_LCD_MODE_PIN    0

#define HAL_LCD_RESET_PORT  1
#define HAL_LCD_RESET_PIN   1

#define HAL_LCD_CS_PORT     1
#define HAL_LCD_CS_PIN      2

/* LCD SPI lines */
#define HAL_LCD_CLK_PORT    1
#define HAL_LCD_CLK_PIN     5

#define HAL_LCD_MOSI_PORT   1
#define HAL_LCD_MOSI_PIN    6

#define HAL_LCD_MISO_PORT   1
#define HAL_LCD_MISO_PIN    7
```

可以看出，TI评估板的LCD引脚定义与实验板的LED引脚有冲突，所以需要禁用Z-Stack的LCD，在文件hal_board_cfg.h中，将默认的#define HAL_LCD TRUE改为#define HAL_LCD FALSE：

```
/* Set to TRUE enable LCD usage, FALSE disable it */
#ifndef HAL_LCD
#define HAL_LCD FALSE
#endif
```

在文件hal_board_cfg.h中，定义了对LED操作的宏，尽管各层对LED有一些其他操作，但最终都是用这些宏进行操作，可以在Z-Stack中用这些宏对LED进行操作。

```
#if defined (HAL_BOARD_CC2530EB_REV17) && !defined (HAL_PA_LNA) && !defined
(HAL_PA_LNA_CC2590)

  #define HAL_TURN_OFF_LED1()       st(LED1_SBIT = LED1_POLARITY(0);)
  #define HAL_TURN_OFF_LED2()       st(LED2_SBIT = LED2_POLARITY(0);)
  #define HAL_TURN_OFF_LED3()       st(LED3_SBIT = LED3_POLARITY(0);)
  #define HAL_TURN_OFF_LED4()       HAL_TURN_OFF_LED1()
```

```
    #define HAL_TURN_ON_LED1()           st(LED1_SBIT = LED1_POLARITY(1);)
    #define HAL_TURN_ON_LED2()           st(LED2_SBIT = LED2_POLARITY(1);)
    #define HAL_TURN_ON_LED3()           st(LED3_SBIT = LED3_POLARITY(1);)
    #define HAL_TURN_ON_LED4()           HAL_TURN_ON_LED1()

    #define HAL_TOGGLE_LED1()           st(if (LED1_SBIT){ LED1_SBIT = 0;} else
{LED1_SBIT = 1;})
    #define HAL_TOGGLE_LED2()           st(if (LED2_SBIT){ LED2_SBIT = 0;} else
{LED2_SBIT = 1;})
    #define HAL_TOGGLE_LED3()           st(if (LED3_SBIT){ LED3_SBIT = 0;} else
{LED3_SBIT = 1;})
    #define HAL_TOGGLE_LED4()           HAL_TOGGLE_LED1()

    #define HAL_STATE_LED1()            (LED1_POLARITY(LED1_SBIT))
    #define HAL_STATE_LED2()            (LED2_POLARITY(LED2_SBIT))
    #define HAL_STATE_LED3()            (LED3_POLARITY(LED3_SBIT))
    #define HAL_STATE_LED4()            HAL_STATE_LED1()

  #elif defined(HAL_BOARD_CC2530EB_REV13)|| defined(HAL_PA_LNA)|| defined
(HAL_PA_LNA_CC2590)

    #define HAL_TURN_OFF_LED1()         st(LED1_SBIT = LED1_POLARITY(0);)
    #define HAL_TURN_OFF_LED2()         HAL_TURN_OFF_LED1()
    #define HAL_TURN_OFF_LED3()         HAL_TURN_OFF_LED1()
    #define HAL_TURN_OFF_LED4()         HAL_TURN_OFF_LED1()

    #define HAL_TURN_ON_LED1()          st(LED1_SBIT = LED1_POLARITY(1);)
    #define HAL_TURN_ON_LED2()          st(LED2_SBIT = LED2_POLARITY(1);)
    #define HAL_TURN_ON_LED3()          HAL_TURN_ON_LED1()
    #define HAL_TURN_ON_LED4()          HAL_TURN_ON_LED1()

    #define HAL_TOGGLE_LED1()          st(if(LED1_SBIT){ LED1_SBIT = 0;} else
{LED1_SBIT = 1;})
    #define HAL_TOGGLE_LED2()          HAL_TOGGLE_LED1()
    #define HAL_TOGGLE_LED3()          HAL_TOGGLE_LED1()
    #define HAL_TOGGLE_LED4()          HAL_TOGGLE_LED1()

    #define HAL_STATE_LED1()           (LED1_POLARITY (LED1_SBIT))
    #define HAL_STATE_LED2()           HAL_STATE_LED1()
    #define HAL_STATE_LED3()           HAL_STATE_LED1()
    #define HAL_STATE_LED4()           HAL_STATE_LED1()

  #endif
```

练习：在Z-Stack主函数中，使用LED宏操作学习板上的LED1和LED2，并在调试状态下观察程序执行效果。

步骤：

（1）修改hal_board_cfg.h文件中关于LED1和LED2的相关内容。

（2）在主方法的osal_start_system()方法前加入代码：

```
HAL_TURN_ON_LED1();
HAL_TURN_ON_LED2();
```

（3）使用IAR调试功能，运行到方法osal_start_system()，观察学习板上的LED1和LED2是否点亮。

作业：

在 Z-Stack 主函数中，使用 LED 宏操作作业板上的 LED1 和 LED2，并在调试状态下观察程序执行效果。

8.6　修改按键驱动

8.6.1　Z-Stack 的按键机制概述

Z-Stack 中提供了两种方式采集按键数据：轮询方式和中断方式。

- 轮询方式：每隔一定时间，检测按键状态，进行相应处理。
- 中断方式：按键引发按键中断，进行相应处理。

两种方式在实现方式上稍有不同，Z-Stack 在默认情况下，使用轮询方式进行处理。在有些情况下，使用轮询方式进行处理按键不够灵敏，但 CC2530 EB 板使用了摇杆按键，无法使用中断方式处理。

8.6.2　Z-Stack 按键的宏定义

（1）按键6（SW6）对应学习板的独立按键S1，在HAL目录的include下的文件hal_key.h对按键进行了基本的配置。

```
/* 中断使能和禁用 */
#define HAL_KEY_INTERRUPT_DISABLE    0x00
#define HAL_KEY_INTERRUPT_ENABLE     0x01

/* 按键状态 - shift or nornal */
#define HAL_KEY_STATE_NORMAL         0x00
#define HAL_KEY_STATE_SHIFT          0x01

/* 摇杆和按键的定义 */
#define HAL_KEY_SW_1 0x01  // Joystick up
#define HAL_KEY_SW_2 0x02  // Joystick right
#define HAL_KEY_SW_5 0x04  // Joystick center
```

```
#define HAL_KEY_SW_4 0x08  // Joystick left
#define HAL_KEY_SW_3 0x10  // Joystick down
#define HAL_KEY_SW_6 0x20  // Button S1 if available
#define HAL_KEY_SW_7 0x40  // Button S2 if available
```

（2）在 HAL 目录 include 下的文件 hal_key.c 中对按键进行具体的配置：

```
/* 配置按键和摇杆的中断状态寄存器 */
#define HAL_KEY_CPU_PORT_0_IF P0IF
#define HAL_KEY_CPU_PORT_2_IF P2IF

/* 对按键 SW_6 进行配置 */
#define HAL_KEY_SW_6_PORT   P0
#define HAL_KEY_SW_6_BIT    BV(1)//由于 SW_6 在 P0_1,所以定义为 BV(1)
#define HAL_KEY_SW_6_SEL    P0SEL
#define HAL_KEY_SW_6_DIR    P0DIR

/* edge interrupt */
#define HAL_KEY_SW_6_EDGEBIT  BV(0)
#define HAL_KEY_SW_6_EDGE     HAL_KEY_FALLING_EDGE

/* SW_6 interrupts */
#define HAL_KEY_SW_6_IEN      IEN1  /* SW_6 的端口中断使能寄存器 */
#define HAL_KEY_SW_6_IENBIT   BV(5)
#define HAL_KEY_SW_6_ICTL     P0IEN  /* SW_6 的位中断使能*/
#define HAL_KEY_SW_6_ICTLBIT  BV(1)
#define HAL_KEY_SW_6_PXIFG    P0IFG /* SW_6 的中断标志寄存器*/
```

8.6.3 Z-Stack 按键初始化代码分析

（1）函数 HalDriverInit()。

按键的初始化属于硬件的初始化，在 Z-Stack 中硬件初始化在 HalDriverInit()中集中处理。在主函数 Main()中调用了在 HAL 目录 common 下的 hal_drivers。c 文件的函数 HalDriverInit()进行硬件驱动的初始化，该函数根据编译选项对硬件逐个进行了初始化。HalDriverInit()代码如下：

```
void HalDriverInit (void)
{
  /* TIMER */
#if (defined HAL_TIMER) && (HAL_TIMER == TRUE)
  #error "The hal timer driver module is removed."
#endif

  /* ADC */
#if (defined HAL_ADC) && (HAL_ADC == TRUE)
  HalAdcInit();
```

```
#endif

  /* DMA */
#if (defined HAL_DMA) && (HAL_DMA == TRUE)
  //Must be called before the init call to any module that uses DMA.
  HalDmaInit();
#endif

  /* AES */
#if (defined HAL_AES) && (HAL_AES == TRUE)
  HalAesInit();
#endif

  /* LCD */
#if (defined HAL_LCD) && (HAL_LCD == TRUE)
  HalLcdInit();
#endif

  /* LED */
#if (defined HAL_LED( && (HAL_LED == TRUE)
  HalLedInit();
#endif

  /* UART */
#if (defined HAL_UART) && (HAL_UART == TRUE)
  HalUARTInit();
#endif

  /* KEY */
#if (defined HAL_KEY) && (HAL_KEY == TRUE)
  HalKeyInit();
#endif

  /* SPI */
#if (defined HAL_SPI) && (HAL_SPI == TRUE)
  HalSpiInit();
#endif

  /* HID */
#if (defined HAL_HID) && (HAL_HID == TRUE)
  usbHidInit();
#endif
}
```

① 所有初始化都是根据条件进行的，默认情况下满足按键初始化条件。在HAL/Target/CC2530EB/config 目录下 hal_board_cfg.h 文件中有如下代码：

```
/*
 #ifndef HAL_KEY
#define HAL_KEY TRUE
#endif
```

Z-Stack 协议栈默认情况下配置使用独立的按键。

② 使用摇杆的时候还要确保 HAL_ADC 为真，即 Z-Stack 协议栈使用 AD 采集。关于 HAL_ADC 在 HAL/Target/CC2530EB/config 下的 hal_board_cfg.h 文件代码如下：

```
/* Set to TRUE enable ADC usage， FALSE disable it */
#ifndef HAL_ADC
#define HAL_ADC TRUE
#endif
```

Z-Stack 协议栈默认使用 AD 转换器。由上述#define HAL_KEY TRUE 和#define HAL_ADC TRUE 可以知道，在 TI 的 Z-Stack 协议栈默认情况下，既可以使用普通的独立按键也可以使用模拟的摇杆。

（2）函数 HalDriverInit()调用了文件 hal_key.c 中的按键驱动初始化函数 HalKeyInit()，程序如下：

```
void HalKeyInit( void )
{
  /* Initialize previous key to 0 */
  halKeySavedKeys = 0;

  HAL_KEY_SW_6_SEL &= ~(HAL_KEY_SW_6_BIT);/* Set pin function to GPIO */
  HAL_KEY_SW_6_DIR &= ~(HAL_KEY_SW_6_BIT);/* Set pin direction to Input */

  HAL_KEY_JOY_MOVE_SEL &= ~(HAL_KEY_JOY_MOVE_BIT); /* Set pin function to
GPIO */
  HAL_KEY_JOY_MOVE_DIR &= ~(HAL_KEY_JOY_MOVE_BIT); /* Set pin direction to
Input */

  /* Initialize callback function */
  pHalKeyProcessFunction  = NULL;

  /* Start with key is not configured */
  HalKeyConfigured = FALSE;
}
```

按键驱动初始化函数 HalKeyInit()说明：

① 配置了三个全局变量。全局变量 halKeySavedKeys 是用来保存按键值的，初始化时将其初始化为 0；pHalKeyProcessFunction 为指向按键处理函数的指针，当有按键按下时调用按键处理函数对按键进行处理，初始化时将其初始化为 NULL，在按键的配置函数中对其进行配置；全局变量 HalKeyConfigured 用来标识按键是否被配置，初始化时没有配置按键，所以此时该变量被初始化为 FALSE。

② 配置了 SW_6 的 I/O 口。由前面的宏定义可以看出，SW6 将被使能。按键初始化函数 HalKeyInit()将与 SW6 对应的 I/O 设定通用 I/O 口，并将其设置为输入模式。

8.6.4 Z-Stack 按键的配置

1. 板载初始化函数InitBoard()

板载初始化函数 InitBoard()在主函数中被调用，按键的配置函数在 OnBoard.c 文件的板载初始化函数 InitBoard()中被调用，函数 InitBoard()负责板载设备的初始化与配置。在函数 InitBoard()中调用按键配置函数 HalKeyConfig()根据参数值对按键进行配置，决定了按键的处理方式为轮询方式或者是中断方式，默认情况下第一个参数的值为 HAL_KEY_INTERRUPT_DISABLE，即按键的处理方式为轮询方式，如将其改为 HAL_KEY_INTERRUPT_ENABLE，按键的处理方式改为中断方式。程序代码如下：

```
void InitBoard( uint8 level )
{
  if ( level == OB_COLD )
  {
    //IAR does not zero-out this byte below the XSTACK.
    *(uint8 *)0x0 = 0;
    //Interrupts off
    osal_int_disable( INTS_ALL );
    //Check for Brown-Out reset
    ChkReset();
  }
  else  //!OB_COLD
  {
    /* Initialize Key stuff */
    HalKeyConfig(HAL_KEY_INTERRUPT_DISABLE,  OnBoard_KeyCallback);
  }
}
```

2. HalKeyConfig函数

hal_key.c 中 HalKeyConfig()函数代码如下：

```
void HalKeyConfig (bool interruptEnable, halKeyCBack_t cback)
{
  /* Enable/Disable Interrupt or */
  Hal_KeyIntEnable = interruptEnable;

  /* Register the callback fucntion */
  pHalKeyProcessFunction = cback;

  /* Determine if interrupt is enable or not */
  if (Hal_KeyIntEnable)          //中断处理方式的配置
  {
```

```
      /* Rising/Falling edge configuratinn */
      PICTL &= ~(HAL_KEY_SW_6_EDGEBIT);    /* Clear the edge bit */
      /* For falling edge, the bit must be set. */
    #if (HAL_KEY_SW_6_EDGE == HAL_KEY_FALLING_EDGE)
      PICTL |= HAL_KEY_SW_6_EDGEBIT;
    #endif

      /* Interrupt configuration:
       * - Enable interrupt generation at the port
       * - Enable CPU interrupt
       * - Clear any pending interrupt
       */
      HAL_KEY_SW_6_ICTL |= HAL_KEY_SW_6_ICTLBIT;
      HAL_KEY_SW_6_IEN |= HAL_KEY_SW_6_IENBIT;
      HAL_KEY_SW_6_PXIFG = ~(HAL_KEY_SW_6_BIT);

      /* Rising/Falling edge configuratinn */

      HAL_KEY_JOY_MOVE_ICTL &= ~(HAL_KEY_JOY_MOVE_EDGEBIT);    /* Clear the
edge bit */
      /* For falling edge, the bit must be set. */
    #if (HAL_KEY_JOY_MOVE_EDGE == HAL_KEY_FALLING_EDGE)
      HAL_KEY_JOY_MOVE_ICTL |= HAL_KEY_JOY_MOVE_EDGEBIT;
    #endif

      HAL_KEY_JOY_MOVE_ICTL |= HAL_KEY_JOY_MOVE_ICTLBIT;
      HAL_KEY_JOY_MOVE_IEN |= HAL_KEY_JOY_MOVE_IENBIT;
      HAL_KEY_JOY_MOVE_PXIFG = ~(HAL_KEY_JOY_MOVE_BIT);

      /* Do this only after the hal_key is configured - to work with sleep
stuff */
      if (HalKeyConfigured == TRUE)
      {
        osal_stop_timerEx(Hal_TaskID, HAL_KEY_EVENT);  /* Cancel polling if
active */
      }
    }
    else    /* Interrupts NOT enabled */
    {
      HAL_KEY_SW_6_ICTL &= ~(HAL_KEY_SW_6_ICTLBIT);  //关中断
      HAL_KEY_SW_6_IEN &= ~(HAL_KEY_SW_6_IENBIT);     //清中断使能位

      osal_set_event(Hal_TaskID, HAL_KEY_EVENT);
    }
```

```
  /* Key now is configured */
  HalKeyConfigured = TRUE;
 }
}
```

按键配置函数 HalKeyConfig ()说明：

① 配置三个全局变量。Hal_KeyIntEnable 在默认条件下值为 FALSE，pHalKeyProcessFunction 被设为 OnBoard.c 文件 InitBoard()函数传过来的参数 OnBoard_KeyCallback，这个变量存放的是回调函数，一旦有按键事件发生，将调用这个回调函数进行处理。HalKeyConfigured 在函数最后被设为 TRUE，标识已经进行了按键配置。

② 轮询方式是 TI 的 Z-Stack 对按键默认的处理方式，在轮询方式配置完成后，Z-Stack 便调用函数 osal_set_event（Hal_TaskID，HAL_KEY_EVENT），触发了事件 HAL_KEY_EVENT，其任务 ID 为 Hal_TaskID。在 Z-Stack 主循环中，检测到事件 HAL_KEY_EVENT，则调用对应的处理函数 HAL 层的事件处理函数 Hal_ProcessEvent()（在 HAL 目录 common 下的文件 hal_drivers.c 中）。触发了 HAL 层的 HAL_KEY_EVENT 标志着开始了按键的轮询。

③ 如果将按键配置为中断方式，需要将按键配置为上升沿或是下降沿触发，同时需要将按键的对应 I/O 口配置为允许中断，即中断使能。在配置触发沿时首先默认配置为上升沿，然后检测按键相关宏定义决定是否需要配置为下降沿。在配置完中断使能后清除中断标志位允许按键中断。

④ 将按键配置为中断方式，在程序中没有定时触发类似 HAL_KEY_EVENT 的事件，而是交由中断函数进行处理，当有按键按下时中断函数就会捕获中断，从而调用按键的处理函数进行进一步的相关处理。

8.6.5 Z-Stack 轮询方式按键处理

1. 函数Hal_ProcessEvent()

在轮询方式配置完成后，Z-Stack 便调用函数 osal_set_event（Hal_TaskID，HAL_KEY_EVENT），触发了事件HAL_KEY_EVENT，其任务ID为Hal_TaskID。在Z-Stack主循环中，检测到事件 HAL_KEY_EVENT，则调用对应的处理函数 HAL 层的事件处理函数 Hal_ProcessEvent()。在 HAL 目录 common 下的文件 hal_drivers.c 中函数 Hal_ProcessEvent()的详细代码如下：

```
if (events & HAL_KEY_EVENT)
  {

#if (defined HAL_KEY) && (HAL_KEY == TRUE)
    /* Check for keys */
    HalKeyPoll();

    /* if interrupt disabled, do next polling */
    if (!Hal_KeyIntEnable)
```

```
    {
      osal_start_timerEx( Hal_TaskID, HAL_KEY_EVENT, 100);
    }
  #endif //HAL_KEY

    return events ^ HAL_KEY_EVENT;
  }
```

HAL_KEY_EVENT 事件处理说明：

（1）在处理 HAL_KEY_EVENT 事件时调用了函数 HalKeyPoll()，函数 HalKeyPoll()负责检测是否有按键按下，如果有按键按下会触发相应的回调函数。

（2）在调用函数 HalKeyPoll()检测完按键过后，用 if 条件判断语句检测按键是否是轮询方式处理，这里是以轮询方式处理按键，所以满足 if 条件判断语句的条件，即执行函数 osal_start_timerEx()定时再次触发事件 HAL_KEY_EVENT，定时长度为 100ms，由此定时触发事件 HAL_KEY_EVENT 即完成了对按键的定时轮询。

2．函数HalKeyPoll()

处理 HAL_KEY_EVENT 事件时调用了 HAL 目录 common 下的文件 hal_drivers.c 中的函数 HalKeyPoll()，HalKeyPoll()函数进一步检测是否有按键按下，其详细代码如下：

```
  void HalKeyPoll (void)
  {
    uint8 keys = 0;

    if ((HAL_KEY_JOY_MOVE_PORT & HAL_KEY_JOY_MOVE_BIT))  /* Key is active
HIGH */
    {
      keys = halGetJoyKeyInput();
    }

    /* If interrupts are not enabled, previous key status and current key status
are compared to find out if a key has changed status.       */
    if (!Hal_KeyIntEnable)
    {
      if (keys == halKeySavedKeys)
      {
        /* Exit - since no keys have changed */
        return;
      }
      /* Store the current keys for comparation next time */
      halKeySavedKeys = keys;
    }
    else
    {
      /* Key interrupt handled here */
```

```
  }

  if (HAL_PUSH_BUTTON1())
  {
    keys |= HAL_KEY_SW_6;
  }

  /* Invoke Callback if new keys were depressed */
  if (keys && (pHalKeyProcessFunction))
  {
    (pHalKeyProcessFunction) (keys, HAL_KEY_STATE_NORMAL);
  }
}
```

HalKeyPoll()函数说明：

（1）HalKeyPoll()函数对所有的按键进行检测。

（2）按键值的采集。首先函数定义了一个 uint8 的局部变量 keys 用来存储按键的值，并将其值初始化为 0。通过 if 条件语句判定 SW6 是否被按下。注意程序中的代码在检测 SW5 时是检测对应位是否为高电平，而检测 SW6 时检测对应位是否为低电平。这里的高低电平与最初分析原理图时一致。如果有按键按下则将其对应的数值赋给局部变量 keys。

（3）轮询处理。如果是轮询方式首先要对读取的按键进行判别，如果读取的按键值为上次的按键值，直接返回不进行处理。如果读取的按键值和上次的按键值不同，则将读取的按键值保存到全局变量 halKeySavedKeys 以便下一次比较。并调用函数进行处理。

（4）回调函数处理按键。当有按键按下后则 keys 值不为 0，并且在按键配置函数 HalKeyConfig ()的时候为按键配置了回调函数 OnBoard_KeyCallback ()。所以 if(keys && (pHalKeyProcessFunction)) 中的两个判断条件都为真，即可以用回调函数对按键进行处理。

3. 回调函数OnBoard_ KeyCallback()

当有按键按下，Z-Stack 的底层获取了按键的按键值会触发按键的回调函数 OnBoard_ KeyCallback ()进一步处理，将按键信息传到上层（应用层）。按键回调函数代码如下：

```
void OnBoard_KeyCallback ( uint8 keys, uint8 state )
{
  uint8 shift;
  (void)state;

  shift = (keys & HAL_KEY_SW_6) ? true : false;

  if ( OnBoard_SendKeys( keys, shift ) != ZSuccess )
  {
    //Process SW1 here
    if ( keys & HAL_KEY_SW_1 )  //Switch 1
    {
    }
    //Process SW2 here
```

```
    if ( keys & HAL_KEY_SW_2 )  //Switch 2
    {
    }
    //Process SW3 here
    if ( keys & HAL_KEY_SW_3 )  //Switch 3
    {
    }
    //Process SW4 here
    if ( keys & HAL_KEY_SW_4 )  //Switch 4
    {
    }
    //Process SW5 here
    if ( keys & HAL_KEY_SW_5 )  //Switch 5
    {
    }
    //Process SW6 here
    if ( keys & HAL_KEY_SW_6 )  //Switch 6
    {
    }
  }
}
```

OnBoard_KeyCallback ()函数中调用了函数 OnBoard_SendKeys()进一步处理，需要注意的是 Z-Stack 将 SW6 看作 Shift 键。

4. 函数OnBoard_SendKeys()

在函数 OnBoard_SendKeys()中将会将按键的值和按键的状态进行“打包”发送到注册过按键的那一层。具体代码如下：

```
uint8 OnBoard_SendKeys( uint8 keys,  uint8 state )
{
  keyChange_t *msgPtr;
  if ( registeredKeysTaskID != NO_TASK_ID )
  {
    //Send the address to the task
    msgPtr = (keyChange_t *)osal_msg_allocate( sizeof(keyChange_t));
    if ( msgPtr )
    {
      msgPtr->hdr.event = KEY_CHANGE;
      msgPtr->state = state;
      msgPtr->keys = keys;

      osal_msg_send( registeredKeysTaskID, (uint8 *)msgPtr );
    }
    return ( ZSuccess );
  }
  else
```

```
    return ( ZFailure );
  }
```

OnBoard_SendKeys ()函数说明：

（1）按键的注册。if（registeredKeysTaskID != NO_TASK_ID）用来判断按键是否被注册。在 Z-Stack 中，如果要使用按键必须要注册。但按键的注册只能注册给一个层。在工程 SampleApp 中文件 SampleApp.c 的应用层初始化代码函数 SampleApp_Init 中调用了按键注册函数 RegisterForKeys ()进行按键注册，其传递的任务 ID 为 SampleApp_TaskID。按键注册函数代码如下：

```
uint8 RegisterForKeys( uint8 task_id )
{
  //Allow only the first task
  if ( registeredKeysTaskID == NO_TASK_ID )
  {
    registeredKeysTaskID = task_id;
    return ( true );
  }
  else
    return ( false );
}
```

按键注册函数仅允许注册一次，即只能有一个层注册按键。在按键注册时首先检测了全局变量 registeredKeysTaskID（初始化为 NO_TASK_ID）是否等于 NO_TASK_ID，如果等于则证明按键没有被注册，可以被注册。按键的注册实际上就是将函数传递来的任务 ID 赋给全局变量 registeredKeysTaskID 的过程。

（2）数据的发送。在确定按键已经被注册的前提下，Z-Stack 对按键信息进行打包处理，封装到信息包 msgPtr 中，将要触发的事件 KEY_CHANGE，按键的状态 state 和按键的键值 keys 一并封装。然后调用 osal_msg_send()将按键信息发送到注册按键的对应层。

5．函数SampleApp_ProcessEvent()

在 SampleApp 工程中，在轮询按键处理过程中，Z-Stack 最终触发了 SampleApp 应用层的事件处理函数处理 KEY_CHANGE 事件。代码如下：

```
uint16 SampleApp_ProcessEvent( uint8 task_id， uint16 events )
{

    case KEY_CHANGE:
      SampleApp_HandleKeys(((keyChange_t *)MSGpkt)->state, ((keyChange_t
*)MSGpkt)->keys );
    break;
}
```

SampleApp_ProcessEvent()在处理 HAL_KEY_EVENT 事件时调用了应用层的按键处理函数 SampleApp_HandleKeys()。按键处理函数 SampleApp_HandleKeys()对按键进一步处理，其代码如下：

```
void SampleApp_HandleKeys( uint8 shift,  uint8 keys )
{
  (void)shift;  // Intentionally unreferenced parameter

  if ( keys & HAL_KEY_SW_1 )
  {
     SampleApp_SendFlashMessage( SAMPLEAPP_FLASH_DURATION );
  }

  if ( keys & HAL_KEY_SW_2 )
  {

    aps_Group_t *grp;
    grp = aps_FindGroup( SAMPLEAPP_ENDPOINT, SAMPLEAPP_FLASH_GROUP );
    if ( grp )
    {
         aps_RemoveGroup( SAMPLEAPP_ENDPOINT, SAMPLEAPP_FLASH_GROUP );
    }
    else
    {

      aps_AddGroup( SAMPLEAPP_ENDPOINT, &SampleApp_Group );
    }
  }
}
```

在按键处理函数 SampleApp_HandleKeys()中根据按键值的不同调用了不同的函数，按键处理完成了其使命。

8.6.6 Z-Stack 中断方式按键处理

1. P0端口中断处理函数

在按键配置函数 HalKeyConfig ()将按键配置为中断方式后，使能了按键相对应的 I/O 口的中断。P0 端口中断处理函数在 HAL/Target/Drivers 目录下的 hal_key.c 中，这个函数实质是一个宏。当发生了按键动作，就会触发按键事件，从而调用 P0 端口中断处理函数，P0 端口中断处理函数代码如下：

```
HAL_ISR_FUNCTION( halKeyPort0Isr,  P0INT_VECTOR )
{
 HAL_ENTER_ISR();

 if (HAL_KEY_SW_6_PXIFG & HAL_KEY_SW_6_BIT)
 {
  halProcessKeyInterrupt();
 }
```

```
  /*
    Clear the CPU interrupt flag for Port_0
    PxIFG has to be cleared before PxIF
  */
  HAL_KEY_SW_6_PXIFG = 0;
  HAL_KEY_CPU_PORT_0_IF = 0;

  CLEAR_SLEEP_MODE();
  HAL_EXIT_ISR();
}
```

在该中断函数中调用了按键中断处理函数 halProcessKeyInterrupt()对中断进行处理，且将 P0 口中断标志位清零。

2. 函数halProcessKeyInterrupt()

中断处理函数 halProcessKeyInterrupt()代码如下：

```
void halProcessKeyInterrupt (void)
{
  bool valid=FALSE;

  if (HAL_KEY_SW_6_PXIFG & HAL_KEY_SW_6_BIT)  /* Interrupt Flag has been
set */
  {
    HAL_KEY_SW_6_PXIFG = ~(HAL_KEY_SW_6_BIT); /* Clear Interrupt Flag */
    valid = TRUE;
  }

  if (HAL_KEY_JOY_MOVE_PXIFG & HAL_KEY_JOY_MOVE_BIT)  /* Interrupt Flag has
been set */
  {
    HAL_KEY_JOY_MOVE_PXIFG = ~(HAL_KEY_JOY_MOVE_BIT); /* Clear Interrupt
Flag */
    valid = TRUE;
  }

  if (valid)
  {
    osal_start_timerEx(Hal_TaskID,HAL_KEY_EVENT,HAL_KEY_DEBOUNCE_VALUE);
  }
}
```

按键中断处理 halProcessKeyInterrupt ()说明：

（1）函数中的局部变量 valid 标志了是否有按键按下，如果有按键按下则定时触发 HAL_KEY_EVENT 事件。

（2）按键的检测。在该函数中通过检测按键对应位的中断标志位是否为 1，从而判断按键是否按下。CC2530 的每一个 I/O 都可以产生中断，如果有按键按下则要将对应位的中断标志位置为0，并将变量valid值设置为TRUE，从而触发HAL_KEY_EVENT事件对按键事件进行处理。

（3）HAL_KEY_EVENT事件。如果有按键按下则会定时触发HAL_KEY_EVENT事件，其任务ID为Hal_TaskID，在Z-Stack主循环中将把这个事件交给HAL层处理。定时长度为HAL_KEY_DEBOUNCE_VALUE（25ms）。这里说明一下，在按键中断处理函数halProcessKeyInterrupt()中并没有读取按键的值，而是定时触发了HAL_KEY_EVENT事件，在处理HAL_KEY_EVENT事件时读取。定时时长HAL_KEY_DEBOUNCE_VALUE（25ms）是为了按键消抖。

在Z-Stack主循环中，检测到事件HAL_KEY_EVENT，则调用对应的处理函数HAL层的事件处理函数Hal_ProcessEvent()（在HAL目录common下的文件hal_drivers.c）。余下的过程与轮询方式就完全相同了。

练习一：按键2以轮询方式控制LED2的亮灭

学习板上的按键2与Z-Stack中的SW6完全一致，而系统默认的按键处理方式是轮询，所以只需要在应用层添加相应的事件处理就可以了。

步骤：

（1）在APP目录下的SampleApp.c文件的SampleApp_HandleKeys（uint8 shift，uint8 keys）函数中添加对SW6处理的代码：

```
if ( keys & HAL_KEY_SW_6 )
  {
    HAL_TOGGLE_LED2();
  }
```

（2）在文件hal_board_cfg.h中，有对按键动作的定义：

```
#define ACTIVE_LOW        !
#define ACTIVE_HIGH       !!/* double negation forces result to be '1' */

/* S1 */
#define PUSH1_BV          BV(1)
#define PUSH1_SBIT        P0_1

#if defined (HAL_BOARD_CC2530EB_REV17)
  #define PUSH1_POLARITY    ACTIVE_HIGH
#elif defined (HAL_BOARD_CC2530EB_REV13)
  #define PUSH1_POLARITY    ACTIVE_LOW
#else
  #error Unknown Board Indentifier
#endif
```

由于默认定义的是HAL_BOARD_CC2530EB_REV17，而学习板是低电平有效的，所以需要将HAL_BOARD_CC2530EB_REV17定义下的PUSH1_POLARITY的值定义为ACTIVE_LOW。

```
#if defined (HAL_BOARD_CC2530EB_REV17)
  #define PUSH1_POLARITY    ACTIVE_LOW
#elif defined (HAL_BOARD_CC2530EB_REV13)
  #define PUSH1_POLARITY    ACTIVE_LOW
#else
  #error Unknown Board Indentifier
#endif
```

将#define PUSH1_POLARITY ACTIVE_HIGH 改为#define PUSH1_POLARITY ACTIVE_LOW 有一个异常情况发生，就是 LED1 不停地闪烁。这是由于在启动时，ZDO 目录下的 ZDApp.c 文件在执行函数 ZDApp_Init（uint8 task_id）进行 ZDO 层初始化时会调用函数 ZDAppCheckForHoldKey(); 检查 SW1 的状态，如果此时按下 SW1 按键则进入 Hold Auto Start 状态，并不停地闪烁 LED。为了避免这种情况发生，可以将 ZDAppCheckForHoldKey(); 这条语句注释掉，就能解决 LED 不停地闪烁这个问题。

（3）实验成功后会发现，使用轮询方式检测按键反应较慢，所以可以将轮询方式转换为中断方式，可以加快按键反应速度。将轮询方式转换为中断方式非常简单，只需要将 OnBoard.c 中的函数 void InitBoard 中的语句 HalKeyConfig（HAL_KEY_INTERRUPT_DISABLE，OnBoard_KeyCallback）；改为 HalKeyConfig（HAL_KEY_INTERRUPT_ENABLE，OnBoard_KeyCallback）。

练习二：按键 1 以中断方式控制 LED1 的亮灭

步骤：

（1）将学习板上的按键 1 配置成 Z-Stack 的 SW7。

在 HAL/include 目录下的文件 hal_key.c 中，仿照 SW6 对按键 SW7 进行具体的配置。

```
/* SW_7 is at P0.0 */
#define HAL_KEY_SW_7_PORT   P0
#define HAL_KEY_SW_7_BIT    BV(0)
#define HAL_KEY_SW_7_SEL    P0SEL
#define HAL_KEY_SW_7_DIR    P0DIR

/* edge interrupt */
#define HAL_KEY_SW_7_EDGEBIT BV(0)
#define HAL_KEY_SW_7_EDGE    HAL_KEY_FALLING_EDGE


/* SW_7 interrupts */
#define HAL_KEY_SW_7_IEN      IEN1  /* CPU interrupt mask register */
#define HAL_KEY_SW_7_IENBIT   BV(5)/* Mask bit for all of Port_0 */
#define HAL_KEY_SW_7_ICTL     P0IEN /* Port Interrupt Control register */
#define HAL_KEY_SW_7_ICTLBIT BV(0)/* P0IEN - P0.1 enable/disable bit */
#define HAL_KEY_SW_7_PXIFG    P0IFG /* Interrupt flag at source */
```

（2）在文件 hal_key.c 中的按键驱动初始化函数 HalKeyInit()中加入如下代码：

```
HAL_KEY_SW_7_SEL &= ~(HAL_KEY_SW_7_BIT);
  HAL_KEY_SW_7_DIR &= ~(HAL_KEY_SW_7_BIT);
```

（3）将 hal_key.c 中 HalKeyConfig 函数修改成以下代码：

```
void HalKeyConfig (bool interruptEnable, halKeyCBack_t cback)
{
  /* Enable/Disable Interrupt or */
  Hal_KeyIntEnable = interruptEnable;

  /* Register the callback fucntion */
  pHalKeyProcessFunction = cback;

  /* Determine if interrupt is enable or not */
  if (Hal_KeyIntEnable)
  {
    /* Rising/Falling edge configuratinn */

    PICTL &= ~(HAL_KEY_SW_6_EDGEBIT);    /* Clear the edge bit */
     PICTL &= ~(HAL_KEY_SW_7_EDGEBIT);
    /* For falling edge, the bit must be set. */
  #if (HAL_KEY_SW_6_EDGE == HAL_KEY_FALLING_EDGE)
    PICTL |= HAL_KEY_SW_6_EDGEBIT;
  #endif
  #if (HAL_KEY_SW_7_EDGE == HAL_KEY_FALLING_EDGE)
    PICTL |= HAL_KEY_SW_7_EDGEBIT;
  #endif

    /* Interrupt configuration:
     * - Enable interrupt generation at the port
     * - Enable CPU interrupt
     * - Clear any pending interrupt
     */
    HAL_KEY_SW_6_ICTL |= HAL_KEY_SW_6_ICTLBIT;
    HAL_KEY_SW_6_IEN |= HAL_KEY_SW_6_IENBIT;
    HAL_KEY_SW_6_PXIFG = ~(HAL_KEY_SW_6_BIT);

    HAL_KEY_SW_7_ICTL |= HAL_KEY_SW_7_ICTLBIT;
    HAL_KEY_SW_7_IEN |= HAL_KEY_SW_7_IENBIT;
    HAL_KEY_SW_7_PXIFG = ~(HAL_KEY_SW_7_BIT);

    /* Rising/Falling edge configuratinn */

    HAL_KEY_JOY_MOVE_ICTL &= ~(HAL_KEY_JOY_MOVE_EDGEBIT);    /* Clear the
edge bit */
    /* For falling edge, the bit must be set. */
```

```
#if (HAL_KEY_JOY_MOVE_EDGE == HAL_KEY_FALLING_EDGE)
  HAL_KEY_JOY_MOVE_ICTL |= HAL_KEY_JOY_MOVE_EDGEBIT;
#endif

  /* Interrupt configuration:
   * - Enable interrupt generation at the port
   * - Enable CPU interrupt
   * - Clear any pending interrupt
   */
  HAL_KEY_JOY_MOVE_ICTL |= HAL_KEY_JOY_MOVE_ICTLBIT;
  HAL_KEY_JOY_MOVE_IEN |= HAL_KEY_JOY_MOVE_IENBIT;
  HAL_KEY_JOY_MOVE_PXIFG = ~(HAL_KEY_JOY_MOVE_BIT);

  /* Do this only after the hal_key is configured - to work with sleep
stuff */
  if (HalKeyConfigured == TRUE)
  {
    osal_stop_timerEx(Hal_TaskID, HAL_KEY_EVENT); /* Cancel polling if
active */
  }
}
else    /* Interrupts NOT enabled */
{
  HAL_KEY_SW_6_ICTL &= ~(HAL_KEY_SW_6_ICTLBIT); /* don't generate
interrupt */
  HAL_KEY_SW_6_IEN &= ~(HAL_KEY_SW_6_IENBIT); /* Clear interrupt enable
bit */

  HAL_KEY_SW_7_ICTL &= ~(HAL_KEY_SW_7_ICTLBIT);  /* don't generate
interrupt */
  HAL_KEY_SW_7_IEN &= ~(HAL_KEY_SW_7_IENBIT); /* Clear interrupt enable
bit */

  osal_set_event(Hal_TaskID, HAL_KEY_EVENT);
}

/* Key now is configured */
HalKeyConfigured = TRUE;
}
```

（4）HAL/Target/Drivers 目录下的文件 hal_key.c 中函数 HalKeyPoll()的原代码为：

```
if (HAL_PUSH_BUTTON1())
  {
    keys |= HAL_KEY_SW_6;
  }
```

之后加入以下代码：

```
    if (HAL_PUSH_BUTTON2())
    {
      keys |= HAL_KEY_SW_7;
    }
```

宏HAL_PUSH_BUTTON2()原来是测试摇杆的，但学习板没有摇杆，可以将其改造成测试按键1的。

在文件hal_board_cfg.h中，将PUSH相关的宏改造成以下代码：

```
/* SW7  Press */
#define PUSH2_BV            BV(0)
#define PUSH2_SBIT          P0_0
#define PUSH2_POLARITY      ACTIVE_LOW
```

（5）在文件hal_key.c中将按键中断处理函数改为下面的代码：

```
HAL_ISR_FUNCTION( halKeyPort0Isr,  P0INT_VECTOR )
{
  HAL_ENTER_ISR();

  if (HAL_KEY_SW_6_PXIFG & HAL_KEY_SW_6_BIT)
  {
    halProcessKeyInterrupt();
    HAL_KEY_SW_6_PXIFG = 0;
  }
  if (HAL_KEY_SW_7_PXIFG & HAL_KEY_SW_7_BIT)
  {
    halProcessKeyInterrupt();
    HAL_KEY_SW_7_PXIFG = 0;
  }

  /*
    Clear the CPU interrupt flag for Port_0
    PxIFG has to be cleared before PxIF
  */

  HAL_KEY_CPU_PORT_0_IF = 0;

  CLEAR_SLEEP_MODE();
  HAL_EXIT_ISR();
}
```

（6）在文件hal_key.c中在函数void halProcessKeyInterrupt （void）中加入处理SW7的代码：

```
if(HAL_KEY_SW_7_PXIFG & HAL_KEY_SW_7_BIT)/* Interrupt Flag has been set */
  {
    HAL_KEY_SW_7_PXIFG = ~(HAL_KEY_SW_7_BIT); /* Clear Interrupt Flag */
```

```
    valid = TRUE;
  }
```

在 APP 目录的 SampleApp.c 文件的 d SampleApp_HandleKeys（uint8 shift，uint8 keys）函数中添加对 SW7 处理的代码：

```
if (keys & HAL_KEY_SW_7)
  {
    HAL_TOGGLE_LED1();
  }
```

作业：

（1）在作业板上完成练习一。

（2）在作业板上完成练习二。

8.7 Z-Stack 2007 串口机制

串口配置：串口的配置主要完成配置使用 UART0 或者 UART1，同时决定是否使用 DMA，协议栈默认使用 DMA，由于本书涉及项目串口传输的数据量较少，所以不使用 DMA，而以侧重介绍使用中断来完成串口传输。串口配置主要在文件 hal_board_cfg.h 中完成。

串口初始化：串口的初始化主要完成相关常量的初始化即打开串口的工作。主要涉及的函数有 MT_UartInit ()和 HalUARTOpen()。

发送数据：发送数据主要完成将要发送的数据通过串口传递出去，主要涉及的函数有 HalUARTWrite()。

接收数据：接收数据主要完成将串口传递的数据接收并传递给相应的层，主要涉及的函数有 HalUARTPoll()和串口处理的回调函数。

8.7.1 串口配置

串口的配置主要决定是使用DMA还是使用中断，以及使用UART0还是UART1，串口的配置主要在文件hal_board_cfg.h中完成。

需要在下面这段宏定义前加上一个宏定义：#define ZAPP_P1。

```
#ifndef HAL_UART
//如果使用串口,必须至少编译以下四者之一
//ZTOOL是串口调试工具,ZAPP_P1和ZAPP_P2规定串口使用备用位置1还是备用位置2
#if (defined ZAPP_P1) || (defined ZAPP_P2) || (defined ZTOOL_P1) || (defined
ZTOOL_P2)
#define HAL_UART TRUE
#else
#define HAL_UART FALSE
```

```
  #endif
#endif
```

默认情况下使用DMA，由于中断代码相对容易理解而且处理的数据较少，所以可以配置为使用中断来处理串口数据。

```
#if HAL_UART
#ifndef HAL_UART_DMA
#if HAL_DMA
#if (defined ZAPP_P2) || (defined ZTOOL_P2)
#define HAL_UART_DMA  2
#else
#define HAL_UART_DMA  1
#endif
#else
#define HAL_UART_DMA  0
#endif
#endif

#ifndef HAL_UART_ISR
#if HAL_UART_DMA             //Default preference for DMA over ISR.
#define HAL_UART_ISR  0
#elif (defined ZAPP_P2) || (defined ZTOOL_P2)
#define HAL_UART_ISR  2
#else
#define HAL_UART_ISR  1
#endif
#endif
```

在以上的宏定义中，默认情况下使用DMA。

```
#if HAL_UART
#ifndef HAL_UART_DMA
#if HAL_DMA
#if (defined ZAPP_P2) || (defined ZTOOL_P2)
#define HAL_UART_DMA  2
#else
#define HAL_UART_DMA  0
#endif
#else
#define HAL_UART_DMA  0
#endif
#endif

#ifndef HAL_UART_ISR
#if HAL_UART_DMA             //Default preference for DMA over ISR.
#define HAL_UART_ISR  0
#elif (defined ZAPP_P2) || (defined ZTOOL_P2)
```

```
#define HAL_UART_ISR  2
#else
#define HAL_UART_ISR  1
#endif
#endif
```

研究上面的代码，将阴影的语句修改，就将默认情况下使用 DMA 改为使用中断，由于中断代码相对容易理解而且处理的数据较少，所以可以配置为使用中断来处理串口数据。

8.7.2 串口初始化

1. 函数void HalUARTInit(void)

UART 的初始化分为 HAL 层的初始化和 MT 层的初始化，HAL 层的初始化由文件 hal_uart.c 中的函数 void HalUARTInit(void)完成。启动过程中主函数调用函数 HalDriverInit()，函数 HalDriverInit()调用函数 void HalUARTInit（void）实现对 UART 的初始化。

```
{
#if HAL_UART_DMA
  HalUARTInitDMA();
#endif
#if HAL_UART_ISR
  HalUARTInitISR();
#endif
#if HAL_UART_USB
  HalUARTInitUSB();
#endif
}
```

2. 函数void HalUARTInitISR(void)

函数 HalUARTInitISR()是中断方式下的初始化，在函数 HalUARTInitISR()中对 UART 相关寄存器进行初始化。

```
static void HalUARTInitISR(void)
{
  //Set P2 priority - USART0 over USART1 if both are defined.
  P2DIR &= ~P2DIR_PRIPO;
  P2DIR |= HAL_UART_PRIPO;

#if (HAL_UART_ISR == 1)
  PERCFG &= ~HAL_UART_PERCFG_BIT; //Set UART0 I/O location to P0.
#else
  PERCFG |= HAL_UART_PERCFG_BIT;  //Set UART1 I/O location to P1.
#endif
```

```
  PxSEL  |= HAL_UART_Px_RX_TX;      //Enable Tx and Rx on P1.
  ADCCFG &= ~HAL_UART_Px_RX_TX;     //Make sure ADC doesnt use this.
  UxCSR = CSR_MODE;                 //Mode is UART Mode.
  UxUCR = UCR_FLUSH;                //Flush it.
}
```

3. 函数MT_UartInit ()

函数 MT_UartInit ()负责在 MT 层对 UART 进行初始化，包括速率的设置和回调函数的设置。

```
void MT_UartInit ()
{
  halUARTCfg_t uartConfig;

  /* Initialize APP ID */
  App_TaskID = 0;

  /* UART Configuration */
  uartConfig.configured           = TRUE;
  uartConfig.baudRate             = MT_UART_DEFAULT_BAUDRATE;
  uartConfig.flowControl          = MT_UART_DEFAULT_OVERFLOW;
  uartConfig.flowControlThreshold = MT_UART_DEFAULT_THRESHOLD;
  uartConfig.rx.maxBufSize        = MT_UART_DEFAULT_MAX_RX_BUFF;
  uartConfig.tx.maxBufSize        = MT_UART_DEFAULT_MAX_TX_BUFF;
  uartConfig.idleTimeout          = MT_UART_DEFAULT_IDLE_TIMEOUT;
  uartConfig.intEnable            = TRUE;
#if defined (ZTOOL_P1) || defined (ZTOOL_P2)
  uartConfig.callBackFunc         = MT_UartProcessZToolData;
#elif defined (ZAPP_P1) || defined (ZAPP_P2)
  uartConfig.callBackFunc         = MT_UartProcessZAppData;
#else
  uartConfig.callBackFunc         = NULL;
#endif

  /* Start UART */
#if defined (MT_UART_DEFAULT_PORT)
  HalUARTOpen (MT_UART_DEFAULT_PORT, &uartConfig);
#else
  /* Silence IAR compiler warning */
  (void)uartConfig;
#endif

  /* Initialize for ZApp */
#if defined (ZAPP_P1) || defined (ZAPP_P2)
  /* Default max bytes that ZAPP can take */
  MT_UartMaxZAppBufLen  = 1;
  MT_UartZAppRxStatus   = MT_UART_ZAPP_RX_READY;
```

```
#endif

}
```

（1）代码

```
uartConfig.baudRate= MT_UART_DEFAULT_BAUDRATE;
```

用于设置串口的速率，默认为38 400。

（2）代码

```
uartConfig.flowControl= MT_UART_DEFAULT_OVERFLOW;
```

用于设置串口是否流量控制，默认为TRUE，由于学习板和作业板的串口都不支持流量控制，需要将其修改为FALSE。

（3）代码

```
MT_UartMaxZAppBufLen= 1;
```

用于设置串口一次读取的字符数，默认为1，在大多数情况下不适合，需要将其修改为合适的大小。

（4）代码

```
#if defined(ZTOOL_P1)|| defined (ZTOOL_P2)
 uartConfig.callBackFunc = MT_UartProcessZToolData;
#elif defined(ZAPP_P1)|| defined (ZAPP_P2)
 uartConfig.callBackFunc = MT_UartProcessZAppData;
#else
 uartConfig.callBackFunc = NULL;
#endif
```

用于设置串口的回调函数，当串口有数据时，会调用这个回调函数进行处理。由于SampleApp 工程在默认情况下编译了 ZTOOL_P1 选项，所以在默认情况下，会调用MT_UartProcessZToolData这个回调函数进行处理。

（5）代码

```
HalUARTOpen (MT_UART_DEFAULT_PORT, &uartConfig);
```

调用HAL层函数打开串口。

4．函数HalUARTOpen()

```
uint8 HalUARTOpen(uint8 port, halUARTCfg_t *config)
{
  (void)port;
  (void)config;

#if (HAL_UART_DMA == 1)
  if (port == HAL_UART_PORT_0)  HalUARTOpenDMA(config);
#endif
```

```
#if (HAL_UART_DMA == 2)
  if (port == HAL_UART_PORT_1)  HalUARTOpenDMA(config);
#endif
#if (HAL_UART_ISR == 1)
  if (port == HAL_UART_PORT_0)  HalUARTOpenISR(config);
#endif
#if (HAL_UART_ISR == 2)
  if (port == HAL_UART_PORT_1)  HalUARTOpenISR(config);
#endif
#if (HAL_UART_USB)
  HalUARTOpenUSB(config);
#endif

  return HAL_UART_SUCCESS;
}
```

由于定义了宏HAL_UART_ISR值为1，所以调用函数HalUARTOpenISR(halUARTCfg_t*config)，会发现在IAR中无法进入到函数HalUARTOpenISR（halUARTCfg_t*config），这是由于函数HalUARTOpenISR（halUARTCfg_t*config）在文件_hal_uart_isr.c中，而这个文件并没有加入到工程中，所以要查看这个函数需要将文件_hal_uart_isr.c加入到工程中。

5. 函数HalUARTOpenISR()

```
static void HalUARTOpenISR(halUARTCfg_t *config)
{
  isrCfg.uartCB = config->callBackFunc;
  //Only supporting subset of baudrate for code size - other is possible.
  HAL_UART_ASSERT((config->baudRate == HAL_UART_BR_9600) ||
                  (config->baudRate == HAL_UART_BR_19200) ||
                  (config->baudRate == HAL_UART_BR_38400) ||
                  (config->baudRate == HAL_UART_BR_57600) ||
                  (config->baudRate == HAL_UART_BR_115200));

  if (config->baudRate == HAL_UART_BR_57600 ||
      config->baudRate == HAL_UART_BR_115200)
  {
    UxBAUD = 216;
  }
  else
  {
    UxBAUD = 59;
  }

  switch (config->baudRate)
  {
    case HAL_UART_BR_9600:
      UxGCR = 8;
```

```
      break;
    case HAL_UART_BR_19200:
      UxGCR = 9;
      break;
    case HAL_UART_BR_38400:
    case HAL_UART_BR_57600:
      UxGCR = 10;
      break;
    default:
      UxGCR = 11;
      break;
  }

  //8 bits/char; no parity; 1 stop bit; stop bit hi.
  if (config->flowControl)
  {
    UxUCR = UCR_FLOW | UCR_STOP;
    PxSEL |= HAL_UART_Px_RTS | HAL_UART_Px_CTS;
  }
  else
  {
    UxUCR = UCR_STOP;
  }

  UxCSR |= CSR_RE;
  URXxIE = 1;
  UTXxIF = 1;  //Prime the ISR pump.
}
```

函数的主要功能是完成对串口的配置，例如串口波特率的设定、串口接收中断使能等。同时该函数也初始化了串口接收缓存和串口发送缓存。具体分析如下：

（1）列出了 Z-Stack 支持的所有串口速率：

```
HAL_UART_ASSERT((config->baudRate == HAL_UART_BR_9600) ||
                (config->baudRate == HAL_UART_BR_19200) ||
                (config->baudRate == HAL_UART_BR_38400) ||
                (config->baudRate == HAL_UART_BR_57600) ||
                (config->baudRate == HAL_UART_BR_115200));
```

（2）设定波特率：

```
if (config->baudRate == HAL_UART_BR_57600 ||
    config->baudRate == HAL_UART_BR_115200)
  {
   UxBAUD = 216;
  }
  else
  {
```

```
    UxBAUD = 59;
  }
```

（3）设定结束电平：

```
UxUCR = UCR_STOP;
```

注意：程序中例如 UxUCR 这样的宏是在文件起始位置根据 HAL_UART_ISR 的值进行定义的。

```
#if (HAL_UART_ISR == 1)
#define PxOUT                    P0
#define PxDIR                    P0DIR
#define PxSEL                    P0SEL
#define UxCSR                    U0CSR
#define UxUCR                    U0UCR
#define UxDBUF                   U0DBUF
#define UxBAUD                   U0BAUD
#define UxGCR                    U0GCR
#define URXxIE                   URX0IE
#define UTXxIE                   UTX0IE
#define UTXxIF                   UTX0IF
#else
#define PxOUT                    P1
#define PxDIR                    P1DIR
#define PxSEL                    P1SEL
#define UxCSR                    U1CSR
#define UxUCR                    U1UCR
#define UxDBUF                   U1DBUF
#define UxBAUD                   U1BAUD
#define UxGCR                    U1GCR
#define URXxIE                   URX1IE
#define UTXxIE                   UTX1IE
#define UTXxIF                   UTX1IF
#endif
```

8.7.3 串口接收数据

在系统事件处理方法 void osal_start_system（void）中，在每一次循环中都会调用方法 Hal_ProcessPoll()，在方法 Hal_ProcessPoll()中调用了方法 HalUARTPoll()，由于选择了中断处理方式，所以 HalUARTPoll()调用 HalUARTPollISR（void）方法，HalUARTPollISR（void）判断是否有必要对串口数据进行处理，如果需要进行处理则调用串口初始化时规定的回调函数，而回调函数则在最后向应用层发送消息，将串口数据发给应用层进行处理。由于在系统的运行过程中系统事件处理循环是不会停止的，所以系统会不间断地轮询串口是否有数据需要进行处理。

1. 函数HalUARTPollISR（void）

```
static void HalUARTPollISR(void)
{
  if (isrCfg.uartCB != NULL)
  {
    uint16 cnt = HAL_UART_ISR_RX_AVAIL();
    uint8 evt = 0;

    if (isrCfg.rxTick)
    {
      //Use the LSB of the sleep timer (ST0 must be read first anyway).
      uint8 decr = ST0 - isrCfg.rxShdw;

      if (isrCfg.rxTick > decr)
      {
        isrCfg.rxTick -= decr;
      }
      else
      {
        isrCfg.rxTick = 0;
      }
    }
    isrCfg.rxShdw = ST0;

    if (cnt >= HAL_UART_ISR_RX_MAX-1)
    {
      evt = HAL_UART_RX_FULL;
    }
    else if (cnt >= HAL_UART_ISR_HIGH)
    {
      evt = HAL_UART_RX_ABOUT_FULL;
    }
    else if (cnt && !isrCfg.rxTick)
    {
      evt = HAL_UART_RX_TIMEOUT;
    }

    if (isrCfg.txMT)
    {
      isrCfg.txMT = 0;
      evt |= HAL_UART_TX_EMPTY;
    }

    if (evt)
    {
      isrCfg.uartCB(HAL_UART_ISR-1, evt);
    }
  }
}
```

Z-Stack协议栈串口接收到数据后可以触发4种事件：满（HAL_UART_RX_FULL）、准满（HAL_UART_RX_ABOUT_FULL）、时间溢出（HAL_UART_RX_TIMEOUT）和发送缓存为空（HAL_UART_TX_EMPTY）。其中满（HAL_UART_RX_FULL）和准满（HAL_UART_RX_ABOUT_FULL）对接收缓存而言，而时间溢出（HAL_UART_RX_TIMEOUT）是相对接收时间而言。发送缓存为空 (HAL_UART_RX_TIMEOUT)，表示需要发送的数据都已经被发送。

（1）满（HAL_UART_RX_FULL）并非指接收缓存器完全被填满，而协议栈中将满（HAL_UART_RX_FULL）定义为cnt >= HAL_UART_ISR_RX_MAX-1，默认情况下是127，留有一定的空间，可以在提取数据的同时接收数据。

（2）准满（HAL_UART_RX_ABOUT_FULL）：默认情况准满是满的一半，警告用户已经快满了。

（3）时间溢出（HAL_UART_RX_TIMEOUT）。以上两种情况都是在接收缓存将要满或者已经“满”了才会被触发，但是在很多情况下，程序接收的数据，不可能达到接收缓存的准满和“满”，不会触发任何事件，以至于无法处理串口接收到的数据。所以协议栈还会触发一种时间溢出（HAL_UART_RX_TIMEOUT）事件，该事件主要是在一个设定的时间内如果没有接收到数据就会被触发。

（4）发送缓存为空（HAL_UART_TX_EMPTY），表示需要发送的数据都已经被发送。

如果发生了上述4种事件，变量evt不为零，调用回调函数进行处理，并将发生的事件作为参数传递给回调函数。

2. 回调函数

```
void MT_UartProcessZAppData ( uint8 port， uint8 event )
{

  osal_event_hdr_t  *msg_ptr;
  uint16 length = 0;
  uint16 rxBufLen  = Hal_UART_RxBufLen(MT_UART_DEFAULT_PORT);


  if ((MT_UartMaxZAppBufLen != 0) && (MT_UartMaxZAppBufLen <= rxBufLen))
  {
    length = MT_UartMaxZAppBufLen;
  }
  else
  {
    length = rxBufLen;
  }

  /* Verify events */
  if (event == HAL_UART_TX_FULL)
  {
    //Do something when TX if full
    return;
  }
```

```
    if (event & ( HAL_UART_RX_FULL | HAL_UART_RX_ABOUT_FULL |
HAL_UART_RX_TIMEOUT))
    {
      if ( App_TaskID )
      {
        /*
          If Application is ready to receive and there is something
          in the Rx buffer then send it up
        */
        if ((MT_UartZAppRxStatus == MT_UART_ZAPP_RX_READY ) && (length != 0))
        {
          /* Disable App flow control until it processes the current data */
          MT_UartAppFlowControl (MT_UART_ZAPP_RX_NOT_READY);

          /* 2 more bytes are added, 1 for CMD type, other for length */
          msg_ptr = (osal_event_hdr_t *)osal_msg_allocate( length + sizeof
(osal_event_hdr_t));
          if ( msg_ptr )
          {
            msg_ptr->event = SPI_INCOMING_ZAPP_DATA;
            msg_ptr->status = length;

            /* Read the data of Rx buffer */
            HalUARTRead(MT_UART_DEFAULT_PORT,(uint8 *)(msg_ptr + 1),length);

            /* Send the raw data to application…or where ever */
            osal_msg_send( App_TaskID, (uint8 *)msg_ptr );
          }
        }
      }
    }
  }
```

（1）函数 Hal_UART_RxBufLen()读取接收缓存中的数据数量，代码如下：

```
rxBufLen= Hal_UART_RxBufLen(MT_UART_DEFAULT_PORT);
```

（2）全局变量 MT_UartMaxZAppBufLen 决定了回调函数每次能够从接收缓存器提取数据的数量，代码如下：

```
if ((MT_UartMaxZAppBufLen != 0) && (MT_UartMaxZAppBufLen <= rxBufLen))
{
  length = MT_UartMaxZAppBufLen;
}
else
{
  length = rxBufLen;
}
```

如果接收缓存中的数量大于 MT_UartMaxZAppBufLen，则协议栈一次就先处理 MT_UartMaxZAppBufLen 个数据，否则全部处理。

在 Z-Stack 协议栈中，MT_UartMaxZAppBufLen 通过专用的注册函数 MT_UartZAppBufferLengthRegister（uint16 maxLen）对其修改，代码如下：

```
void MT_UartZAppBufferLengthRegister ( uint16 maxLen )
{
  /* If the maxLen is larger than the RX buff, something is not right */
  if (maxLen <= MT_UART_DEFAULT_MAX_RX_BUFF)
   MT_UartMaxZAppBufLen = maxLen;
  else
   MT_UartMaxZAppBufLen = 1; /* default is 1 byte */
}
```

用户可以在应用层调用该函数，将想要设定的值传递给该函数即可设定 MT_UartMaxZAppBufLen 的数值。

（3）任务 ID，App_TaskID。检测过确实有事件“满”、堆满或者时间溢出后，进一步检测了这个任务 ID，这一个任务 ID 必须为非零才会执行其下面的代码，并且在后面有关键的一句 osal_msg_send(App_TaskID,(uint8*)msg_ptr)，这个函数将 msg_ptr 数据包含有的信息发送到 App_TaskID 所对应的层，而 msg_ptr 则正是最终要处理的数据。

可以通过 MT_UART.c 文件中函数 MT_UartRegisterTaskID（byte taskID）对全局变量 App_TaskID 进行修改，代码如下：

```
void MT_UartRegisterTaskID( byte taskID )
{
  App_TaskID = taskID;
}
```

如果用户想要将串口接收到的数据发送到应用层，可以在应用层初始化函数 SampleApp.c 文件的函数 SampleApp_Init（uint8 task_id）中调用该函数进行注册，将应用层的任务 ID 传递给该函数即可。在回调函数中调用了函数 osal_msg_send（App_TaskID,（uint8 *）msg_ptr）将信息发送到 App_TaskID 所对应的层，即用户注册的应用层。

协议栈将事件（SPI_INCOMING_ZAPP_DATA）信息和串口接收的数据进行打包后并调用函数 osal_msg_send()发送到注册层。这样就完成了接收数据及接收到的数据由底层传递到注册层（通常为应用层）的完整过程。在 SampleApp.c 文件应用层事件处理函数 SampleApp_ProcessEvent()中对事件 SPI_INCOMING_ZAPP_DATA 进行处理，其代码大致如下：

```
uint16 SampleApp_ProcessEvent( uint8 task_id,  uint16 events )
{
  afIncomingMSGPacket_t *MSGpkt;
  (void)task_id; //Intentionally unreferenced parameter
   static uint8* buf;
  uint8 len;
```

```
  if ( events & SYS_EVENT_MSG )
  {
   MSGpkt = (afIncomingMSGPacket_t *)osal_msg_receive(SampleApp_TaskID);
   while ( MSGpkt )
   {
    switch ( MSGpkt->hdr.event )
    {

      case SPI_INCOMING_ZAPP_DATA:
      …
      Break;
    }
   }
  }
  }
```

8.7.4 Z-Stack串口发送数据

串口数据的发送也分为两大部分：数据写入发送缓存和数据写入串口。其中第一步也就是第一部分主要是通过函数 HalUARTWrite()完成的，而将数据写入串口则主要是通过发送中断服务函数完成的。函数 HalUARTWrite()的声明如下：

```
uint16 HalUARTWrite(uint8 port, uint8 *buf, uint16 len)
```

参数说明：

port——UART 端口号；

buf——指向要发送数据的指针；

len——发送数据的长度。

练习：

使用 Z-Stack 实现两个节点使用串口通信。

（1）在协调器节点，加入 ZAPP_P1 预编译选项。

（2）在文件 SampleApp.c 中的函数 SampleApp_Init（uint8 task_id）中加入代码：

```
MT_UartRegisterTaskID(SampleApp_TaskID);
```

注意需要用#include"MT_UART.h"将应用层注册为串口的事件处理层。

（3）将最多处理的字串数改为 50，在 MT 目录下的 MT_UART.c 文件中修改方法 void MT_UartInit()：

```
#if defined (ZAPP_P1) || defined (ZAPP_P2)
  /* Default max bytes that ZAPP can take */
  MT_UartMaxZAppBufLen  = 50;
  MT_UartZAppRxStatus   = MT_UART_ZAPP_RX_READY;
#endif
```

（4）在 MT 目录下的 MT_UART.c 文件中的 void MT_UartProcessZAppData（uint8 port，uint8 event）函数中的最后源代码：osal_msg_send（App_TaskID，（uint8 *）msg_ptr）；将事件 SPI_INCOMING_ZAPP_DAT 加上串口传过来的数据发送给应用层进行处理。

在目录 App 中的文件 SampleApp.c 中的应用层事件处理函数 uint16 SampleApp_ProcessEvent（uint8 task_id，uint16 events）中增加对事件 SPI_INCOMING_ ZAPP_DAT 的处理代码：

```
len=MSGpkt->hdr.status;
buf=&(MSGpkt->hdr.status);
SampleApp_SendUartMessage(buf,len);
```

注意需要声明相应的方法和变量。

（5）在目录 App 中的文件 SampleApp.c 中增加将串口数据发送的函数：

```
void SampleApp_SendUartMessage(uint8 * buf, uint8 len)
{

if(zgDeviceLogicalType == ZG_DEVICETYPE_COORDINATOR)
{
  SampleApp_Uart_SendData_DstAddr.addrMode=(afAddrMode_t)AddrBroadcast;
  SampleApp_Uart_SendData_DstAddr.endPoint=SAMPLEAPP_ENDPOINT;
  SampleApp_Uart_SendData_DstAddr.addr.shortAddr=0xFFFF;
}
else
{
  SampleApp_Uart_SendData_DstAddr.addrMode=(afAddrMode_t)Addr16Bit;
  SampleApp_Uart_SendData_DstAddr.endPoint=SAMPLEAPP_ENDPOINT;
  SampleApp_Uart_SendData_DstAddr.addr.shortAddr=0x0000;

}
/
 if(AF_DataRequest( &SampleApp_Uart_SendData_DstAddr, &SampleApp_epDesc,
                    SAMPLEAPP_FLASH_CLUSTERID,
                    Len,
                    buf,
                    &SampleApp_TransID,
                    AF_DISCV_ROUTE,
                    AF_DEFAULT_RADIUS ) == afStatus_SUCCESS )
  {
  }
  else
  {
    //Error occurred in request to send.
  }


}
```

（6）在协调器节点的文件 SampleApp.c 中修改数据处理函数 SampleApp_MessageMSGCB()。

当路由器接收到来自协调器中的信息后，触发事件 AF_INCOMING_MSG_CMD 并调用了函数 SampleApp_MessageMSGCB()对其处理，函数 SampleApp_MessageMSGCB()具体代码如下：

```
void SampleApp_MessageMSGCB( afIncomingMSGPacket_t *pkt )
{
  switch ( pkt->clusterId )
  {
    uint8 *pointer1;

     case SAMPLEAPP_PERIODIC_CLUSTERID:
     break;

     case SAMPLEAPP_FLASH_CLUSTERID:
     pointer1=&pkt->cmd.Data[1];                    //接收数据指针,指向数据
     HalUARTWrite(0,pointer1,pkt->cmd.Data[0]); //cmd.Data[0]是数据的大小
     break;
  }
}
```

作业：

在作业板上完成练习 1。

8.8 Z-Stack 启动分析

8.8.1 启动配置

1. 预编译选项

编译选项是将源程序里提供的特性选择应用。大多数编译选项是充当“开关”的作用的。直接通过编译选项来决定是否应用某一特性。

2. 预编译选项的添加和删除

在 IAR 环境中选择 Project|Options 菜单项，选择 C/C++Compiler，打开 Processor 选项卡，在下面的 Defined symbols 列表框中加入编译选项，如果要删除这个编译选项，可以直接删除，或在选项前面加 x。

3. 常用预编译选项

```
NV_RESTORE           //可以自动恢复网络
POWER_SAVING         //使能电池设备的节能功能
```

```
REFLECTOR              //反射，绑定时必须要用到
RTR_NWK                //使能路由功能
ZDO_COORDINATOR        //使能协调器功能
HOLD_AUTO_START        //取消自动启动功能
```

8.8.2 Z-Stack 启动相关概念

1. 设备类型选择

（1）通过 Workspace 下拉列表选择设备的类型，如图 8.3 所示。

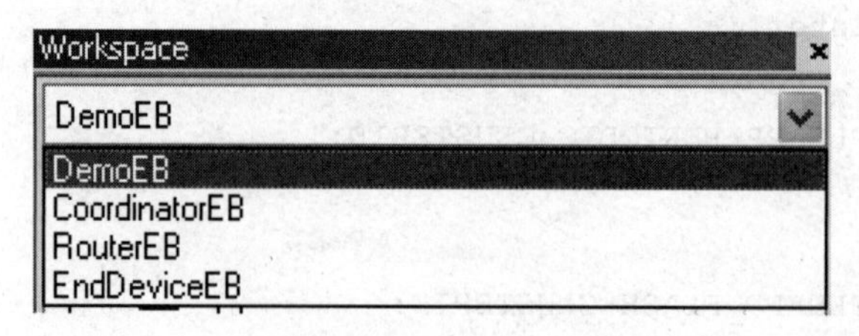

图 8.3 选择设备的类型

（2）在 Tools 目录下有 f8wCoord.cfg、f8wRouter.cfg、f8wEdev.cfg 三个配置文件。

① 如果在 Workspace 下拉列表中选择 CoordinatorEB，则文件 f8wCoord.cfg 有效，文件内容如下：

```
/* Coordinator Settings */
-DZDO_COORDINATOR   //Coordinator Functions
-DRTR_NWK           //Router Functions
```

② 如果在 Workspace 下拉列表中选择 RouterEB，则文件 f8wRouter.cfg 有效，文件内容如下：

```
/* Router Settings */
-DRTR_NWK           //Router Functions
```

③ 如果在 Workspace 下拉列表中选择 EndDeviceEB，则文件 f8wEdev.cfg 有效，文件内容如下：

```
/* */
```

④ 如果在 Workspace 下拉列表中选择 DemoEB，则 BUILD_ALL_DEVICES 编译选项有效，当前设备是协调器，也是路由器，同时也是终端。

通过配置文件可以看出，协调器不仅具有协调器的作用还可以充当路由器，这就是如果当协调器创建完网络后就可以认为协调器就变成了路由器。路由器只有路由的功能，而终端设备没有路由的功能，更没有协调器的功能。

（3）根据上面三个文件内容，在 NWK 目录中有 ZGlobals.h，其中有以下一组宏定义，在 Z-Stack 协议栈中用它们来区分不同的设备，代码如下：

```
#if defined( BUILD_ALL_DEVICES ) && !defined( Z-STACK_DEVICE_BUILD )
  #define Z-STACK_DEVICE_BUILD  (DEVICE_BUILD_COORDINATOR | 
DEVICE_BUILD_ROUTER | DEVICE_BUILD_ENDDEVICE)
#endif

#if !defined ( Z-STACK_DEVICE_BUILD )
  #if defined ( ZDO_COORDINATOR (
    #define Z-STACK_DEVICE_BUILD  (DEVICE_BUILD_COORDINATOR)
  #elif defined ( RTR_NWK )
    #define Z-STACK_DEVICE_BUILD  (DEVICE_BUILD_ROUTER)
  #else
    #define Z-STACK_DEVICE_BUILD  (DEVICE_BUILD_ENDDEVICE)
  #endif
#endif

//*****************************************************

//Use the following to macros to make device type decisions
#define ZG_BUILD_COORDINATOR_TYPE  (Z-STACK_DEVICE_BUILD & DEVICE_BUILD_
COORDINATOR)
#define ZG_BUILD_RTR_TYPE          (Z-STACK_DEVICE_BUILD & (DEVICE_BUILD_
COORDINATOR | DEVICE_BUILD_ROUTER))
#define ZG_BUILD_ENDDEVICE_TYPE    (Z-STACK_DEVICE_BUILD & DEVICE_BUILD_
ENDDEVICE)
#define ZG_BUILD_RTRONLY_TYPE      (Z-STACK_DEVICE_BUILD == DEVICE_BUILD_
ROUTER)
#define ZG_BUILD_JOINING_TYPE      (Z-STACK_DEVICE_BUILD & (DEVICE_BUILD_
ROUTER | DEVICE_BUILD_ENDDEVICE))

//*****************************************************

#if( Z-STACK_DEVICE_BUILD == DEVICE_BUILD_COORDINATOR )
  #define ZG_DEVICE_COORDINATOR_TYPE 1
#else
  #define ZG_DEVICE_COORDINATOR_TYPE (zgDeviceLogicalType == ZG_
DEVICETYPE_COORDINATOR)
#endif

#if ( Z-STACK_DEVICE_BUILD == (DEVICE_BUILD_ROUTER | DEVICE_BUILD_
COORDINATOR))
  #define ZG_DEVICE_RTR_TYPE 1
```

```
#else
  #define ZG_DEVICE_RTR_TYPE ((zgDeviceLogicalType == ZG_DEVICETYPE_
COORDINATOR) || (zgDeviceLogicalType == ZG_DEVICETYPE_ROUTER))
#endif

#if ( Z-STACK_DEVICE_BUILD == DEVICE_BUILD_ENDDEVICE )
  #define ZG_DEVICE_ENDDEVICE_TYPE 1
#else
  #define ZG_DEVICE_ENDDEVICE_TYPE (zgDeviceLogicalType == ZG_DEVICETYPE_
ENDDEVICE)
#endif

#define ZG_DEVICE_JOINING_TYPE    ((zgDeviceLogicalType == ZG_
DEVICETYPE_ROUTER) || (zgDeviceLogicalType == ZG_DEVICETYPE_ENDDEVICE))

//*********************************************************

#if ( ZG_BUILD_RTR_TYPE )
  #if ( ZG_BUILD_ENDDEVICE_TYPE )
    #define Z-STACK_ROUTER_BUILD        (ZG_BUILD_RTR_TYPE && ZG_DEVICE_
RTR_TYPE)
  #else
    #define Z-STACK_ROUTER_BUILD        1
  #endif
#else
  #define Z-STACK_ROUTER_BUILD          0
#endif

#if ( ZG_BUILD_ENDDEVICE_TYPE )
  #if ( ZG_BUILD_RTR_TYPE )
    #define Z-STACK_END_DEVICE_BUILD     (ZG_BUILD_ENDDEVICE_TYPE && ZG_
DEVICE_ENDDEVICE_TYPE)
  #else
    #define Z-STACK_END_DEVICE_BUILD    1
  #endif
#else
  #define Z-STACK_END_DEVICE_BUILD      0
#endif

/*******************************************************************
```

```
 * CONSTANTS
 */

//Values for ZCD_NV_LOGICAL_TYPE (zgDeviceLogicalType)
#define ZG_DEVICETYPE_COORDINATOR     0x00
#define ZG_DEVICETYPE_ROUTER        0x01
#define ZG_DEVICETYPE_ENDDEVICE      0x02
```

2. 设备启动模式

1）设备启动模式的数据结构

```
typedef enum
{
MODE_JOIN,          //加入
MODE_RESUME,        //恢复
//MODE_SOFT,        //暂不支持
MODE_HARD,          //创建网络
MODE_REJOIN         //重新加入
} devStartModes_t;
```

devStartMode 初始化在 ZDO 目录的文件 ZDApp.c 中。

代码分析：MODE_JOIN 和 MODE_REJOIN 是路由器和终端使用的选项，用来加入或者重新加入网络。而 MODE_HARD 是协调器使用的选项，用来创建一个网络。MODE_RESUME 是恢复设备原来的状态。

2）设备启动模式的初始化

```
#if ( ZG_BUILD_RTRONLY_TYPE ) || ( ZG_BUILD_ENDDEVICE_TYPE )
  devStartModes_t devStartMode = MODE_JOIN;    //Assume joining
  //devStartModes_t devStartMode = MODE_RESUME; //if already "directly joined"
                          //to parent. Set to make the device do an Orphan scan.
#else
  //Set the default to coodinator
  devStartModes_t devStartMode = MODE_HARD;
#endif
```

代码分析：如果是路由器或终端，则启动类型初始化为加入网络。否则是协调器，启动类型初始化为 MODE_HARD。

3. 设备状态

1）设备状态的数据结构

```
typedef enum
{
```

```
  DEV_HOLD,                   //初始化——不自动启动
  DEV_INIT,                   //初始化——没有联入网络
  DEV_NWK_DISC,               //发现网络
  DEV_NWK_JOINING,            //加入网络
  DEV_NWK_REJOIN,             //终端再次加入网络
  DEV_END_DEVICE_UNAUTH,      //终端加入但不被信任中心认证
  DEV_END_DEVICE,             //终端加入被信任中心认证
  DEV_ROUTER,                 //路由器认证加入
  DEV_COORD_STARTING,         //作为协调器启动
  DEV_ZB_COORD,               //作为协调器启动
  DEV_NWK_ORPHAN              //丢失父节点信息的设备
} devStates_t;
```

2）设备状态的初始化

devState 的初始化在 ZDO 目录的文件 ZDApp.c 中。

```
#if defined( HOLD_AUTO_START )
  devStates_t devState = DEV_HOLD;
#else
  devStates_t devState = DEV_INIT;
#endif
```

代码分析：如果编译了 HOLD_AUTO_START，则设备状态（devState）为 DEV_HOLD；否则设备状态（devState）为 DEV_INIT。

一个设备启动时将自动试图组建一个网络或加入一个网络，如果一个设备希望等待一定的时间或等待一个外部事件来加入网络，需要定义编译项 HOLD_AUTO_START 来在随后的时间加入网络，在工程 SimpleApp 中默认定义了编译项 HOLD_AUTO_START。

8.8.3 SampleApp 工程协调器启动过程分析

Z-Stack 工作的机理在于初始化和事件处理，事件处理在前面章节中已经涉及了一些，对于 Z-Stack 启动过程的初步了解，可以加深对 Z-Stack 工作原理的理解。下面以 SampleApp 工程协调器启动过程为例对 Z-Stack 启动过程进行初步分析。

在 Z-main.c 文件的函数中，调用了函数 osal_init_system()对 Z-Stack 进行初始化，在函数 osal_init_system()中调用了函数 osalInitTasks()对任务进行初始化，在函数 osalInitTasks（void）中调用 ZDApp_Init()函数对 ZDO 层进行初始化，ZDO 层是设备启动应该主要关注的一层。

函数 ZDApp_Init()代码如下：

```
void ZDApp_Init( uint8 task_id )
```

```
{
  //Save the task ID
  ZDAppTaskID = task_id;

  //Initialize the ZDO global device short address storage
  ZDAppNwkAddr.addrMode = Addr16Bit;
  ZDAppNwkAddr.addr.shortAddr = INVALID_NODE_ADDR;
  (void)NLME_GetExtAddr();  //Load the saveExtAddr pointer.

  //Check for manual "Hold Auto Start"
  //ZDAppCheckForHoldKey();

  //Initialize ZDO items and setup the device - type of device to create.
  ZDO_Init();

  //Register the endpoint description with the AF
  //This task doesn't have a Simple description， but we still need
  //to register the endpoint.
  afRegister((endPointDesc_t *)&ZDApp_epDesc );

#if defined( ZDO_USERDESC_RESPONSE )
  ZDApp_InitUserDesc();
#endif //ZDO_USERDESC_RESPONSE

  //Start the device?
  if ( devState != DEV_HOLD )
  {
   ZDOInitDevice( 0 );
  }
  else
  {
   ZDOInitDevice( ZDO_INIT_HOLD_NWK_START );
   //Blink LED to indicate HOLD_START
   HalLedBlink ( HAL_LED_4, 0, 50, 500 );
  }

  //Initialize the ZDO callback function pointers zdoCBFunc[]
  ZDApp_InitZdoCBFunc();

  ZDApp_RegisterCBs();
} /* ZDApp_Init() */
```

代码分析：

```
if ( devState != DEV_HOLD )
  {
    ZDOInitDevice( 0 );
  }
  else
  {
    ZDOInitDevice( ZDO_INIT_HOLD_NWK_START );
    //Blink LED to indicate HOLD_START
    HalLedBlink ( HAL_LED_4, 0, 50, 500 );
  }
```

如果定义了HOLD_AUTO_START编译选项，则devState等于DEV_HOLD，不会启动设备。如果按下了SW_1键devState等于DEV_HOLD，也不会启动网络。如果devState不是DEV_HOLD，则调用函数ZDOInitDevice(0)初始化设备。

图8.4～图8.6是协调器、路由器和终端从函数ZDOInitDevice(0)开始的启动过程。

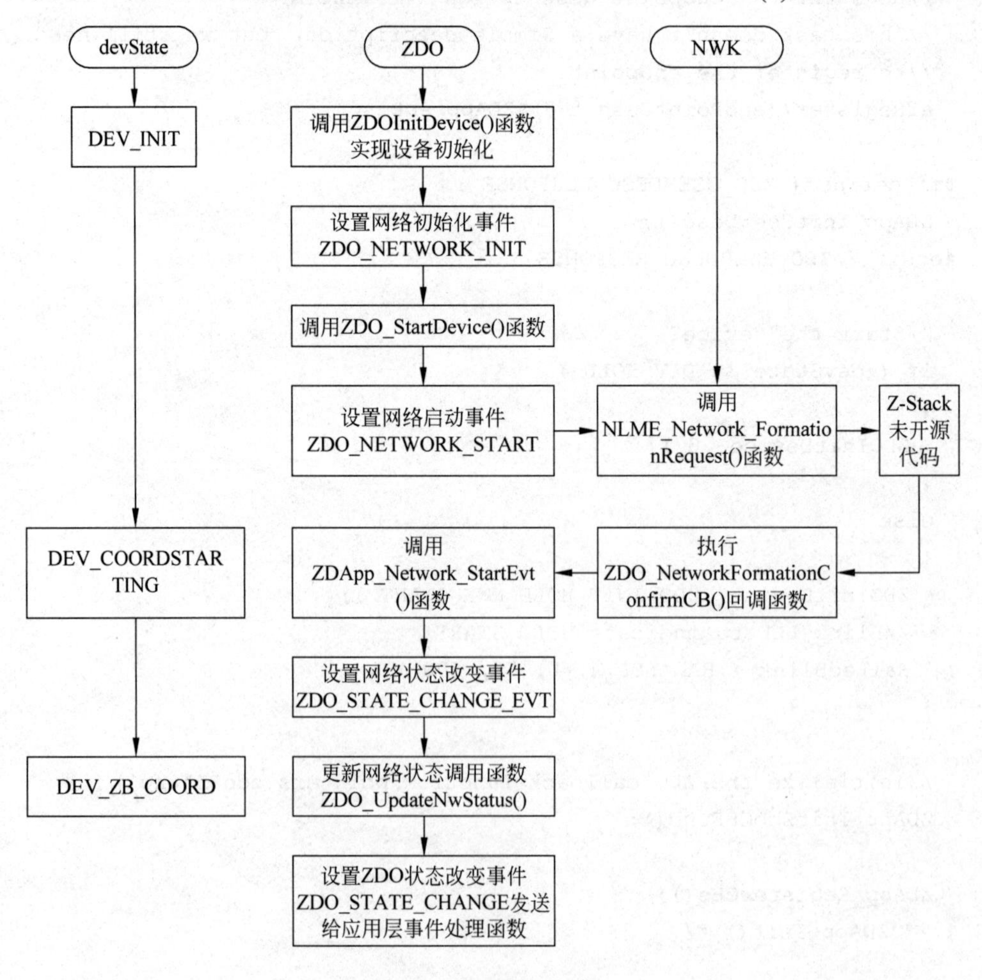

图8.4 协调器启动过程

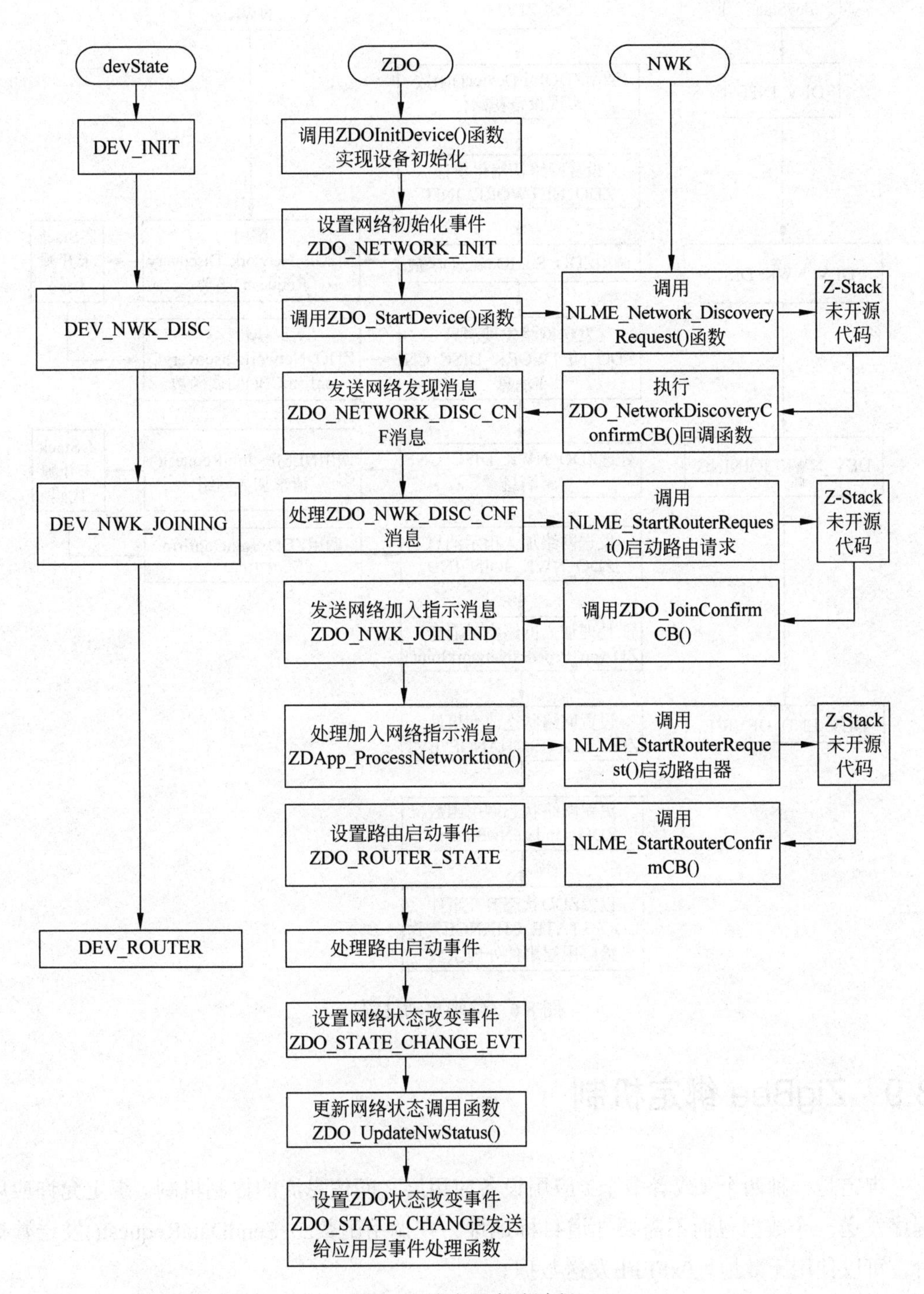
devState
ZDO
NWK
DEV_INIT
调用ZDOInitDevice()函数实现设备初始化
设置网络初始化事件ZDO_NETWORK_INIT
DEV_NWK_DISC
调用ZDO_StartDevice()函数
调用NLME_Network_Discovery Request()函数
Z-Stack未开源代码
发送网络发现消息ZDO_NETWORK_DISC_CNF消息
执行ZDO_NetworkDiscoveryConfirmCB()回调函数
DEV_NWK_JOINING
处理ZDO_NWK_DISC_CNF消息
调用NLME_StartRouterRequest()启动路由请求
Z-Stack未开源代码
发送网络加入指示消息ZDO_NWK_JOIN_IND
调用ZDO_JoinConfirmCB()
处理加入网络指示消息ZDApp_ProcessNetworktion()
调用NLME_StartRouterRequest()启动路由器
Z-Stack未开源代码
设置路由启动事件ZDO_ROUTER_STATE
调用NLME_StartRouterConfirmCB()
DEV_ROUTER
处理路由启动事件
设置网络状态改变事件ZDO_STATE_CHANGE_EVT
更新网络状态调用函数ZDO_UpdateNwStatus()
设置ZDO状态改变事件ZDO_STATE_CHANGE发送给应用层事件处理函数

图 8.5 路由器启动过程

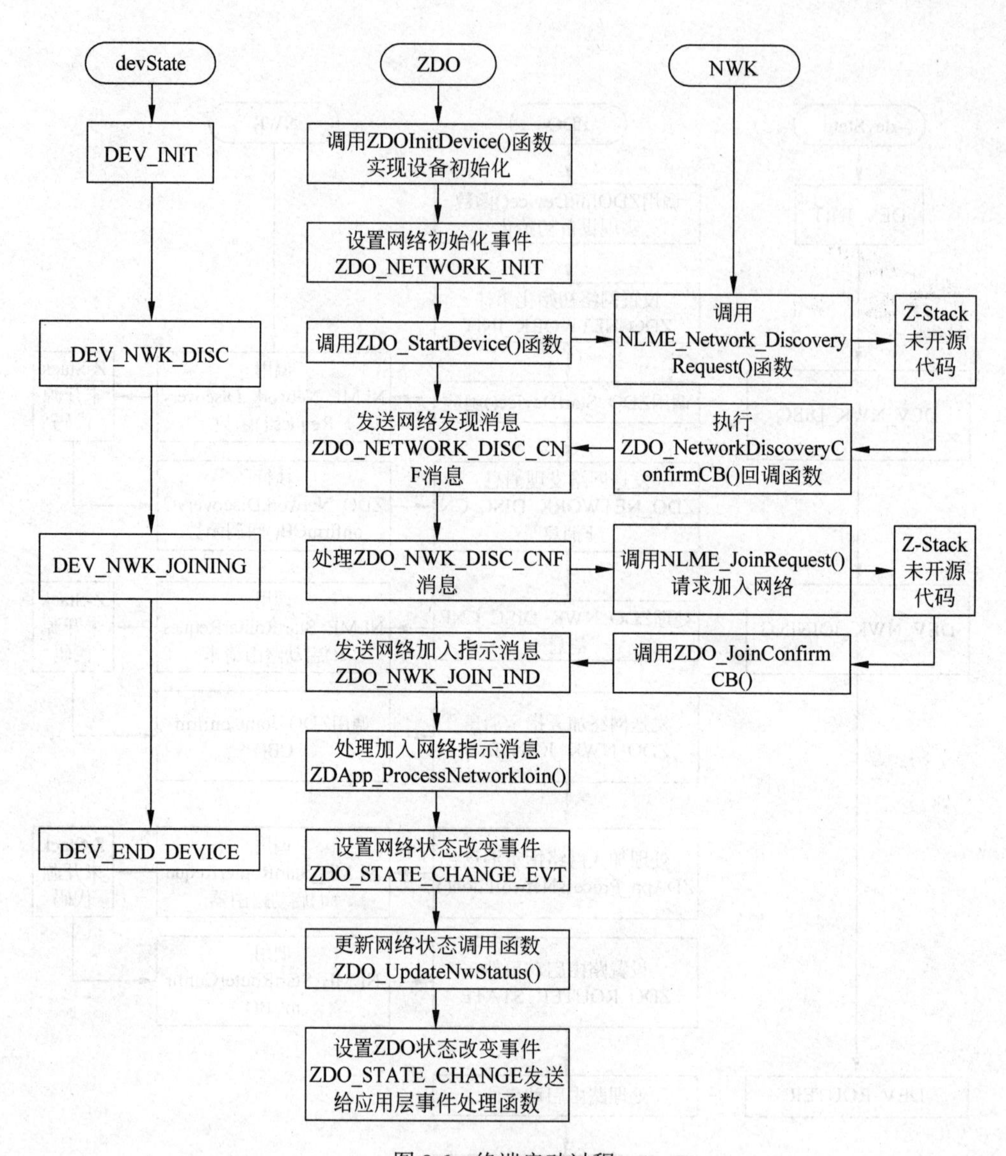

图 8.6 终端启动过程

8.9 ZigBee 绑定机制

绑定是一种两个（或者多个）应用设备应用层之间信息流的控制机制。绑定允许应用程序发送一个数据包而不需要知道目标地址。在调用函数zb_SendDataRequest()发送数据时，可以使用无效地址0xFFFE发送数据。

注意：绑定只能在互为“补充的”设备间被创建。也就是说，当两个设备已经在它们的简单描述符结构中登记为一样的命令ID，并且一个作为输入，另一个作为输出时，绑定才能成功。

图8.7中，ZigBee网络中的两个节点分别为Z1和Z2，其中Z1节点中包含两个独立端点，分别是EP3和EP21，它们分别表示开关1和开关2。Z2节点中有EP5、EP7、EP8、EP17共4个端点，分别表示从1到4这4盏灯。在网络中，通过建立ZigBee绑定操作，可以将EP3和EP5、EP7、EP8进行绑定，将EP21和EP17进行绑定。这样开关I便可以同时控制电灯1、2、3，开关2便可以控制电灯4。利用绑定操作，还可以更改开关和电灯之间的绑定关系，从而形成不同的控制关系。从这个例子可以看出，绑定操作能够使用户的应用变得更加方便灵活。

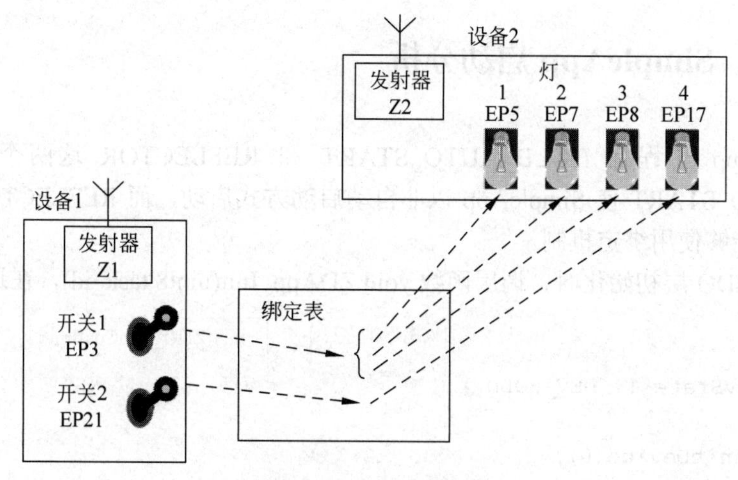

图 8.7　ZigBee 绑定机制

要实现绑定操作，端点必须向协调器发送绑定请求，协调器在有限的时间间隔内接收到两个端点的绑定请求后，便通过建立端点之间的绑定表在这两个不同的端点之间形成一个逻辑链路。因此，在绑定后的两个端点之间进行消息传送的过程属于消息的间接传送。

8.10　SimpleApp 工程

SimpleApp 例程与 SampleApp 例程的区别主要在于 SimpleApp 例程将 SampleApp 例程应用层换成了 sapi.c，文件 sapi.c 中实现了 Z-Stack 的绑定机制，虽然可以依照 SimpleApp 例程在 SampleApp 例程中实现绑定，但直接用 SimpleApp 例程开发绑定相关程序则更为方便，而且由于其他各层 TI 提供的例程是共享的，所以之前按键、LED、串口及网络的设置仍然是有效的。

8.10.1　SimpleApp 的打开

在 IAR 主界面上选择 File|Open|Workspace 命令打开文件 C:\Texas Instruments\Z-Stack-CC2530-2.5.0\Projects\Z-Stack\Samples\SimpleApp\CC2530DB SimpleApp. eww。

SimpleApp 工程里面有两个应用，一个是收集传感器的值，其中有一个传感器节点和一个收集节点，传感器节点收集节点的片内温度和电压发送给收集节点；另一个为 LED 开关应用，有一个控制节点和一个开关节点，开关节点控制节点的 LED 亮灭。

在工作空间中有 4 种项目配置，分别配置成应用中的 4 种设备。

（1）LED 灯实验，与这个应用相关的配置是 SimpleSwitchEB 和 SimpleControllerEB。SimpleSwitchEB 是终端设备，SimpleControllerEB 是控制设备，是协调器或者路由器。

（2）传感器实验，与这个应用相关的配置是 SimpleCollectorEB 和 SimpleSensorEB。SimpleSensorEB 是终端设备，SimpleCollectorEB 是控制设备，是协调器或者路由器。

8.10.2 SimpleApp 启动分析

SimpleApp 工程有 HOLD_AUTO_START 和 REFLECTOR 这两个编译选项，HOLD_AUTO_START 使 SimpleApp 以非自动启动方式启动，而 REFLECTOR 这个编译选项使工程能够使用绑定机制。

（1）在 ZDO 层初始化时，调用函数 void ZDApp_Init(uint8 task_id)，在这个函数中有如下代码：

```
if ( devState != DEV_HOLD )
  {
    ZDOInitDevice(0);
  }
  else
  {
    ZDOInitDevice( ZDO_INIT_HOLD_NWK_START );
    //Blink LED to indicate HOLD_START
    HalLedBlink( HAL_LED_4, 0, 50, 500 );
  }
```

由于这个实验编译了 HOLD_AUTO_START 这个编译选项，所以在执行这段代码中要闪烁 LED，而不是执行相关设备的初始化。

（2）应用层的初始化，文件 sapi.c 中函数 void SAPI_Init(byte task_id)负责执行应用层的初始化，其中代码 osal_set_event(task_id，ZB_ENTRY_EVENT)将事件 ZB_ENTRY_EVENT 交给了应用层事件处理函数 UINT16 SAPI_ProcessEvent(byte task_id，UINT16 events)来处理。代码如下：

```
if ( events & ZB_ENTRY_EVENT )
  {
    uint8 startOptions;

    //Give indication to application of device startup
#if ( SAPI_CB_FUNC )
    zb_HandleOsalEvent( ZB_ENTRY_EVENT );
#endif
```

```
//LED off cancels HOLD_AUTO_START blink set in the stack
HalLedSet (HAL_LED_4, HAL_LED_MODE_OFF);

zb_ReadConfiguration(ZCD_NV_STARTUP_OPTION,sizeof(uint8),&startOptions);
if ( startOptions & ZCD_STARTOPT_AUTO_START )
{
  zb_StartRequest();
}
else
{
  //blink leds and wait for external input to config and restart
  HalLedBlink(HAL_LED_2, 0, 50, 500);
}
```

代码分析：

① `zb_ReadConfiguration(ZCD_NV_STARTUP_OPTION,sizeof(uint8),&startOptions);`

从 NV 中读出 ZCD_NV_STARTUP_OPTION 选项，存入变量 startOptions。

```
② if(startOptions & ZCD_STARTOPT_AUTO_START )
  {
    zb_StartRequest();
  }
  else
  {
    //blink leds and wait for external input to config and restart
    HalLedBlink(HAL_LED_2, 0, 50, 500);
}
```

第一次启动时 ZCD_NV_STARTUP_OPTION 选项值不等于 ZCD_STARTOPT_AUTO_START，所以闪烁 LED2，不执行 zb_StartRequest()函数。以后再启动时，ZCD_NV_STARTUP_OPTION 选项值为 ZCD_STARTOPT_AUTO_START 可以直接启动，所以 HOLD_AUTO_START 编译选项只能在第一次启动时起作用。

（3）第一次启动后，协议栈事件循环已经运行，但网络并没有建立，需要通过按键事件来决定是协调器还是路由器或是终端节点。

当有按键事件产生，将会交给注册按键的层，SimpleApp 与 SampleApp 一样都是交给应用层的事件处理函数来处理。也就是文件 sapi.c 的函数 SAPI_ProcessEvent（byte task_id，UINT16 events），在这个函数中调用了函数 zb_HandleKeys(((keyChange_t *)pMsg)->state，((keyChange_t *) pMsg) ->keys)；来处理按键事件。

需要强调的是，文件 SimpleSwitch.c 和文件 SimplController.c 都有函数 zb_HandleKeys()。当在工作空间中选择配置选项 SimpleSwitchEB，则文件 SimpleSwitch.c 有效，文件 SimpleSwitch.c 中的函数 zb_HandleKeys()用来处理按键事件。在工作空间中选择 SimpleControllerEB 有效，文件 SimpleController.c 中的函数 zb_HandleKeys()用来处理按键事件。这样就可以将控制设备和开关设备的按键事件处理代码分别放在这两个文件中。同样道理，在传感器实验中，SimpleCollector.c 和 SimpleSensor.c 也有同样的情况。

8.11 灯开关实验

在该实验中将所有节点分为两类：控制节点和开关节点，两个节点通过按键建立绑定关系，然后开关节点可以通过按键控制控制节点的 LED 亮灭。

8.11.1 SimpleController.c

（1）控制节点中关于簇的定义。在文件SimpleController.c中，定义了一个输入簇TOGGLE_LIGHT_CMD_ID，这个簇与开关节点的同名输出簇配合使用来建立绑定关系。

```
#define NUM_OUT_CMD_CONTROLLER                    0
#define NUM_IN_CMD_CONTROLLER                     1

//List of output and input commands for Controller device
const cId_t zb_InCmdList[NUM_IN_CMD_CONTROLLER] =
{
  TOGGLE_LIGHT_CMD_ID,
  };
```

（2）SimpleController.c中的按键处理函数。在灯开关实验中选择了SimpleControllerEB配置选项，文件SimpleController.c有效。第一次启动后，协议栈事件循环已经运行，但网络并没有建立，需要通过按键事件来决定是协调器还是路由器或是终端节点。按键事件发生后，调用SimpleController.c中的zb_HandleKeys()函数进行事件处理。

代码如下：

```
void zb_HandleKeys( uint8 shift, uint8 keys )
{
  uint8 startOptions;
  uint8 logicalType;

  //Shift is used to make each button/switch dual purpose.
  if ( 0 )
  {
    if ( keys & HAL_KEY_SW_1 )
    {
    }
    if ( keys & HAL_KEY_SW_2 )
    {
    }
    if ( keys & HAL_KEY_SW_3 )
    {
```

```
    }
    if ( keys & HAL_KEY_SW_4 )
    {
    }
  }
  else
  {
    if ( keys & HAL_KEY_SW_6 )
    {
      if ( myAppState == APP_INIT  )
      {
        //In the init state, keys are used to indicate the logical mode.
        //Key 1 starts device as a coordinator

        zb_ReadConfiguration(ZCD_NV_LOGICAL_TYPE,sizeof(uint8),
&logicalType);
        logicalType= ZG_DEVICETYPE_COORDINATOR;
        if(logicalType != ZG_DEVICETYPE_ENDDEVICE)
        {
          logicalType = ZG_DEVICETYPE_COORDINATOR;
          zb_WriteConfiguration(ZCD  NV  LOGICAL  TYPE,sizeof(uint8),
&logicalType);
        }

        //Do more configuration if necessary and then restart device with
auto-start bit set
        //write endpoint to simple desc…dont pass it in start req...then reset


        zb_ReadConfiguration(ZCD  NV  STARTUP  OPTION,sizeof(uint8),
&startOptions);
        startOptions = ZCD_STARTOPT_AUTO_START;
        zb_WriteConfiguration(ZCD_NV_STARTUP_OPTION,sizeof(uint8),
&startOptions);
        zb_SystemReset();

      }
      else
      {
        //Initiate a binding
        zb_AllowBind( myAllowBindTimeout );
      }
    }
    if ( keys & HAL_KEY_SW_7 )
    {
      if ( myAppState == APP_INIT )
      {
```

```
        //In the init state, keys are used to indicate the logical mode.
        //Key 2 starts device as a router

        zb_ReadConfiguration(ZCD_NV_LOGICAL_TYPE, sizeof(uint8),
&logicalType);
        if(logicalType != ZG_DEVICETYPE_ENDDEVICE)
        {
          logicalType = ZG_DEVICETYPE_ROUTER;
          zb_WriteConfiguration(ZCD_NV_LOGICAL_TYPE, sizeof(uint8),
&logicalType);
        }

        zb_ReadConfiguration(ZCD_NV_STARTUP_OPTION, sizeof(uint8),
&startOptions);
        startOptions = ZCD_STARTOPT_AUTO_START;
        zb_WriteConfiguration(ZCD_NV_STARTUP_OPTION, sizeof(uint8),
&startOptions);
        zb_SystemReset();
      }
      else
      {
      }
    }
    if ( keys & HAL_KEY_SW_3 )
    {
    }
    if ( keys & HAL_KEY_SW_4 )
    {
    }
  }
}
```

代码分析：

① TI的原始代码是检测HAL_KEY_SW_1和HAL_KEY_SW_2，由于学习板上只有HAL_KEY_SW_6和HAL_KEY_SW_7，所以用HAL_KEY_SW_6和HAL_KEY_SW_7代替HAL_KEY_SW_1和 HAL_KEY_SW_2，分别对应学习板上的S2和S1键。

② 由于Z-Stack将HAL_KEY_SW_6看作Shift键，所以需要将代码if（shift）改为if（0）。

③ 在第一次启动设备时，如果按下SW_6，则在NV中写入ZCD_NV_ LOGICAL_TYPE项值为ZG_DEVICETYPE_COORDINATOR，以后启动就不再需要通过按键规定设备类型。将在NV中写入ZCD_NV_STARTUP_OPTION项值为ZCD_STARTOPT_AUTO_START，以后启动时就不需要以HOLD_AUTO_START方式启动。

④ 在第一次启动设备时，再次按下SW_6；以后启动设备时，第一次允许绑定请求。注意如果没有成功加入网络，则无法执行这个操作。

⑤ 在第一次启动设备时，再次按下SW_7则设备以路由器启动。

（3）函数 zb_AllowBind()。在第一次启动设备时，第二次按下 SW_6；以后启动设备时，第一次按下 SW_6，调用函数 zb_AllowBind()允许绑定请求。

代码如下：

```
void zb_AllowBind( uint8 timeout )
{
osal_stop_timerEx(sapi_TaskID, ZB_ALLOW_BIND_TIMER);
if( timeout == 0 )
{
afSetMatch(sapi_epDesc.simpleDesc->EndPoint, FALSE);
}
else
{
afSetMatch(sapi_epDesc.simpleDesc->EndPoint, TRUE);
if( timeout != 0xFF )
{
if( timeout > 64 )
{
timeout = 64;
}
osal_start_timerEx(sapi_TaskID, ZB_ALLOW_BIND_TIMER, timeout*1000);
}
}
return;
}
```

说明：

① 参数 timeout 是目标设备进入绑定模式持续的时间（s）。如果设置为 OxFF，则该设备在任何时候都是允许绑定模式；如果设置为 0x00，则取消目标设备进入允许绑定模式。如果设定的时间大于 64s 就默认为 64s。

② uint8 afSetMatch(uint8 ep，uint8 action)。

说明：允许或者禁止设备响应 ZDO 的描述符匹配请求。如果 action 参数为 TRUE 允许匹配，反之如果是 FALSE 则禁止匹配。

参数说明：

ep——端点 endpoint；

action——允许或者禁止匹配。

返回值：TRUE 或者 FALSE。

③ 事件 ZB_ALLOW_BIND_TIMER。

如果设定了允许 ZDO 描述符匹配，而设定的时间不是 0xFF，即不是在任何时间都允许，那么就定时时长为 timeout 来触发事件 ZB_ALLOW_BIND_TIMER 关闭 ZDO 描述符匹配。

触发事件 ZB_ALLOW_BIND_TIMER，根据 Z-Stack 的事件处理机制，会调用 SApi.c 文件中的函数 SAPI_ProcessEvent()进行处理。

代码如下：

```
UINT16 SAPI_ProcessEvent( byte task_id, UINT16 events )
{
…
if ( events & ZB_ALLOW_BIND_TIMER )
{
  //函数 afSetMatch()的参数为 FALSE 即是关闭匹配描述符响应
afSetMatch(sapi_epDesc.simpleDesc->EndPoint, FALSE);
return (events ^ ZB_ALLOW_BIND_TIMER);
}
…
}
```

（4）开关节点按下 SW_7，向控制器发送命令，控制节点会调用文件 SimpleController.c 中的函数 zb_ReceiveDataIndication()对其处理，代码如下：

```
void zb_ReceiveDataIndication(uint16 source, uint16 command, uint16 len, uint8 *pData)
{
  if (command == TOGGLE_LIGHT_CMD_ID)
  {
    //Received application command to toggle the LED
    HalLedSet(HAL_LED_1, HAL_LED_MODE_TOGGLE);
  }
}
```

开关节点按下 SW_7，向控制器发送命令，控制节点闪烁 LED。

8.11.2 SimpleSwitch.c

1. 开关节点中关于簇的定义

在文件 SimpleSwitch.c 中，定义了一个输出簇 TOGGLE_LIGHT_CMD_ID，这个簇与控制节点的同名输入簇配合使用来建立绑定关系。

```
#define NUM_OUT_CMD_SWITCH                 1
#define NUM_IN_CMD_SWITCH                  0

//List of output and input commands for Switch device
const cId_t zb_OutCmdList[NUM_OUT_CMD_SWITCH] =
{
  TOGGLE_LIGHT_CMD_ID
};
```

2. SimpleSwitch.c中的按键处理函数

下面是文件 SimpleSwitch.c 中的函数 zb_HandleKeys()代码：

```
void zb_HandleKeys( uint8 shift, uint8 keys )
{
  uint8 startOptions;
  uint8 logicalType;

  //Shift is used to make each button/switch dual purpose.
  if ( 0 )
  {
    if ( keys & HAL_KEY_SW_1 )
    {
    }
    if ( keys & HAL_KEY_SW_2 )
    {
    }
    if ( keys & HAL_KEY_SW_3 )
    {
    }
    if ( keys & HAL_KEY_SW_4 )
    {
    }
  }
  else
  {
    if ( keys & HAL_KEY_SW_6 )
    {
      if ( myAppState == APP_INIT )
      {
        //配置设备的逻辑类型,开关设备总是end-device

        logicalType = ZG_DEVICETYPE_ENDDEVICE;
        //将设备的逻辑类型写入NV中
        zb_WriteConfiguration(ZCD_NV_LOGICAL_TYPE, sizeof(uint8),
&logicalType);


       //从NV中读出ZCD_NV_STARTUP_OPTION项
        zb_ReadConfiguration(ZCD_NV_STARTUP_OPTION, sizeof(uint8),
&startOptions);
        //将ZCD_NV_STARTUP_OPTION项赋值为ZCD_STARTOPT_AUTO_START,并写入NV
        startOptions = ZCD_STARTOPT_AUTO_START;
        zb_WriteConfiguration(ZCD_NV_STARTUP_OPTION, sizeof(uint8),
&startOptions);
        //重新启动
        zb_SystemReset();

      }
      else
```

```
      {
        //发出不知扩展地址的绑定请求
        zb_BindDevice(TRUE, TOGGLE_LIGHT_CMD_ID, NULL);
      }
    }
    if ( keys & HAL_KEY_SW_7 )
    {
      if ( myAppState == APP_INIT )
      {

        logicalType = ZG_DEVICETYPE_ENDDEVICE;
        zb_WriteConfiguration(ZCD_NV_LOGICAL_TYPE, sizeof(uint8),
&logicalType);

        zb_ReadConfiguration(ZCD_NV_STARTUP_OPTION, sizeof(uint8),
&startOptions);
        startOptions = ZCD_STARTOPT_AUTO_START;
        zb_WriteConfiguration(ZCD_NV_STARTUP_OPTION, sizeof(uint8),
&startOptions);
        zb_SystemReset();
      }
      else
      {
        //向控制设备发送命令来开关 LED
        zb_SendDataRequest(0xFFFE, TOGGLE_LIGHT_CMD_ID, 0,
                   (uint8 *)NULL, myAppSeqNumber, 0, 0);
      }
    }
    if ( keys & HAL_KEY_SW_3 )
    {
      //删除绑定
      zb_BindDevice(FALSE, TOGGLE_LIGHT_CMD_ID, NULL);
    }
    if ( keys & HAL_KEY_SW_4 )
    {
    }
  }
}
```

代码分析：

（1）TI的原始代码是检测 HAL_KEY_SW_1 和 HAL_KEY_SW_2，由于学习板上只有 HAL_KEY_SW_6 和 HAL_KEY_SW_7，所以用 HAL_KEY_SW_6 和 HAL_KEY_SW_7 代替 HAL_KEY_SW_1 和 HAL_KEY_SW_2，分别对应学习板上的 S2 和 S1 键。

（2）由于 Z-Stack 将 HAL_KEY_SW_6 看作 Shift 键，所以需要将代码 if（shift）改为 if（0）。

（3）在第一次启动设备时，如果按下 SW_6，则在 NV 中写入 ZCD_NV_LOGICAL_TYPE 项值为 ZG_DEVICETYPE_ENDDEVICE，以后启动就不再需要通过按键规定设备类型。将在 NV 中写入 ZCD_NV_STARTUP_OPTION 项值为 ZCD_STARTOPT_AUTO_START，以后启动时就不需要以 HOLD_AUTO_START 方式启动。

（4）在第一次启动设备时，再次按下 SW_6；以后启动设备时，第一次按下 SW_6 发出绑定请求。注意如果没有成功加入网络，则无法执行这个操作。

（5）在第一次启动设备时按下 SW_7，与在第一次启动设备时按下 SW_6 有相同的效果。

（6）成功启动设备后按下 SW_7，向控制器发送命令，代码如下：

```
//向控制设备发送命令来开关 LED
        zb_SendDataRequest(0xFFFE, TOGGLE_LIGHT_CMD_ID, 0,
                          (uint8 *)NULL, myAppSeqNumber, 0, 0);
```

函数zb_SendDataRequest()的地址参数是0xFFFE，在8.4节知道这是专用于绑定的无效地址。控制节点会调用文件SimpleController.c中的函数zb_ReceiveDataIndication()对其处理。

（7）按下 SW_3，删除绑定，由于学习板没有 SW_3，所以此功能无法实现。

总结建立绑定及开关设备使用按键控制控制设备 LED 的步骤：

① 控制设备按 SW6，允许绑定。

② 开关设备按 SW6，绑定控制设备。

③ 开关设备按 SW7，控制控制设备 LED。

3．函数zb_BindDevice()

TI的Z-Stack 2007协议栈中提供两种可用的机制来配置设备绑定。

（1）目的设备的扩展地址是已知的。

（2）目的设备的扩展地址是未知的。

SimpleAPP 工程的 LED 开关实验和传感器实验都是基于扩展地址是未知的绑定模式，所以这里只分析基于扩展地址是未知的绑定模式。

代码如下：

```
zb_BindDevice(uint8 create,          //创建还是删除绑定,TRUE创建,FALSE删除
uint16 commandId,                    //命令ID,绑定是基于命令ID的绑定
uint8 *pDestination)                 //扩展地址,可以为NULL,决定绑定类型

{
if (create)
{
if (pDestination)                    //已知扩展地址的绑定
{
…
}
else                                 //未知扩展地址的绑定
{
```

```
Destination.addrMode = Addr16Bit; //16位短地址模式
//目的地址为广播地址,在全网进行匹配
destination.addr.shortAddr = NWK_BROADCAST_SHORTADDR;
//以下从两个方向进行Cluster匹配
if(ZDO_AnyClusterMatches(1,&commandId,
sapi_epDesc.simpleDesc-> AppNumOutClusters,
sapi_epDesc.simpleDesc->pAppOutClusterList))
{
//匹配一个在允许绑定模式下的设备
ret = ZDP_MatchDescReq(&destination, NWK_BROADCAST_SHORTADDR,
sapi_epDesc.simpleDesc->AppProfId,1,&commandId,0,(cId_t *)NULL,0);
}
else if(ZDO_AnyClusterMatches(1, &commandId,
sapi_epDesc.simpleDesc->AppNumInClusters,
sapi_epDesc.simpleDesc->pAppInClusterList))
{
//匹配一个在允许绑定模式下的设备
ret = ZDP_MatchDescReq(&destination, NWK_BROADCAST_SHORTADDR,
sapi_epDesc.simpleDesc->AppProfId,0,(cId_t *)NULL, 1, &commandId, 0);
}
if (ret == ZB_SUCCESS)
{
osal_start_timerEx(sapi_TaskID, ZB_BIND_TIMER, AIB_MaxBindingTime);
return; //dont send cback event
}
...
}
```

8.11.3 灯开关实验其他函数分析

文件 SimpleSwitch.c、文件 SimplController.c、文件 SimpleCollector.c 和文件 SimpleSensor.c 有着相同的一组函数，这些函数被文件 sapi.c 调用。当在工作区选择不同的配置选项，文件 SimpleSwitch.c、文件 SimplController.c、文件 SimpleCollector.c 和文件 SimpleSensor.c 分别有效。通过这种方法，虽然 sapi.c 调用的是同一个函数，但在不同的配置选项中，调用的是不同文件的函数，这些文件根据自己的功能对这组函数有着不同的实现，这些函数被文件 sapi.c 调用实现了不同节点的功能。

函数 zb_HandleOsalEvent() ——事件处理函数。

函数 zb_StartConfirm() ——设备成功启动后被调用。

函数 zb_SendDataConfirm() ——数据成功发送后被调用。

函数 zb_BindConfirm() ——绑定操作成功后被调用。

函数 zb_AllowBindConfirm() ——允许绑定后如果有设备试图绑定被调用。

函数 zb_ReceiveDataIndication() ——设备收到数据后被调用。

作业：

（1）在学习板上实现灯开关实验，观察实验现象。

（2）在作业板上实现灯开关实验。

8.12 传感器采集实验

在该实验中将所有节点分为两类：传感器节点和采集节点。传感器节点负责采集温度值和电压值，并将采集到的数值传递给采集节点，采集节点负责收集信息，并将收集到的信息通过串口发送给 PC。

8.12.1 采集节点 SimpleCollector.c

采集节点在网络中充当协调器。

（1）采集节点中关于簇的定义：

```
//Inputs and Outputs for Collector device
#define NUM_OUT_CMD_COLLECTOR                  0
#define NUM_IN_CMD_COLLECTOR                   1

//List of output and input commands for Collector device
const cId_t zb_InCmdList[NUM_IN_CMD_COLLECTOR] =
{
  SENSOR_REPORT_CMD_ID
};};
```

由上述代码可以看出，在采集节点中一共定义了一个簇 SENSOR_REPORT_CMD_ID，并且此簇属于输入簇，与传感器节点同名输出簇相对应。

（2）SimpleCollector.c 的按键处理函数与 SimpleController.c 大部分相同。

（3）当采集节点收到传感器节点传过来的数据调用了函数 zb_ReceiveDataIndication()对其处理，文件 SimpleCollector.c 的函数 zb_ReceiveDataIndication()与文件 SimpleController.c 中函数 zb_ReceiveDataIndication()有很大不同，将传感器节点传过来的数据发送到串口，代码如下：

```
void zb_ReceiveDataIndication(uint16 source, uint16 command, uint16 len,
uint8 *pData)
{
  uint8 buf[32];
  uint8 *pBuf;
  uint8 tmpLen;
  uint8 sensorReading;

  if (command == SENSOR_REPORT_CMD_ID)
```

```
{
  //Received report from a sensor
  sensorReading = pData[1];

  //If tool available, write to serial port

  tmpLen = (uint8)osal_strlen((char*)strDevice);
  pBuf = osal_memcpy(buf, strDevice, tmpLen);
  _ltoa(source, pBuf, 16);
  pBuf += 4;
  *pBuf++ = ' ';

  if (pData[0] == BATTERY_REPORT)
  {
    tmpLen = (uint8)osal_strlen((char*)strBattery);
    pBuf = osal_memcpy(pBuf, strBattery, tmpLen);

    *pBuf++ = (sensorReading / 10) + '0';    //convent msb to ascii
    *pBuf++ = '.'; //decimal point(battery reading is in units of 0.1 V
    *pBuf++ = (sensorReading % 10) + '0';    //convert lsb to ascii
    *pBuf++ = ' ';
    *pBuf++ = 'V';
  }
  else
  {
    tmpLen = (uint8)osal_strlen((char*)strTemp);
    pBuf = osal_memcpy(pBuf, strTemp, tmpLen);

    *pBuf++ = (sensorReading / 10) + '0';   //convent msb to ascii
    *pBuf++ = (sensorReading % 10) + '0';   //convert lsb to ascii
    *pBuf++ = ' ';
    *pBuf++ = 'C';
  }

  *pBuf++ = '\r';
  *pBuf++ = '\n';
  *pBuf = '\0';

#if defined(MT_TASK)
  debug_str((uint8 *)buf);
#endif

  //can also write directly to uart

 }
}
```

8.12.2 传感器节点 SimpleSensor.c

（1）传感器节点中关于簇的定义：

```
#define NUM_OUT_CMD_SENSOR              1
#define NUM_IN_CMD_SENSOR               0

const cId_t zb_OutCmdList[NUM_OUT_CMD_SENSOR] =
{
  SENSOR_REPORT_CMD_ID
};
```

同样由上述代码可以看出，在传感器节点中只定义了一个簇，且该簇也为SENSOR_REPORT_CMD_ID，并且此簇属于输出簇，与采集节点的输入簇相对应。

（2）传感器节点按键处理函数，节点启动后，按 SW6 或 SW7 键，以终端方式启动。

（3）函数 zb_StartConfirm()。

当设备启动后调用了 zb_StartConfirm()，具体程序代码如下：

```
void zb_StartConfirm(uint8 status)
{
 if (status == ZB_SUCCESS)
 {
  myAppState = APP_START;
  osal_start_timerEx(sapi_TaskID,MY_FIND_COLLECTOR_EVT,myBindRetryDelay);
 }
...
}
```

在函数 zb_StartConfirm()中，如果设备启动成功，则定时触发事件 MY_FIND_ COLLECTOR_EVT，对应的任务 ID 为 sapi_TaskID。

（4）函数 zb_HandleOsalEvent 的功能是处理节点的各种事件，事件 MY_FIND_ COLLECTOR_EVT 也是由函数 zb_HandleOsalEvent 处理的。

```
void zb_HandleOsalEvent(uint16 event)
{
  if(event & MY_FIND_COLLECTOR_EVT)
  {
    //Find and bind to a collector device
    zb_BindDevice(TRUE, SENSOR_REPORT_CMD_ID, (uint8 *)NULL);
  }
}
```

在函数 zb_HandleOsalEvent()中，发生了事件 MY_FIND_ COLLECTOR_EVT 会调用

函数 zb_BindDevice()发出绑定请求。

（5）函数 zb_BindConfirm()。传感器节点与采集节点两个设备建立绑定后，在绑定确认函数中由触发函数 zb_BindConfirm()开始发送采集节点的信息。具体程序如下：

```
void zb_BindConfirm(uint16 commandId, uint8 status)
{
  if ((status == ZB_SUCCESS) && (myAppState == APP_START))
  {
    myAppState = APP_BOUND;          //应用层状态:绑定
    myApp_StartReporting();          //调用发送函数
  }
…
}
```

（6）函数 myApp_StartReporting():

```
void myApp_StartReporting(void)
{
  osal_start_timerEx(sapi_TaskID,MY_REPORT_TEMP_EVT,myTempReportPeriod);
  osal_start_timerEx(sapi_TaskID,MY_REPORT_BATT_EVT,myBatteryCheckPeriod);
  HalLedSet(HAL_LED_1, HAL_LED_MODE_ON);

}
```

（7）传感器数据的采集。在函数 myApp_StartReporting()中定时触发了两个事件 MY_REPORT_TEMP_EVT、MY_REPORT_BATT_EVT，分别将传感器节点的温度信息和电压信息发送到采集节点。通过函数 zb_HandleOsalEvent()完成对事件的处理，将采集来的数据发送给采集节点，并再次定时触发了两个事件 MY_REPORT_TEMP_ EVT、MY_REPORT_BATT_EVT，具体程序如下：

```
void zb_HandleOsalEvent(uint16 event)
{
…
  if(event & MY_REPORT_TEMP_EVT)
  {
    pData[0] = TEMP_REPORT;
    pData[1] =  myApp_ReadTemperature();     //读取片内温度
    zb SendDataRequest(0xFFFE,SENSOR REPORT CMD ID,2,pData,0,AF ACK REQUEST,0);
    osal_start_timerEx(sapi_TaskID,MY_REPORT_TEMP_EVT,myTempReportPeriod);
  }
  if (event & MY_REPORT_BATT_EVT)
  {
    pData[0] = BATTERY_REPORT;
    pData[1] = myApp_ReadBattery();          //读取电压值
    zb SendDataRequest(0xFFFE,SENSOR REPORT CMD ID,2,pData,0,AF ACK REQUEST,0);
```

```
    osal_start_timerEx(sapi_TaskID,MY_REPORT_BATT_EVT,myBatteryCheckPeriod);
  }
  …
}
```

作业：

（1）在学习板上实现传感器采集实验，观察实验现象。

（2）在作业板上实现传感器采集实验。

第 9 章 CHAPTER 9 智能家居系统

9.1 智能家居系统设计

随着网络技术的飞速发展及人们生活水平的提高，人们对于家庭居住环境提出了更高的要求，智能家居应运而生。智能家居是以住宅环境为平台，利用综合布线技术、网络通信技术、安全防范技术、自动控制技术、音视频技术将家居生活有关的设施集成，构建高效的住宅设施与家庭日程事务的管理系统，提升家居安全性、便利性、舒适性、艺术性，并实现环保节能的居住环境。智能家居的关键技术主要有智能控制及内部网络两个部分。智能控制可以是本地控制或者远程控制；本地控制是指可直接通过网络开关实现对灯或其他电器的智能控制；远程控制是指通过遥控器、电话、手机、电脑等来实现各种远距离控制。

9.1.1 智能家居系统的需求分析

目前，智能家居系统主要面向高端用户，投资大，对现有的家庭装修需要进行一定程度的改变。本系统将各种设备联入无线传感网络，在基本不改动家庭装修的前提下，可以以较低的成本实现智能家居系统中实用性最强的功能——远程控制和安防，将智能家居面向的客户群体扩展到普通家庭。

1．安防系统

（1）红外人体传感：能够检测到进入检测范围的人体，并发送信息给用户。

（2）煤气浓度传感：能够检测煤气浓度，超过一定限值发送信息给用户。

（3）烟雾传感：能够检测烟雾浓度，超过一定限值发送信息给用户。

（4）水浸传感：当水浸过传感器，发送信息给用户。

（5）家居监控：用户可以通过电脑和手机远程监控家居中重点部位。

2．远程控制

（1）热水器远程控制：用户可以通过电脑和手机远程控制热水器进行预先加热。

（2）空调远程控制：用户可以通过电脑和手机远程控制空调进行预先操作。

9.1.2 智能家居系统分析

根据上述需求，设计了如图 9.1 所示的系统。

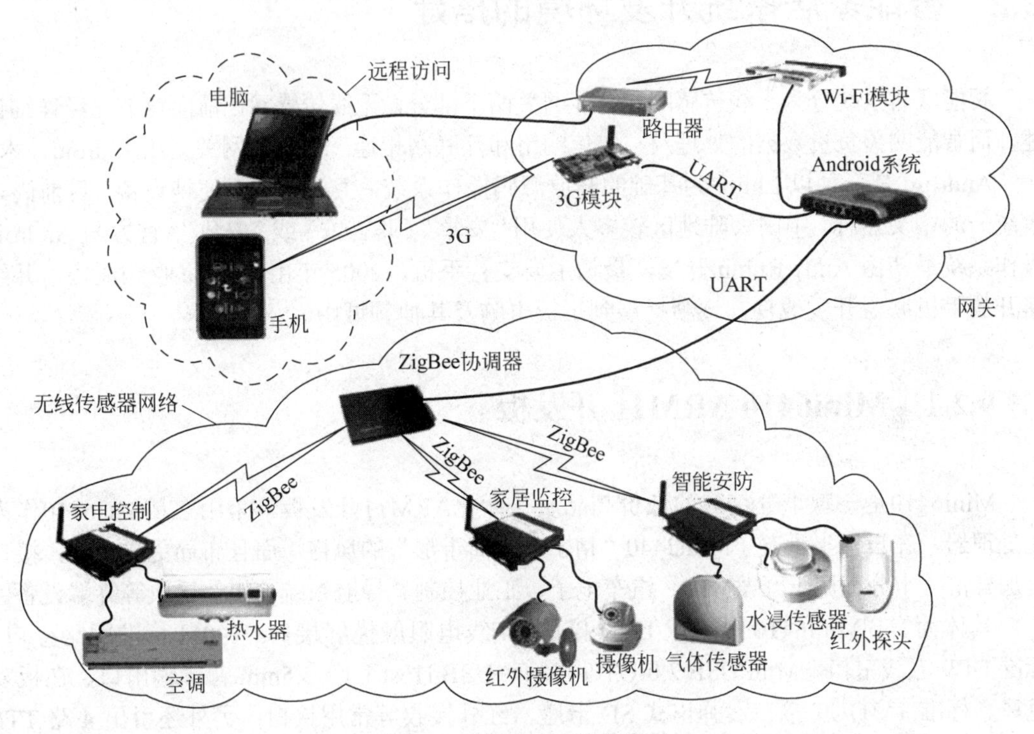

图 9.1 智能家居系统结构图

智能家居系统分成无线传感网和智能网关两个部分，无线传感网负责信息的采集和设备的控制，而网关负责数据的处理及与电信网络和互联网相连。无线传感网使用 ZigBee 协议，而智能网关采用 Android 技术。

9.1.3 智能家居系统软件设计

图 9.2 为智能家居系统结构图。

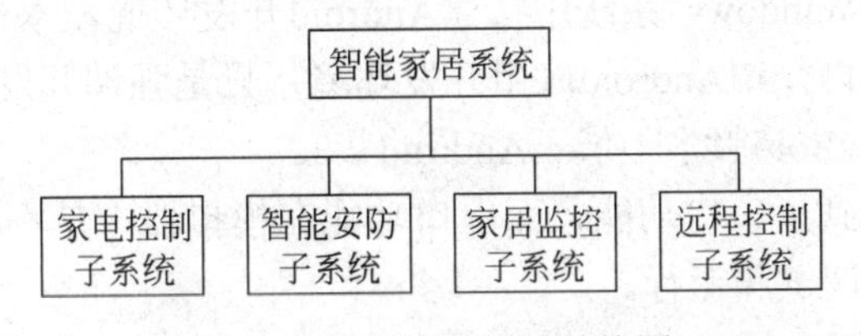

图 9.2 智能家居系统结构图

（1）家电控制子系统：利用 ZigBee 技术实现空调、热水器等家电的集中控制和远程控制。

（2）智能安防子系统：感知环境中的危险因素，并及时报警。

（3）家居监控子系统：对家居中特殊位置进行集中监控和远程监控。

（4）远程控制子系统：通过手机或电脑对智能家居系统进行远程访问。

9.2 智能家居系统开发环境的搭建

智能家居系统分为无线传感网和智能网关两个部分，无线传感网在前面章节已经详细论述，而智能网关负责数据的处理及与电信网络和互联网相连，而智能网关采用Android技术。

Android 是一种以 Linux 为基础的开放源码操作系统，主要使用于便携设备。目前尚未有统一的中文名称，中国大陆地区较多人使用“安卓”（非官方）或“安致”（官方）。Android 操作系统最初由 Andy Rubin 开发，最初主要支持手机。2005 年由 Google 收购注资，并组建开放手机联盟开发改良，逐渐扩展到平板电脑及其他领域中。

9.2.1 Mini6410 ARM11 开发板

Mini6410是一款十分精致的低价高品质一体化ARM11开发板，采用三星S3C6410作为主处理器，在设计上承袭了Mini2440“精于心，简于形”的风格，而且布局更加合理，接口更加丰富，十分适用于开发MID、汽车电子、工业控制、导航系统、媒体播放等终端设备。

具体而言，Mini6410 具有双 LCD 接口、4 线电阻触摸屏接口、100M 标准网络接口、标准 DB9 五线串口、Mini USB 2.0-OTG 接口、USB Host 1.1、3.5mm 音频输出口、在板麦克风、标准 TV-OUT 接口、弹出式 SD 卡座、红外接收等常用接口；另外还引出 4 路 TTL 串口、CMOS Camera 接口、40pin 总线接口、30pin GPIO 接口（可复用为 SPI、I2C、中断等，另含三路 ADC、一路 DAC）、SDIO2 接口（可接 SD Wi-Fi）、10pin Jtag 接口等；在板的还有蜂鸣器、I2C-EEPROM、备份电池、AD 可调电阻、8 按键（可引出）、4LED 等；所有这些，都极大地方便了开发者的评估和使用，再加上按照 Mini6410 尺寸专门定制的 4.3"LCD 模块。

9.2.2 建立 Android 应用开发环境

本节将介绍如何在Windows 系统中搭建Android开发环境，本书假设读者对Android开发有初步了解，所以不再介绍Android应用开发环境，只是强调开发板用的是Android 2.3下的ADB功能，请确认Android版本不低于Android 2.3。

由于项目中大量用到了串口功能，而串口功能在模拟器中是不支持的，所以大部分的程序需要在Mini6410上调试和运行。

1．安装USB ADB驱动程序

用管理员身份启动SDK Manager，在Android SDK and AVD Manager的主界面上，选择Available Packages，单击Third party Add-ons前面的“>”图标展开选项，在如图9.3所示界面中选中Google USB Driver package选项。

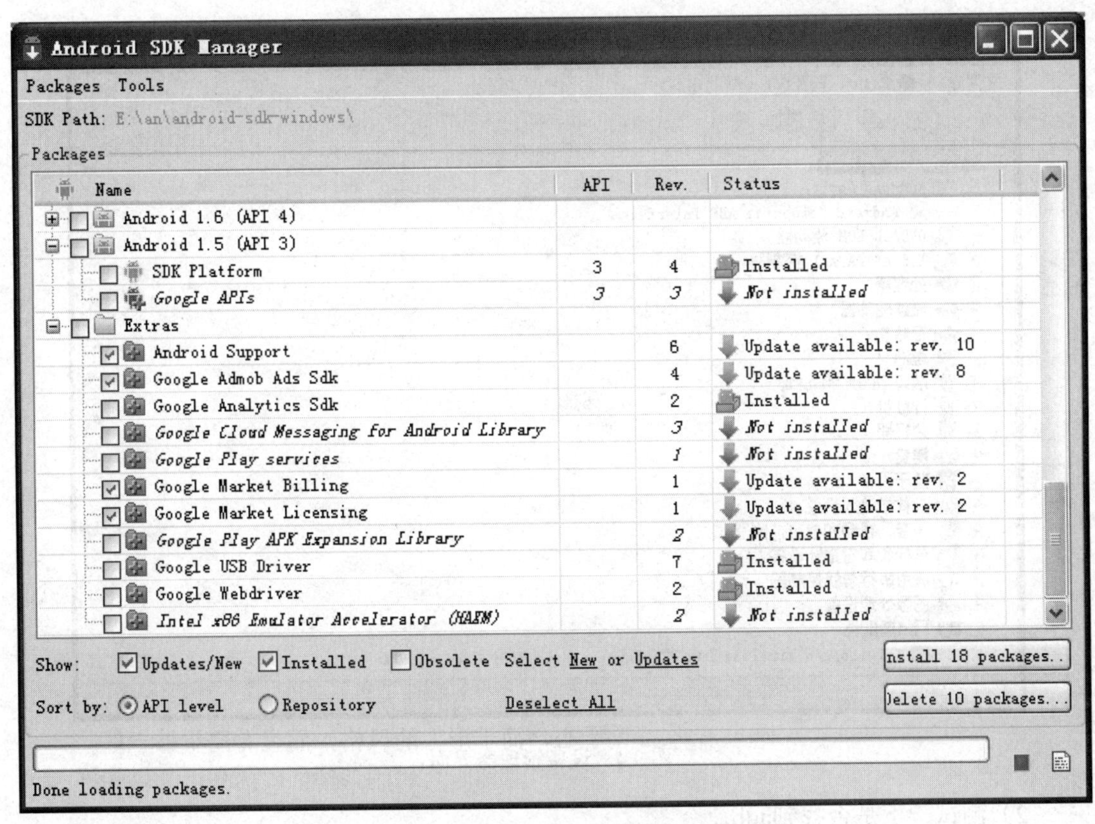

图 9.3　Android SDK Manager 界面

在上面的窗口中单击Install按钮，在弹出的Choose Packages to Install对话框中，选中Accept All单选框，单击Install按钮，将进入下载过程。

下载完成后，将Mini6410开机，在Android启动完毕后，插入MiniUSB线与PC相连，这时，Windows会提示正在安装驱动程序，并稍后会提示“驱动程序安装失败”，这时，右击“我的电脑”，选择“属性”命令，再单击“设备管理器”，会看到一个Mini6410的设备，如图9.4所示。

右击Mini6410，选择“更新驱动程序软件”命令，在弹出的对话框中选择“浏览计算机上的驱动程序文件”，再单击“浏览”按钮，在Android SDK安装路径中选择USB驱动程序的路径，默认情况下是C：\Program Files\Android\Android-sdk\extras\google\usb_driver，选择路径后单击“下一步”按钮进行安装，将弹出一个对话框，在上述对话框中单击“安装”按钮，稍等片刻，得到提示后表示已安装完成。

2．在Mini6410上测试ADB功能

1）将adb命令添加到Path环境变量中

通过下面的方法将adb命令所在的路径添加到Path环境变量中：

（1）右击“我的电脑”|“属性”命令，再选择左边导航中的“高级系统设置”选项。

（2）单击右下角的“环境变量”选项。

（3）在“系统变量”中，找到Path环境变量，双击它，在变量值前面追加以下内容：“C：\Program Files\Android\Android-sdk\platform-tools;”，注意后面有一个分号。

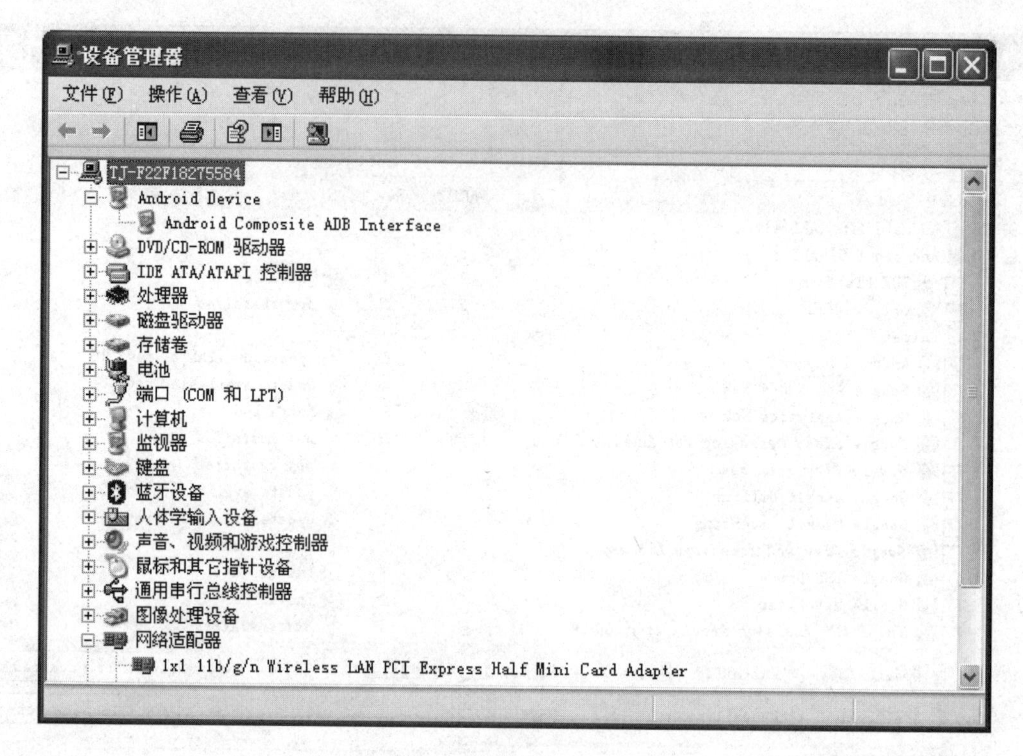

图 9.4　设备管理器界面

2）测试一下是否找到adb命令

通过单击“开始”菜单，在“开始”菜单下方的搜索框中输入“cmd”，在cmd.exe中按Enter键启动DOS窗口，在DOS窗口中，输入“adb devices”后按Enter键，如果显示如图9.5所示的信息表示安装成功。从命令的执行结果中，可以看到电脑已经成功地与Mini6410相连。

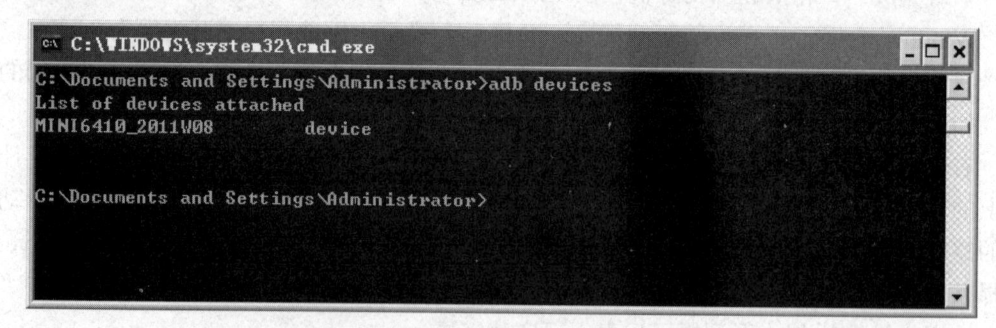

图 9.5　adb devices 命令执行结果

3. 通过USB ADB在Mini6410上运行程序

在Eclipse主界面左侧的Package Explorer中右击要运行的Android项目，选择Properties命令，将弹出Properties窗口，在窗口中单击Run/Debug Settings，选择中间列表中要运行的Android项目，然后在右边单击Edit按钮，将弹出Edit Configuration对话框，单击Target标签，在Deployment Target Selection Mode中选择Always prompt to pick device单选按钮，如图9.6所示。

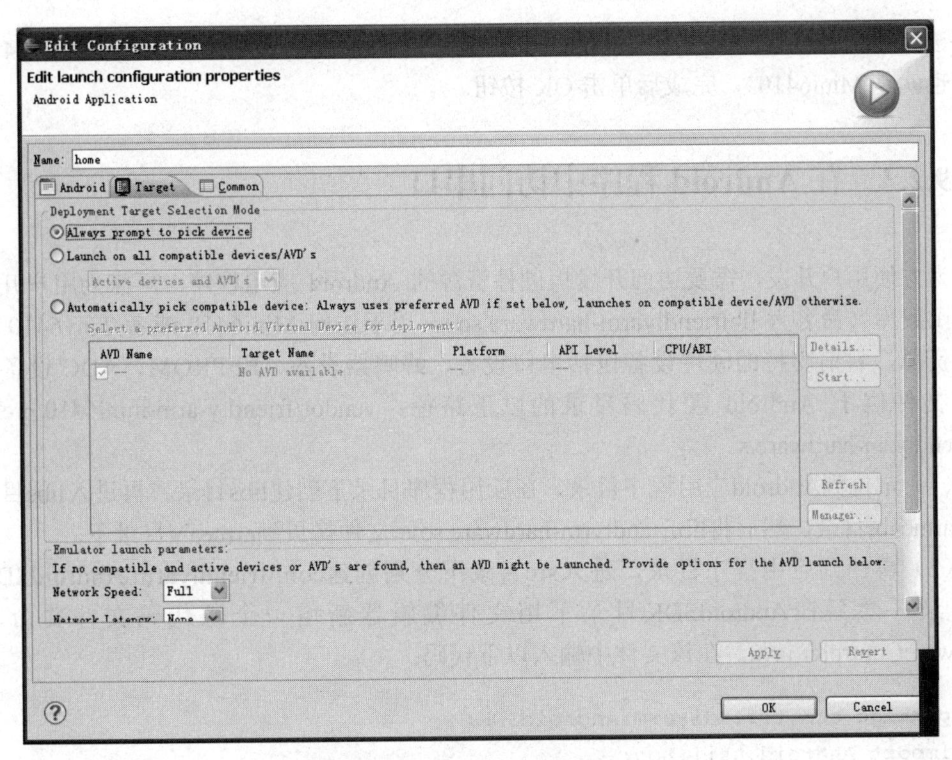

图 9.6 Edit Configuration 对话框

选中要运行的Android项目工程名称，然后单击工具栏中的“运行”按钮，或选择菜单Run|Run As|Android Application命令，会弹出Android Device Chooser对话框，如图9.7所示。

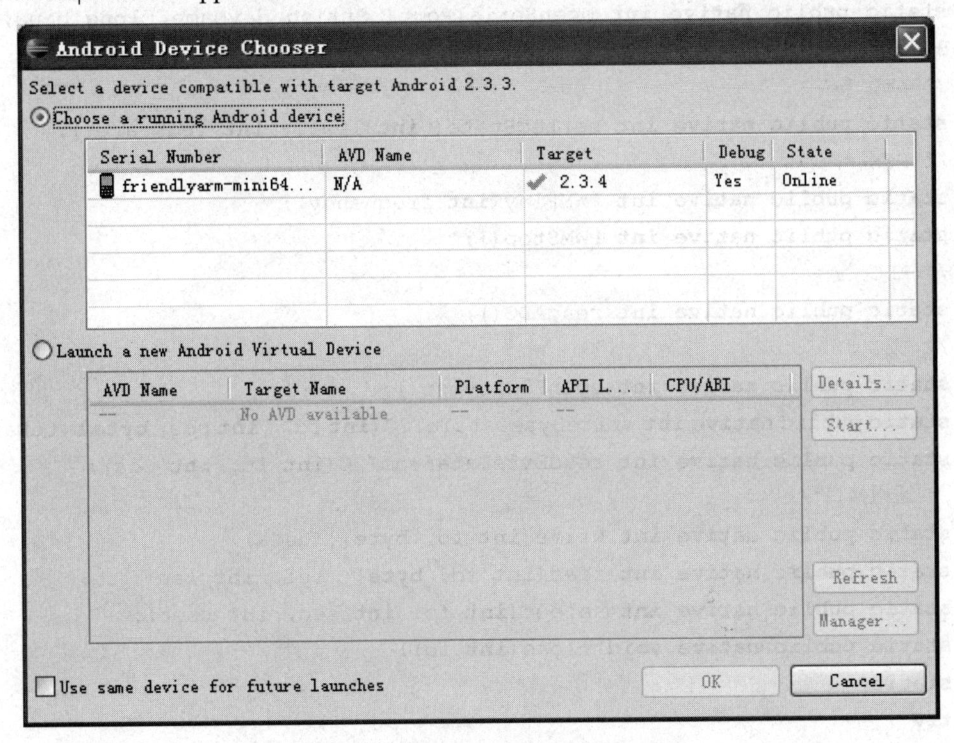

图 9.7 Android Device Chooser 对话框

选择 Choose a running Android device 单选按钮，然后在列表中选中 Target 为 2.3.4 的设备（也就是 Mini6410），完成后单击 OK 按钮。

9.2.3 在 Android 程序中访问串口

为方便用户开发，需要访问开发板硬件资源的 Android 应用程序，厂家为用户开发了一个函数库（命名为 libfriendlyarm-hardware.so），用于访问 Mini6410 或者 Tiny6410 上的硬件资源，目前支持的硬件设备包括串口设备、蜂鸣器设备、EEPROM、ADC 设备等，该库文件位于 Android 源代码目录的以下路径：vendor/friendly-arm/mini6410/prebuilt/libfriendlyrm-hardware.s。

（1）定位到Android应用程序目录，在应用程序目录下创建libs目录，再进入libs目录下创建armeabi目录，然后将libfriendlyrm-hardware.so库文件拷贝到armeabi目录下。

（2）再回到应用程序目录，进入src目录下分别创建com\friendlyarm\AndroidSDK三层目录，然后在AndroidSDK目录下用文件编辑器新增一个源代码文件并命名为HardwareControler.java，在该文件中输入以下代码：

```
package com.friendlyarm.AndroidSDK;
import Android.util.Log;
public class HardwareControler
{
/* Serial Port */
static public native int openSerialPort( String devName, long baud, int dataBits, int stopBits );
/* LED */
static public native int setLedState( int ledID, int ledState );
/* PWM */
static public native int PWMPlay(int frequency);
static public native int PWMStop();
/* ADC */
static public native int readADC();
/* I2C */
static public native int openI2CDevice();
static public native int writeByteDataToI2C(int fd, int pos, byte byteData);
static public native int readByteDataFromI2C(int fd, int pos);
/* 通用接口*/
static public native int write(int fd, byte[] data);
static public native int read(int fd, byte[] buf, int len);
static public native int select(int fd, int sec, int usec);
static public native void close(int fd);
static {
try {
System.loadLibrary("friendlyarm-hardware");
```

```
} catch (UnsatisfiedLinkError e) {
Log.d("HardwareControler", "libfriendlyarm-hardware library not found!");
}
}
}
```

部署完毕后，启动Eclipse，在Eclipse左侧右击项目列表，选择Refresh命令刷新一下项目。

要使用HardwareControler的接口，首先需要在代码中加入如下代码导入HardwareControler类：

```
import com.friendlyarm.AndroidSDK.HardwareControler;
```

9.2.4 Android 上的 Servlet 服务器 i-jetty

下面介绍如何把 Android 设备作为一个 Web 服务器使用。

i-jetty 是在 Google Android 手机平台上的 jetty（开源的 Servlet 容器）。

1．下载与安装

从 http：//code.google.com/p/i-jetty/downloads/list 下载 i-jetty-console-installer-3.0.apk，在 Mini6410 上安装就可以了。

i-jetty-console-installer-3.0-signed-aligned.apk 是 i-jetty 的控制台安装程序，安装成功后可以以 Web 方式对 i-jetty 进行管理。

2．Web项目发布

将 Web 项目发布到设备上去。

因为 Android 上的 Java 虚拟机不能直接解释执行.class 文件，所以首先需要把 Web 项目中的.class 文件和.jar 文件转换成虚拟机能识别的.dex 文件。在转换之前一定要确认安装的是 JavaSE，很多情况下用户计算机中的 JDK 版本是 JavaEE，所以需要重新到 Java 网站下载，并将路径配置好。

然后，运行 Android SDK 中 platform-tools 目录下的 dx.bat。

这里假设 Web 项目的目录在 E:\web，假设项目名为 web。

（1）需要将 Web 项目中 WEB-INF/classes 目录和 lib 目录下的文件，用 dx 命令处理成 classes.dex 并放到 lib 目录下。在命令提示符下，输入以下命令：

```
dx.bat  --dex  --output=E:\web\WEB-INF\lib\classes.zip  E:\web\WEB-INF\
classes E:\ web\WEB-INF\lib
```

注意：如果在 Web 项目中加入了 Android 的包，则需要在这个命令前加入 core-library 参数。

（2）打成 war 包：

```
cd E:\web
jar -cvf web.war *.*
```

（3）生成 classes.zip 后，可以将原先的.class 和.jar 删除掉。

（4）通过 i-jetty 的 download 功能，把 war 下载到设备上去，也可以直接把 web.war 放到/sdcard/jetty/webapps/目录下。

（5）启动 i-jetty 服务器后，就可以在浏览器中访问 Web 项目了，Web 项目名为 Web。

9.3 智能家居系统下位机程序设计

9.3.1 下位机程序设计思路

根据需求，工程 SimpleApp 基本能满足下位机的功能要求，但在工程 SimpleApp 中 SimpleControllerEB 和 SimpleSwitchEB 配合实现了灯开关实验，而 SimpleCollectorEB 和 SimpleSensorEB 配合实现了温度传感实验。智能家居系统下位机需要一个协调器节点、一个传感器节点和一个控制器节点，所以需要将 SimpleCollectorEB 节点的功能移到 SimpleControllerEB 节点上。如果需要增加协调器节点和传感器节点，可以依照工程 SimpleSensorEB 和 SimpleSwitchEB 添加程序文件。

9.3.2 一键报警功能下位机实现

（1）SimpleCollectorEB 工程和 SimpleControllerEB 工程的主要区别在于对串口的支持，在 SimpleControllerEB 的编译选项中加入以下编译选项：

```
ZTOOL_P1
MT_TASK
MT_SYS_FUNC
```

（2）将原来 SimpleController.c 接收数据处理函数 zb_ReceiveDataIndication()处理代码由闪烁 LED1 改为向串口发送数据 a，代码如下：

```
void zb_ReceiveDataIndication(uint16 source, uint16 command, uint16 len,
uint8 *pData)
{
  uint8 strAlert[] = {'a'};
   if (command == TOGGLE_LIGHT_CMD_ID)
  {
    //Received application command to toggle the LED
    //HalLedSet(HAL_LED_1, HAL_LED_MODE_TOGGLE);
    HalUARTWrite(0,(uint8 *)strAlert,1);
  }
…
}
```

9.3.3 水浸报警功能下位机实现

水浸传感器每隔 1s 采集水浸传感器电压值，如果超出正常范围，则向协调器发送消息。

1. 文件SimpleController.c的修改

（1）修改 SimpleController.c，在其中加入处理水浸传感器的簇：

```
const cId_t zb_InCmdList[NUM_IN_CMD_CONTROLLER] =
{
  TOGGLE_LIGHT_CMD_ID,
  SENSOR_REPORT_CMD_ID
};
```

（2）在文件SimpleController.c中加入宏：

```
#define WATER_REPORT 0x03
```

（3）修改SimpleController.c函数zb_ReceiveDataIndication加入处理簇SENSOR_REPORT_CMD_ID的代码：

```
if (pData[0] == WATER_REPORT)
    {

    HalUARTWrite(0,(uint8 *)"w",1);
    }
```

2. 文件SimpleSensor.c的修改

（1）在文件SimpleSensor.c中加入宏：

```
#define WATER_REPORT 0x03
```

（2）在文件SimpleSensor.c中加入事件定义：

```
#define MY_REPORT_WATER_EVT0x0010
```

（3）在函数void myApp_StartReporting（void）中加入定时触发事件的语句：

```
osal_start_timerEx(sapi_TaskID,MY_REPORT_WATER_EVT,myWaterReportPeriod);
```

其中，变量myWaterReportPeriod目前的值是1000，也就是每隔1s触发事件MY_ REPORT_WATER_EVT，对水浸传感器进行检测。

（4）在函数void zb_HandleOsalEvent（uint16 event）中加入处理事件：MY_REPORT_WATER_EVT的代码：

```
if (event & MY_REPORT_WATER_EVT)
  {

    pData[0] = WATER_REPORT;
```

```
    water=myApp_ReadWater();
    if(water>3000)
   {

    zb_SendDataRequest(0xFFFE,SENSOR_REPORT_CMD_ID,2,pData,0,AF_ACK_
REQUEST,0);
   }
```

9.3.4 中断方式报警的红外入侵传感器的实现

红外入侵传感器当有人体进入探测范围时，输出一个高电平，利用从低电平到高电平的跳变触发中断，向协调器即时发送消息。

1. 文件SimpleController.c的修改

（1）在文件 SimpleController.c 中加入宏：

```
#define HONG_WAI_REPORT 0x04
```

（2）修改 SimpleController.c 函数 zb_ReceiveDataIndication 加入处理 HONG_WAI_REPORT 的代码：

```
if ( pData[0] == HONG_WAI_REPORT )
    {

    HalUARTWrite(0,(uint8 *)"h",1);
}
```

2. 文件hal_key.c的修改

文件 hal_key.c 中有端口 P0 和 P2 的中断的宏定义，由于传感器板上红外入侵传感器的引脚是 P1_2，所以需要在这个文件中加入端口 P1 的中断的宏定义：

```
HAL_ISR_FUNCTION(hongWaiPort1Isr, P1INT_VECTOR)
{
  HAL_ENTER_ISR();

  if(P1IFG&(0x04)) osal_set_event(tempTaskID,HONG_WAI_EVT);
  P1IFG&=~0x04;
  HAL_EXIT_ISR();
}
```

代码分析：

（1）宏定义 HAL_ISR_FUNCTION（hongWaiPort1Isr，P1INT_VECTOR）第一个参数是中断处理函数名字，第二个参数是 P1 端口的中断向量，由于 Z-Stack 中已经定义好了，所以不需要重新定义。

（2）语句 if（P1IFG&（0x04））osal_set_event（tempTaskID，HONG_WAI_EVT）；判断中断是否发生在 P1_2，如果是则设置事件，事件交给 tempTaskID 规定的层进行处理，

事件名为 HONG_WAI_EVT，这个事件在 hal_key.c 中定义：

```
#define HONG_WAI_EVT 0x0020
```

在这里是交给应用层进行事件处理，这是由于在进行中断初始化时，将应用层的 ID 通过中断初始化赋给了 tempTaskID。

（3）语句 P1IFG&=~0x04；清除中断标志。

3．函数initHongWai（uint8 hongWaiTaskID）

中断相关的寄存器需要初始化，这些任务在文件 hal_key.c 中编写函数 initHongWai（uint8 hongWaiTaskID）完成，函数 initHongWai 在文件 SimpleSensor.c 中的函数 void myApp_StartReporting（void）中调用，在开始处理各种传感器事件时开中断，允许红外入侵传感器产生中断。

```
void initHongWai(uint8 hongWaiTaskID)
{
  tempTaskID=hongWaiTaskID;            //保存应用层 TaskID
  P1SEL &= ~0x0C;                      //P1 端口为通用端口
  P1INP &= ~0x0C;
  P2INP|=0x40;                         //P1_2 为下拉
  P1IEN |= 0x0C;                       //P1_2 设置为中断使能
  PICTL &= ~0x02;                      //上升沿触发
  IEN2 |= 0x10;                        //P1 端口设置为中断使能
  P1IFG &= 0x0C;                       //清除中断标志位

}
```

4．修改文件SimpleSensor.c

在方法 void zb_HandleOsalEvent(uint16 event)中加入处理事件 HONG_WAI_EVT 的代码：

```
If(event & (HONG_WAI_EVT))
  {
   uint8 pData[2];
  pData[0] = HONG_WAI_REPORT;
     zb_SendDataRequest(0xFFFE, SENSOR_REPORT_CMD_ID, 1, pData, 0, AF_ACK_
REQUEST, 0);
    }
```

9.4 智能家居系统设置模块的实现

9.4.1 SQLite 简介

SQLite 是一个非常流行的嵌入式数据库，它支持 SQL，并且只利用很少的内存就有很好的性能，作为一款轻型数据库，SQLite 的设计目标就是嵌入式的，目前已经在很多嵌入式产品中使用了 SQLite。SQLite 占用资源非常少，在嵌入式设备中，可能只需要几百 KB 的内存。由于 JDBC 不适合嵌入式设备这种内存受限设备，所以 Android 系统中广泛使用 SQLite。SQLite 是开源的，任何人都可以使用。许多开源项目（Mozilla，PHP，Python）都支持 SQLite。

SQLite 基本上符合 SQL-92 标准，与其他的主要 SQL 数据库没什么区别。它的优点就是高效，Android 运行时环境中包含完整的 SQLite。SQLite 和其他数据库最大的不同就是对数据类型的支持，创建一个表时，可以在 CREATE TABLE 语句中指定某列的数据类型，但是可以把任何数据类型放入任何列中。当某个值插入数据库时，SQLite 将检查它的类型。如果该类型与关联的列不匹配，SQLite 会尝试将该值转换成该列的类型。如果不能转换，则该值将作为其本身具有的类型存储。比如可以把一个字符串（String）放入 INTEGER 列。SQLite 称其为“弱类型”（manifest typing）。此外，SQLite 不支持一些标准的 SQL 功能，特别是外键约束（FOREIGN KEY constrains）、嵌套 transaction 和 RIGHT OUTER JOIN 及 FULL OUTER JOIN，还有一些 ALTER TABLE 功能。除了上述功能外，SQLite 是一个完整的 SQL 数据库系统，拥有完整的触发器、交易等。

Android 在运行时集成了 SQLite，所以每个 Android 应用程序都可以使用 SQLite 数据库。但是，由于 JDBC 会消耗太多的系统资源，所以 JDBC 对于嵌入式设备这种内存受限设备来说并不合适。因此，Android 提供了一套新的 API 来使用 SQLite 数据库。数据库文件存储在/data/data/<项目文件夹>/databases/下。

需要注意的是每个 Android 应用程序拥有自己独有的 SQLite 数据库，其他应用程序通常情况下是无法访问应用程序独有的 SQLite 数据库的。

Activites 可以通过 ContentProvider 或者 Service 访问一个数据库。以下是在 Android 平台中的 SQLite 的特性：

（1）SQLite 通过文件来保存数据库，一个文件就是一个数据库。

（2）数据库里又包含数个表格。

（3）每个表格里面包含多个记录。

（4）每个记录由多个字段组成。

（5）每个字段都有其对应的值。

（6）每个值都可以指定类型。

9.4.2 Android 系统中 SQLite 数据库的操作

Android 平台下数据库相关类：

（1）SQLiteOpenHelper 抽象类。通过从此类继承实现用户类，来提供数据库打开、关闭等操作。

（2）SQLiteDatabase 数据库访问类。执行对数据库的插入记录、查询记录等操作。

1. 查询操作

从表格中查询记录通过 SQLiteDatabase 类的 query()方法，query()方法用 SELECT 语

句段构建查询。SELECT 语句内容作为 query()方法的参数，比如：要查询的表名，要获取的字段名，WHERE 条件，包含可选的位置参数，去替代 WHERE 条件中位置参数的值，GROUP BY 条件，HAVING 条件。除了表名，其他参数可以是 null。

例如，在智能家居项目中，将一键报警、入侵检测、烟雾报警和水浸报警的开关量保存在表格 switch 中，在调用 query()方法时，只需要将表名“switch”作为参数，返回一个 Cursor 类的对象，调用这个对象的 moveToFirst()方法，指向结果集的第一条记录，然后使用 Cursor 类的对象的 getInt()和 getColumnIndex()方法，得到具体的开关量的值。程序如下：

```
Cursor cursor=db.query("switch", null, null, null, null, null, null);
        boolean b=cursor.moveToFirst();

        alert=cursor.getInt(cursor.getColumnIndex("alert"));
        invasion=cursor.getInt(cursor.getColumnIndex("invasion"));
        smoke=cursor.getInt(cursor.getColumnIndex("smoke"));
        water=cursor.getInt(cursor.getColumnIndex("water"));
```

2. 修改操作

修改数据需要使用 ContentValues 对象，首先构造 ContentValues 对象，然后调用 put 函数将属性值写入到 ContentValues 对象，最后使用 SQLiteDatabase 对象的 update()函数将 ContentValues 对象中的数据更新到数据库中。

执行 update 操作时，如果只给部分字段赋值，那么 update 后，没有赋值的字段仍然保持原来的值不变。

下面这段代码将新的开关量的值保存到 SQLite 数据库中，首先将每个字段的值存入一个 ContentValues 类的对象，然后将这个对象作为参数，调用 SQLiteDatabase 类的 update()方法，实现这个功能具体的程序如下：

```
ContentValues c=new ContentValues();
    c.put("alert", alert),
    c.put("invasion", invasion);
    c.put("smoke", smoke);
    c.put("water", water);

    db.update("switch", c, null, null);
```

9.4.3　智能家居系统设置模块的实现

系统设置模块的功能是设置水浸传感器、一键报警器、烟雾报警器和入侵报警器开关操作，是由 Activity 类实现的，在这个 Activity 中，首先读取表 switch 中的记录，来决定报警器的初始状态是开还是关，单击“保存”按钮后，将修改的内容存入表 switch 中，代码如下：

```
package ZigBee.smarthome;
```

```
import ZigBee.smarthome.HomeActivity.MyButtonListener;
import ZigBee.smarthome.R;
import Android.app.Activity;
import Android.content.ContentValues;
import Android.content.Context;
import Android.content.Intent;
import Android.database.Cursor;
import Android.database.sqlite.SQLiteDatabase;
import Android.database.sqlite.SQLiteOpenHelper;
import Android.database.sqlite.SQLiteDatabase.CursorFactory;
import Android.os.Bundle;
import Android.view.View;
import Android.view.View.OnClickListener;
import Android.widget.Button;
import Android.widget.EditText;
import Android.widget.RadioButton;
import Android.widget.TextView;
import com.friendlyarm.AndroidSDK.*;

public class SetActivity extends Activity{

    private Context c;
    private Button saveButton = null;
    public static RadioButton invasionButtonOpen,invasionButtonClose,
waterButtonOpen,waterButtonClose;
    public static RadioButton smokeButtonOpen,smokeButtonClose,
alertButtonOpen,alertButtonClose;
    int alert,water,smoke,invasion;
    private SQLiteDatabase db;

    @Override
    protected void onCreate(Bundle savedInstanceState) {
        //TODO Auto-generated method stub
        super.onCreate(savedInstanceState);
        try{
            db=this.openOrCreateDatabase("home.db", MODE_PRIVATE,null);

        }
        catch(Exception e)
        {
            e.printStackTrace();
        }
        Cursor cursor=db.query("switch", null, null, null, null, null, null);
        boolean b=cursor.moveToFirst();
```

```
        setContentView(R.layout.set);

        alert=cursor.getInt(cursor.getColumnIndex("alert"));
        invasion=cursor.getInt(cursor.getColumnIndex("invasion"));
        smoke=cursor.getInt(cursor.getColumnIndex("smoke"));
        water=cursor.getInt(cursor.getColumnIndex("water"));

        invasionButtonOpen=(RadioButton)findViewById
(R.id.invasionButtonOpen),
        invasionButtonClose=(RadioButton)findViewById
(R.id.invasionButtonClose),

        alertButtonOpen=(RadioButton)findViewById(R.id.alertButtonOpen);
        alertButtonClose=(RadioButton)findViewById
(R.id.alertButtonClose);

        smokeButtonOpen=(RadioButton)findViewById(R.id.smokeButtonOpen);
        smokeButtonClose=(RadioButton)findViewById
(R.id.smokeButtonClose);

        waterButtonOpen=(RadioButton)findViewById(R.id.waterButtonOpen);
        waterButtonClose=(RadioButton)findViewById
(R.id.waterButtonClose);

        saveButton=(Button)findViewById(R.id.saveButton);
        saveButton.setOnClickListener(new SaveButtonListener());

        if(alert!=0)alertButtonOpen.setChecked(true);
        else alertButtonClose.setChecked(true);

        if(invasion!=0)invasionButtonOpen.setChecked(true);
        else invasionButtonClose.setChecked(true);

        if(smoke!=0)smokeButtonOpen.setChecked(true);
        else smokeButtonClose.setChecked(true);

        if(water!=0)waterButtonOpen.setChecked(true);
        else waterButtonClose.setChecked(true);

    }

class SaveButtonListener implements OnClickListener{

    public void onClick(View v) {
```

```
        //生成一个Intent对象

    if( alertButtonOpen.isChecked())alert=1;else alert=0;
    if( invasionButtonOpen.isChecked())invasion=1;else invasion=0;
    if( smokeButtonOpen.isChecked())smoke=1;else smoke=0;
    if( waterButtonOpen.isChecked())water=1;else water=0;


        ContentValues c=new ContentValues();
    c.put("alert", alert);
    c.put("invasion", invasion);
    c.put("smoke", smoke);
    c.put("water", water);

    db.update("switch", c, null, null);
        db.close();

    }
  }
  }
  ;
```

9.5 智能家居系统监听服务的实现

智能家居系统中，Mini6410使用串口2与下位机相连，使用串口3与短信模块相连。智能家居系统监听服务监听串口2，如果收到t命令，则更新主界面的温湿度，如果收到水浸报警，则通过串口3向短信模块发送命令发送短信报警；智能家居系统监听服务监听串口3，如果收到短信模块收到的用户命令则向口2转发。

9.5.1 Android Service

1. Service概述

Service是在一段不定的时间运行在后台，不和用户交互的应用组件。每个Service必须在manifest中通过<service>来声明。可以通过contect.startservice和contect.bindserverice来启动。

Service和其他的应用组件一样，运行在进程的主线程中。这就是说，如果service需要很多耗时或者阻塞的操作，需要在其子线程中实现。它可以运行在它自己的进程，也可以运行在其他应用程序进程的上下文（context）里面，这取决于自身的需要。Service非常适用于无须用户干预，且需要长期运行的后台功能。Service没有用户界面，有利于降低系统资源的消耗，而且Service比Activity具有更高的优先级，因此在系统资源紧张时，Service

不会轻易地被终止。

其他的组件可以绑定到一个服务（Service）上面，通过远程过程调用（RPC）来调用这个方法。例如媒体播放器的服务，当用户退出媒体选择用户界面，希望音乐可以继续播放，这时就是由服务（Service）来保证当用户界面关闭时音乐继续播放的。

2．Service 生命周期

Service 的生命周期比较简单，它只继承了 onCreate()、onStart()、onDestroy()三个方法，当第一次启动 Service 时，先后调用了 onCreate()方法，完成了初始化工作，然后调用 onStart()方法，当停止 Service 时，则执行 onDestroy()方法，释放所占用的资源。这里需要注意的是，如果 Service 已经启动了，当再次启动 Service 时，不会再执行 onCreate()方法，而是直接执行 onStart()方法。

3．如何使用 Service

Service 有两种模式：startService()和 bindService()。

服务不能自己运行，需要通过调用 Context.startService()或 Context.bindService()方法启动服务。这两个方法都可以启动 Service，但是它们的使用场合有所不同。

（1）使用 startService()方法启用服务，调用者与服务之间没有关联，即使调用者退出了，服务仍然运行。

如果打算采用 Context.startService()方法启动服务，在服务未被创建时，系统会先调用服务的 onCreate()方法，接着调用 onStart()方法。

如果调用 startService()方法前服务已经被创建，多次调用 startService()方法并不会导致多次创建服务，但会导致多次调用 onStart()方法。

采用 startService()方法启动的服务，只能调用 Context。stopService()方法结束服务，服务结束时会调用 onDestroy()方法。

（2）使用 bindService()方法启用服务，调用者与服务绑定在了一起，调用者一旦退出，服务也就终止。

onBind()只有采用 Context.bindService()方法启动服务时才会回调该方法。该方法在调用者与服务绑定时被调用，当调用者与服务已经绑定时，多次调用 Context.bindService()方法并不会导致该方法被多次调用。

采用 Context.bindService()方法启动服务时只能调用 onUnbind()方法解除调用者与服务的关联，服务结束时会调用 onDestroy()方法。

（3）完成 Service 类后，需要在 AndroidManifest.xml 文件中注册这个 Service。

9.5.2　Android 多线程

创建的 Service、Activity 以及 Broadcast 均是一个主线程处理，这里可以理解为 UI 线程。但是在操作一些耗时操作（比如 I/O 读写的大文件读写，数据库操作以及网络下载）时需要很长时间，会降低用户界面的响应速度，甚至导致用户界面失去响应。当用户界面失去响应超过 5s 时，Android 系统会允许用户强行关闭程序。为了不阻塞用户界面，可以将耗时的处理过程转移到子线程上。

在Android系统中，当一个程序第一次启动的时候，Android会启动一个Linux进程和一个主线程。在默认的情况下，所有该程序的组件都将在该进程和线程中运行。同时，Android会为每个应用程序分配一个单独的Linux用户。Android会尽量保留一个正在运行的进程，只在内存资源出现不足时，Android会尝试停止一些进程从而释放足够的资源给其他新的进程使用，也能保证用户正在访问的当前进程有足够的资源去及时地响应用户的事件。 Android会根据进程中运行的组件类别以及组件的状态来判断该进程的重要性，Android会首先停止那些不重要的进程。前台进程是用户当前正在使用的进程。只有一些前台进程可以在任何时候都存在。它们是最后一个被结束的，当内存低到根本连它们都不能运行的时候，在这种情况下，设备会进行内存调度，中止一些前台进程来保持对用户交互的响应。当一个程序第一次启动时，Android会同时启动一个对应的主线程（Main Thread），主线程主要负责处理与UI相关的事件，如用户的按键事件，用户接触屏幕的事件以及屏幕绘图事件，并把相关的事件分发到对应的组件进行处理。所以主线程通常又被叫作UI线程。在开发Android应用时必须遵守单线程模型的原则：Android UI操作并不是线程安全的并且这些操作必须在UI线程中执行。

线程是独立运行的程序单元，多个线程可以并行执行。线程是进程的一个实体，是CPU调度和分派的基本单位，它是比进程更小的能独立运行的基本单位。线程自己基本上不拥有系统资源，只拥有一点在运行中必不可少的资源（如程序计数器，一组寄存器和栈），但是它可与同属一个进程的其他的线程共享进程所拥有的全部资源。线程也可以称为轻型进程。

在Java语言中，建立和使用线程比较简单，首先需要实现Java的Runnable接口，并重载run()方法，在run()中放置代码的主体部分。然后创建Thread对象，并将上面实现的Runnable对象作为参数传递给Thread对象。Thread的构造函数中，第一个参数用来表示线程组，第二个参数是需要执行的Runnable对象，第三个参数是线程的名称。

Android系统的UI控件都没有设计成为线程安全类型，所以需要引入一些同步的机制来使其刷新。在Android中，只要是关于UI相关的东西，就不能放在子线程中，因为子线程是不能操作UI的，只能进行数据、系统等其他非UI的操作。在单线程模型下，为了解决类似的问题，Android系统提供了多种方法，比较常见的是使用Handle对象来更新用户界面。

handler可以分发Message对象和Runnable对象到主线程的消息队列中，每个Handler都会绑定到创建它的线程中（一般是位于主线程）。它有以下两个作用：

（1）安排消息或Runnable在某个主线程中某个地方执行。

（2）安排一个动作在不同的线程中执行子类需要继承Handler类，并重写handleMessage（Message msg）方法，用于接收线程数据。

当用户建立一个新的Handle对象后，通过post()方法将Runnable对象从后台线程发送到GUI的消息队列中，当Runnable对象通过消息队列后，这个Runnable对象将被运行。

9.5.3 短信的发送与接收

西门子公司的 TC35 是一款双频 900/1800MHz 高度集成的 GSM 模块，具有短信功能与电话接听功能。可以使用 AT 指令来控制 TC35 模块。AT 指令在当代手机通信中起着重要的作用，能够通过 AT 指令控制手机的许多行为，包括拨叫号码、按键控制、传真、GPRS 等。

1．发送短信

发送模式有 PDU 模式和 TEXT 模式，TEXT 模式比较简单，但 PDU 模式可以发送中文，下面介绍 TEXT 模式。

（1）开始 AT 命令。

发送：AT<回车>

返回：AT<回车>

OK

（2）设置 TEXT 模式。

发送：AT+CMGF=1<回车>

返回：AT+CMGF=1<回车>

OK

（3）设置短信中心，具体的号码取决于本地网络运营商。

发送：AT+CSCA=+8613010130500<回车>

返回：AT+CSCA=+8613010130500<回车>

OK

（4）设置目的手机号码。

发送：AT+CSCA=+8613010130500<回车>

返回：AT+CSCA

发送：AT+CMGS=13132061066<回车>

返回：AT+CMGS=13132061066<回车>

>

（5）发送信息。

发送：XXXXXX（0-9，A-Z）[XXXXX 是指阿拉伯数字 0～9，英文 26 个字母 A～Z]

返回：XXXXXX（0-9，A-Z）[XXXXX 是指阿拉伯数字 0～9，英文 26 个字母 A～Z]

发送：1A（十六进制发送）<回车>

（6）如果不能正常发送，返回 ERROR，则说明需要格式化。可以发送 AT&F 命令格式化。

发送：AT&F<回车>

返回：AT&F<回车>

OK

2. 接收短信

(1) 开始接收 AT 命令

AT+CNMI=1，1，2;

选择如何从网络上接收短信息。

有短信时会有如下提示：

+CMTI: “SM”，N

后面的 N 表示第多少条短信。

(2) 读短信命令

AT+CMGR=N

9.5.4 智能家居系统监听服务的实现

```
package ZigBee.smarthome;

import com.friendlyarm.AndroidSDK.HardwareControler;

import Android.app.Service;
import Android.content.Intent;
import Android.database.Cursor;
import Android.database.sqlite.SQLiteDatabase;
import Android.os.Bundle;
import Android.os.IBinder;
import Android.widget.Toast;

public class RandomService extends Service{
    private int fd2,fd3;
    private Thread comListener2;
    private Thread comListener3;
    private SQLiteDatabase db;
    int flag=0;

    @Override
    public void onCreate() {
        super.onCreate();
        int state=0;
        byte[] buf=new byte[20];
        boolean b;


        String com1;

      fd2=HardwareControler.openSerialPort(/dev/s3c2410_serial2", 38400,
8,1);
```

```
        fd3=HardwareControler.openSerialPort("/dev/s3c2410_serial3", 9600,
8,1);

         try{
             db=this.openOrCreateDatabase("home.db", MODE_PRIVATE,null);

         }
         catch(Exception e)
         {
             e.printStackTrace();
         }

         ComListener2 = new Thread(null,comRead2,"comListener2");
         comListener3 = new Thread(null,comRead3,"comListener3");

         Cursor cursor=db.query("telephone", null, null, null, null, null,
null);
          b=cursor.moveToFirst();
         String center=cursor.getString(cursor.getColumnIndex("center"));
          byte[] commandAT={'A','T','\r'};

         byte[] commandCMGF={'A','T','+','C','M','G','F','=','1','\r'};
         HardwareControler.write(fd3,commandAT);
         while((state=HardwareControler.select(fd3, 1, 100))==0);
         HardwareControler.read(fd3, buf, 20);
         com1=new String(buf);
         HardwareControler.write(fd3,commandCMGF);
         while((state=HardwareControler.select(fd3, 1, 100))==0);
         HardwareControler.read(fd3, buf, 20);
         com1=new String(buf);
         String CSCAStr="AT+CSCA="+center+"\r";
         byte[] csca=CSCAStr.getBytes();
         HardwareControler.write(fd3,csca);
         while((state=HardwareControler.select(fd3, 1, 100))==0);
         HardwareControler.read(fd3, buf, 20);
         com1=new String(buf);

         String CNMIStr="AT+CNMI=1,1,2;\r";
         byte[] cnmi=CNMIStr.getBytes();
         HardwareControler.write(fd3,cnmi);
         while((state=HardwareControler.select(fd3,1,100))==0);

         HardwareControler.read(fd3,buf,20);
         com1=new String(buf);
```

```
        flag=1;
    }

    @Override
    public void onStart(Intent intent, int startId) {
        super.onStart(intent, startId);

        if (!comListener2.isAlive()){
         comListener2.start();
        }
        if (!comListener3.isAlive()){
         comListener3.start();
        }

    }

    @Override
    public void onDestroy() {
        super.onDestroy();

        HardwareControler.close(fd2);
        HardwareControler.close(fd3);

        db.close();

        comListener2.interrupt();
    }

    @Override
    public IBinder onBind(Intent intent) {
        return null;
    }

    private Runnable comRead2 = new Runnable(){
        @Override
        public void run() {
            int state=0;
            byte[] buf=new byte[80];
            for(int i=0;i<20;i++)buf[i]=0;

            try {
```

```
            while(!Thread.interrupted()){

                while((state=HardwareControler.select(fd3,2,100))==0);
                if(flag==1)
                {
                flag=0;
                Thread.sleep(2000);
                HardwareControler.read(fd3,buf,20);
                String com=new String(buf);

                if(com.indexOf("+CMTI")>=0)
                {
                    int l1=com.indexOf(',')+1;
                    int l2=com.indexOf('\r', 2);
                    String msgno=com.substring(l1, l2);

                    String CMGRStr="AT+CMGR="+msgno+"\r";
                    byte[] cmgr=CMGRStr.getBytes();
                    HardwareControler.write(fd3,cmgr);
                    while((state=HardwareControler.select(fd3, 1, 100))==0);
                    Thread.sleep(2000);
                    HardwareControler.read(fd3,buf,80);
                    com=new String(buf);

                    l1=com.indexOf('\n', 2)+1;
                    l2=com.indexOf('\n', l1)+1;
                    l1=com.indexOf('\n', l2);
                    String msg=com.substring(l2,l1-1);
                    byte[] s=msg.getBytes();
                    HardwareControler.write(fd2,s);
                }
                flag=1;
                }
            }
        } catch (Exception e) {
            e.printStackTrace();
        }
    }
};

private Runnable comRead3 = new Runnable(){
    @Override
    public void run() {
        try {
```

```
                while(!Thread.interrupted()){

                    int state=0;
                    byte[] buf=new byte[20];
                    byte[] send={0x1A,'\r'};
                    String com1;

                    while((state=HardwareControler.select(fd2,1,100))==0);
                    HardwareControler.read(fd2,buf,5);
                    if(buf[0]=='t')
                    {
                    String com=new String(buf);
                    HomeActivity.UpdateGUI(com);
                    }
                    if(buf[0]=='w')
                    {
                    Cursor cursor=db.query("switch",null,null,null,null,
                    null,null);
                    boolean b=cursor.moveToFirst();
                    int water=cursor.getInt(cursor.getColumnIndex ("water"));
                    if(water==1)
                    {
                        if(flag==1)
                        {
                        flag=0;
                         cursor=db.query("telephone", null, null, null,
null, null, null);
                            b=cursor.moveToFirst();
                            String host=cursor.getString(cursor. getColumnIndex
("host"));

                            String CMGFStr="AT+CMGS="+host+"\r";
                            byte[] cmgf=CMGFStr.getBytes();
                            HardwareControler.write(fd3,cmgf);
                            while((state=HardwareControler.select(fd3, 1,
100))==0);

                            HardwareControler.read(fd3, buf, 20);

                            Thread.sleep(2000);

                            String contentStr="water! ";
                            byte[] content=contentStr.getBytes();
                            HardwareControler.write(fd3,content);
```

```
                                    while((state=HardwareControler.select(fd3, 1,
100))==0);

                                    HardwareControler.read(fd3, buf, 20);
                                    com1=new String(buf);
                                    Thread.sleep(2000);

                                    HardwareControler.write(fd3,send);
                                    while((state=HardwareControler.select(fd3, 1,
100))==0);
                                    HardwareControler.read(fd3, buf, 20);
                                    com1=new String(buf);
                                    Thread.sleep(20000);

                                    String CNMIStr="AT+CNMI=1,1,2;\r";
                                    byte[] cnmi=CNMIStr.getBytes();
                                    HardwareControler.write(fd3,cnmi);
                                    while((state=HardwareControler.select(fd3, 1,
100))==0);

                                    HardwareControler.read(fd3, buf, 20);
                                      com1=new String(buf);

                            }
                            flag=1;
                            }
                            }
                            }


                    } catch (Exception e) {
                        e.printStackTrace();
                    }
                }
            };


    }
```

9.6 Web 方式访问智能家居系统

在智能家居系统中，需要以 Web 方式访问系统，i-jetty 可以提供 Servlet 容器，但如何在 i-jetty 的 Web 项目和智能家居系统间共享数据就成为一个重要的问题。SharedPreferences 是一种选择，但 SharedPreferences 的一个局限就是应用程序对其他应用程序的数据只能读不能写。Android 的 ContentProvider 可以解决这个问题。

9.6.1 ContentProvider 简介

数据库在Android当中是私有的，当然这些数据包括文件数据和数据库数据以及一些其他类型的数据。每个数据库都只能创建它的包访问，这意味着只能由创建数据库的进程可访问它。一个ContentProvider类实现了一组标准的方法接口，从而能够让其他的应用保存或读取此ContentProvider的各种数据类型。也就是说，一个程序可以通过实现一个ContentProvider的抽象接口将自己的数据暴露出去。外界根本看不到，也不用看到这个应用暴露的数据在应用当中是如何存储的，或者是用数据库存储还是用文件存储，还是通过网上获得，这一切都不重要，重要的是外界可以通过这一套标准及统一的接口和程序中的数据打交道，可以读取程序的数据，也可以删除程序的数据。

外界的程序通过ContentResolver接口可以访问ContentProvider提供的数据，在Activity当中通过getContentResolver()方法可以得到当前应用的ContentResolver实例。ContentResolver提供的接口和ContentProvider中需要实现的接口对应，主要有以下几个。

query(Uri uri, String[] projection, String selection, String[] selectionArgs, String sortOrder)：通过Uri进行查询，返回一个Cursor。

insert(Uri url，ContentValues values)：将一组数据插入到Uri指定的地方。

update(Uri uri，ContentValues values，String where，String[] selectionArgs)：更新Uri指定位置的数据。

delete(Uri url，String where，String[] selectionArgs)：删除指定Uri并且符合一定条件的数据。

Android中的ContentProvider机制可支持在多个应用中存储和读取数据，这也是跨应用共享数据的唯一方式。在Android系统中，没有一个公共的内存区域供多个应用共享存储数据。

Android 系统提供了一些主要数据类型的 ContentProvider，比如音频、视频、图片和私人通讯录等。可在 Android.provider 包下面找到一些 Android 系统提供的 ContentProvider。可以获得这些 ContentProvider，查询它们包含的数据。

9.6.2 ContentProvider 操作

所有ContentProvider都需要实现相同的接口用于查询ContentProvider并返回数据，包括增加、修改和删除数据。

首先需要获得一个ContentResolver的实例，可通过Activity的成员方法getContent-Resovler()方法：

```
ContentResolver cr = getContentResolver();
```

ContentResolver实例的方法可实现找到指定的ContentProvider并获取到ContentProvider

的数据。

ContentResolver的查询过程开始，Android系统将确定查询所需的具体ContentProvider，确认它是否启动并运行它。Android系统负责初始化所有的ContentProvider，不需要用户自己去创建。ContentResolver的用户都不可能直接访问到ContentProvider实例，只能通过ContentResolver在中间代理。

每个ContentProvider定义一个唯一的公开的URI，用于指定到它的数据集。一个ContentProvider可以包含多个数据集（可以看作多张表），这样，就需要有多个URI与每个数据集对应。URI要以这样的格式开头：

```
content:/
```

1．查询ContentProvider

要想使用一个ContentProvider，需要以下信息：

（1）定义这个ContentProvider的URI返回结果的字段名称、这些字段的数据类型。

（2）如果需要查询ContentProvider数据集的特定记录（行），还需要知道该记录的ID的值。

（3）查询就是输入URI等参数，其中URI是必需的，其他是可选的，如果系统能找到URI对应的ContentProvider将返回一个Cursor对象。

可以通过ContentResolver、query()或者Activity.managedQuery()方法。两者的参数完全一样，查询过程和返回值也是相同的。区别是，通过Activity.managedQuery()方法，不但获取到Cursor对象，而且能够管理Cursor对象的生命周期，比如当Activity暂停（pause）的时候，卸载该Cursor对象，当Activity重启restart的时候重新查询。另外，也可以将一个没有处于Activity管理的Cursor对象作成被Activity管理的，可通过调用Activity.startManaginCursor()方法实现。

从Android通讯录中得到姓名字段：

```
Cursor cursor = getContentResolver().query(ContactsContract. CommonDataKinds.
Phone.CONTENT_URI,null,null,null,null);
```

不同的ContentProvider会返回不同的列和名称，但是会有两个相同的列，一个是_ID，用于唯一标识记录，还有一个_COUNT，用于记录整个结果集的大小。

如果在查询的时候使用到ID，那么返回的数据只有一条记录。在其他情况下，一般会有多条记录。与JDBC的ResultSet类似，需要操作游标遍历结果集，在每行，再通过列名获取到列的值，可以通过getString()、getInt()、getFloat()等方法获取值。与JDBC中不同，ContentProvider没有直接通过列名获取列值的方法，只能先通过列名获取到列的整型索引值，然后再通过该索引值定位获取列的值。

例如：

```
Uri uri = Uri.parse("content: //ZigBee.smarthome。homeprovider" );
Cursor cursor=resolver.query(uri, null, null, null, null);
        boolean b=cursor.moveToFirst();
        int alert=cursor.getInt(cursor.getColumnIndex("alert"));
        int invasion=cursor.getInt(cursor.getColumnIndex("invasion"));
```

```
        int smoke=cursor.getInt(cursor.getColumnIndex("smoke"));
        int water=cursor.getInt(cursor.getColumnIndex("water"));
```

2. 编辑ContentProvider

首先，要在ContentValues对象中设置类似map的键值对，在这里，键对应ContentProvider中的列的名字，值对应列的类型。然后，调用ContentResolver.update()方法，传入这个ContentValues对象以及对应ContentProvider的URI即可。

例如：

```
Uri uri = Uri.parse("content://ZigBee.smarthome.homeprovider" );
ContentValues values = new ContentValues();
            Values.put("alert", Integer.parseInt(alert));
            Values.put("invasion", Integer.parseInt(invasion));
            Values.put("smoke", Integer.parseInt(smoke));
            Values.put("water", Integer.parseInt(alert));

int result = resolver.update(uri, values, null, null);
```

3. 增加记录

要想增加记录到ContentProvider，首先要在ContentValues对象中设置类似map的键值对，在这里，键对应ContentProvider中的列的名字，值对应列的类型。然后，调用ContentResolver.insert()方法，传入这个ContentValues对象，和对应ContentProvider的URI即可。返回值是这个新记录的URI对象。可以通过这个URI获得包含这条记录的Cursor对象。

4. 删除记录

如果是删除单个记录，调用ContentResolver.delete()方法，URI参数指定到具体行即可。如果是删除多个记录，调用ContentResolver.delete()方法，URI参数指定ContentProvider即可，并带一个类似SQL的WHERE子句条件。

9.6.3 创建 ContentProvider

大多数ContentProvider使用文件或者SQLite数据库，可以用任何方式存储数据。Android提供SQLiteOpenHelper帮助开发者创建和管理SQLiteDatabase.ContentProvider。创建ContentProvider需要定义ContentProvider类的子类，需要实现如下方法：

```
query()
insert()
update()
delete()
getType()
onCreate()
```

创建 ContentProvider 后，需要在 manifest.xml 文件中声明，Android 系统才能知道它，当其他应用需要调用该 ContentProvider 时才能创建或者调用它。

9.6.4 Web方式访问智能家居系统

（1）在智能家居系统的包中创建ContentProvider的子类，重载了方法，在这个类中有一个内部类，这个内部类继承于类SQLiteOpenHelper，用于打开数据库。这个ContentProvider子类代码如下：

```
package ZigBee.smarthome;

import Android.content.ContentProvider;
import Android.content.ContentValues;
import Android.content.Context;
import Android.database.Cursor;
import Android.database.sqlite.SQLiteDatabase;
import Android.database.sqlite.SQLiteDatabase.CursorFactory;
import Android.database.sqlite.SQLiteOpenHelper;
import Android.net.Uri;

public class HomeProvider extends ContentProvider {
    private SQLiteDatabase db;
    private DBOpenHelper dbOpenHelper;
    @Override
    public int delete(Uri uri, String selection, String[] selectionArgs) {
        //TODO Auto-generated method stub
        return 0;
    }

    @Override
    public String getType(Uri uri) {
        //TODO Auto-generated method stub
        return null;
    }

    @Override
    public Uri insert(Uri uri, ContentValues values) {
        //TODO Auto-generated method stub
        return null;
    }

    @Override
    public boolean onCreate() {
        //TODO Auto-generated method stub
        try{
            //db=SQLiteDatabase.openDatabase("home.db", null, 0);
            Context context = getContext();
            dbOpenHelper = new DBOpenHelper(context,"home.db", null, 1);
```

```
            db = dbOpenHelper.getWritableDatabase();

            //db=dbAdapter.open();
        }
        catch(Exception e)
        {
            e.printStackTrace();
        }
        if(db==null)
            return false;
        else
            return true;
    }

    @Override
    public Cursor query(Uri uri, String[] projection, String selection,
            String[] selectionArgs, String sortOrder) {
        //TODO Auto-generated method stub
        return db.query("switch", null, null, null, null, null, null);
    }

    @Override
    public int update(Uri uri, ContentValues values, String selection,
            String[] selectionArgs) {
        //TODO Auto-generated method stub
        int count;
        count=db.update("switch", values, null, null);
        return 0;
    }
     private static class DBOpenHelper extends SQLiteOpenHelper {

           public DBOpenHelper(Context context, String name, CursorFactory
factory, int version) {
            super(context, name, factory, version);
           }

           @Override
           public void onCreate(SQLiteDatabase _db) {

           }

           @Override
           public void onUpgrade(SQLiteDatabase _db, int _oldVersion, int
_newVersion) {

           }
```

```
        }
}
```

（2）在智能家居系统配置文件AndroidManifest.xml中加入以下内容：

```
<provider Android: name = ".HomeProvider"
        Android: authorities = "ZigBee.smarthome。homeprovider"/>
```

（3）Servlet文件SetServlet.java查询智能家居系统数据库表switch决定报警器的初始状态是开还是关，单击“保存”按钮后，将修改的内容重新存入智能家居系统表switch中，代码如下：

```
import java.io.IOException;
import java.io.PrintWriter;

import javax.servlet.ServletException;
import javax.servlet.http.HttpServlet;
import javax.servlet.http.HttpServletRequest;
import javax.servlet.http.HttpServletResponse;

import Android.content.ContentResolver;
import Android.content.ContentValues;
import Android.database.Cursor;
import Android.net.Uri;

public class SetServlet extends HttpServlet {

    /**
     * Constructor of the object.
     */
    private ContentResolver resolver;
    public SetServlet() {
        super();
    }

    /**
     * Destruction of the servlet. <br>
     */
    public void destroy() {
        super.destroy(); //Just puts "destroy" string in log
        //Put your code here
    }

    /**
     * The doGet method of the servlet. <br>
     *
     * This method is called when a form has its tag value method equals to
get.
```

```
         *
         * @param request the request send by the client to the server
         * @param response the response send by the server to the client
         * @throws ServletException if an error occurred
         * @throws IOException if an error occurred
         */
        public void doGet(HttpServletRequest request, HttpServletResponse
response)
                throws ServletException, IOException {

            response.setContentType("text/html;charset=utf-8");
            PrintWriter out = response.getWriter();

            resolver =
(ContentResolver)getServletContext().getAttribute("org.mortbay.ijetty.conten
tResolver");
            Uri uri = Uri.parse("content: //ZigBee.smarthome.homeprovider" );
            String save=request.getParameter("save");
            if(save!=null)
            {
                String alert=request.getParameter("alert");
                String invasion=request.getParameter("invasion");
                String smoke=request.getParameter("smoke");
                String water=request.getParameter("water");

                 ContentValues values = new ContentValues();

                 values.put("alert", Integer.parseInt(alert));
                 values.put("invasion", Integer.parseInt(invasion));
                 values.put("smoke", Integer.parseInt(smoke));
                 values.put("water", Integer.parseInt(alert));


                   int result = resolver.update(uri, values, null, null);

            }

            Cursor cursor=resolver.query(uri, null, null, null, null);
            boolean b=cursor.moveToFirst();

            int alert=cursor.getInt(cursor.getColumnIndex("alert"));
            int invasion=cursor.getInt(cursor.getColumnIndex("invasion"));
            int smoke=cursor.getInt(cursor.getColumnIndex("smoke"));
            int water=cursor.getInt(cursor.getColumnIndex("water"));

            out.println("<!DOCTYPE HTML PUBLIC \"-//W3C//DTD HTML 4.01
Transitional//EN\">");
```

```
            out.println("<HTML>");
            out.println("<HEAD><TITLE>设置</TITLE></HEAD>");
            out.println("<BODY>");
            out.println("<form action=\"SetServlet\" method=\"post\">");
            out.println("<table  width=\"80%\"  align=\"center\">");
            out.println("<tr><td> </td><td>设  置</td></tr>");
            out.println("<tr><td> </td><td> </td></tr>");

            if(invasion==0)
            {
            out.println("<tr><td align=\"right\">入侵报警: </td>");
            out.println("<td><input type=\"radio\" name=\"invasion\"
value=\"0\" checked>关");
            out.println("<input type=\"radio\" name=\"invasion\" value=\"1\">
开</td> </tr>");
            }
            else
            {
                out.println("<tr><td align=\"right\">入侵报警: </td>");
                out.println("<td><input type=\"radio\" name=\"invasion\"
value=\"0\">关");
                out.println("<input type=\"radio\" name=\"invasion\"
value=\"1\"  checked>开</td> </tr>");
            }
            if(smoke==0)
            {
            out.println("<tr><td align=\"right\">烟雾报警: </td>");
            out.println("<td><input type=\"radio\"name=\"smoke\" value=\"0\"
checked>关");
            out.println("<input type=\"radio\" name=\"smoke\" value=\"1\">开
</td>   </tr>");
            }
            else
            {
                out.println("<tr><td align=\"right\">烟雾报警: </td>");
                out.println("<td><input type=\"radio\" name=\"smoke\"
value=\"0\" >关");
                out.println("<input type=\"radio\" name=\"smoke\" value=\"1\"
checked>开</td> </tr>");
            }
            if(water==0)
            {
            out.println("<tr><td align=\"right\">水浸报警: </td>");
            out.println("<td><input type=\"radio\" name=\"water\" value=\"0\"
checked>关");
            out.println("<input type=\"radio\ " name=\"water\" value=\"1\">开
</td>   </tr>");
```

```
            }
            else
            {
            out.println("<tr><td align=\"right\">水浸报警: </td>");
            out.println("<td><input type=\"radio\"name=\"water\" value=\"0\"
checked>关");
            out.println("<input type=\"radio\" name=\"water\" value=\"1\">开
</td>   </tr>");
            }
            if(alert==0)
            {
            out.println("<tr><td align=\"right\">一键报警: </td>");
            out.println("<td><input type=\"radio\"name=\"alert\" value=\"0\"
checked>关");
            out.println("<input type=\"radio\" name=\"alert\" value=\"1\">开
</td>   </tr>");
            }
            else
            {
                out.println("<tr><td align=\"right\">一键报警: </td>");
                out.println("<td><input type=\"radio\" name=\"alert\"
value=\"0\" checked>关");
                out.println("<input type=\"radio\" name=\"alert\"value=\"1\"
checked>开</td> </tr>");

            }

            out.println("<tr><td> </td><td><input type=\"submit\"value=
\"保存\" name=\"save\"><input type=\"reset\" value=\"重置\"></td></tr></table>
</form>");

            out.println(" </BODY>");
            out.println("</HTML>");
            out.flush();
            out.close();
        }

        /**
         * The doPost method of the servlet. <br>
         *
         * This method is called when a form has its tag value method equals to
post.
         *
         * @param request the request send by the client to the server
         * @param response the response send by the server to the client
         * @throws ServletException if an error occurred
         * @throws IOException if an error occurred
```

```
     */
    public void doPost(HttpServletRequest request, HttpServletResponse
response)
            throws ServletException, IOException {

        doGet(request,response);
    }

    /**
     * Initialization of the servlet. <br>
     *
     * @throws ServletException if an error occurs
     */
    public void init() throws ServletException {
        //Put your code here
    }

}
```

第 10 章 智能温室系统

CHAPTER 10

10.1 智能温室系统设计

10.1.1 智能温室定义

智能温室也称作自动化温室，是指配备了由计算机控制的可移动天窗、遮阳系统、保温、湿窗帘/风扇降温系统移动苗床等自动化设施，基于农业温室环境的高科技“智能”温室。智能温室的控制一般由信号采集系统、智能网关、控制系统三大部分组成。

温室大棚内温度、湿度、光照强弱以及土壤的温度和含水量等因素，对温室的作物生长起着关键性作用。温室自动化控制系统，采用计算机集散网络控制结构对温室内的空气温度、土壤温度、相对湿度等参数进行实时自动调节、检测，创造植物生长的最佳环境，使温室内的环境接近人工设想的理想值，以满足温室作物生长发育的需求。适用于种苗繁育、高产种植、名贵珍稀花卉培养等场合，以增加温室产品产量，提高劳动生产率。是高科技成果为规模化生产的现代农业服务的成功范例。

计算机操作人员将种植作物所需求的数据及控制参数输入计算机，系统即可实现无人自动操作，计算机采集的各项数据准确地显示、统计，为专家决策提供可靠依据。控制柜设有手动/自动切换开关，必要时可进行手动控制操作。

10.1.2 智能温室系统的需求分析

能够通过 PC、浏览器、手机实时访问智能温室内传感器数据，能够对农业大棚温度控制、喷淋进行实时控制。

在每个智能温室内部署空气温湿度传感器，用来监测大棚内空气温度、空气湿度参数；每个智能温室内部署土壤温度传感器、土壤湿度传感器、光照度传感器，用来监测大棚内土壤温度、土壤水分、光照等参数。

在每个需要智能控制功能的大棚内安装智能控制设备一套，用来传递控制指令、响应控制执行设备，实现对大棚内的智能高温、智能喷水、智能通风等行为。

10.1.3 智能温室系统分析

根据上述需求，设计了如图 10.1 所示的智能温室系统。

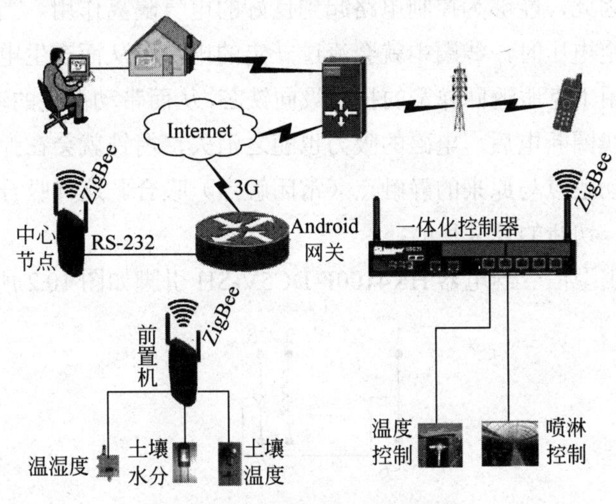

图 10.1 智能温室系统结构图

10.2 智能温室系统控制功能的实现

智能温室项目中控制器节点与智能家居有很大区别，智能家居的控制器主要是控制红外发送的，但智能温室项目的控制器是通过继电器控制 USB 接口，进而控制各种设备的。

10.2.1 继电器

在各种自动控制设备中，都存在一个低压的自动控制电路与高压电气电路的互相连接问题，一方面要使低压的电子电路的控制信号能够控制高压电气电路的执行元件，如电动机、电磁铁、电灯等；另一方面又要为电子线路的电气电路提供良好的电隔离，以保护电子电路和人身的安全，电磁式继电器便能完成这一桥梁作用。

电磁继电器是在输入电路内电流的作用下，由机械部件的相对运动产生预定响应的一种继电器。它包括直流电磁继电器、交流电磁继电器、磁保持继电器、极化继电器、舌簧继电器和节能功率继电器。

（1）直流电磁继电器：输入电路中的控制电流为直流的电磁继电器。

（2）交流电磁继电器：输入电路中的控制电流为交流的电磁继电器。

（3）磁保持继电器：将磁钢引入磁回路，继电器线圈断电后，继电器的衔铁仍能保持在线圈通电时的状态，具有两个稳定状态。

（4）极化继电器：状态改变取决于输入激励量极性的一种直流继电器。

（5）舌簧继电器：利用密封在管内，具有触点簧片和衔铁磁路双重作用的舌簧的动作来开、闭或转换线路的继电器。

（6）节能功率继电器：输入电路中的控制电流为交流的电磁继电器，但它的电流大（一般为30～100A），体积小，具有节电功能。

电磁式继电器一般由控制线圈、铁芯、衔铁、触点簧片等组成，控制线圈和接点组之间是相互绝缘的，因此，能够为控制电路起到良好的电气隔离作用。当在继电器的线圈两头加上其线圈的额定电压时，线圈中就会流过一定的电流，从而产生电磁效应，衔铁就会在电磁力吸引的作用下克服返回弹簧的拉力吸向铁芯，从而带动衔铁的动触点与静触点（常开触点）吸合。当线圈断电后，电磁的吸力也随之消失，衔铁就会在弹簧的反作用力下返回原来的位置，使动触点与原来的静触点（常闭触点）吸合。这样吸合、释放，从而达到了在电路中的接通、切断的开关目的。

控制板采用的小型信号继电器HK4100F-DC5V-SH引脚如图10.2所示。

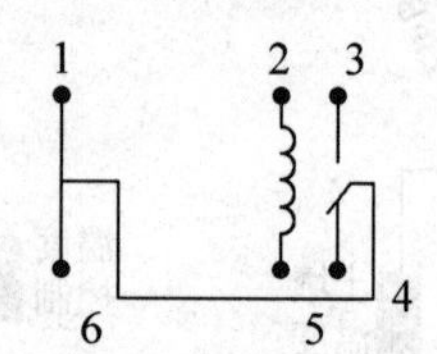

图10.2　继电器引脚图

1、6—公共端；2、5—线圈；3、4—一个常开一个常闭

10.2.2　控制板中控制电路的实现

控制板中控制电路的原理图如图10.3所示。

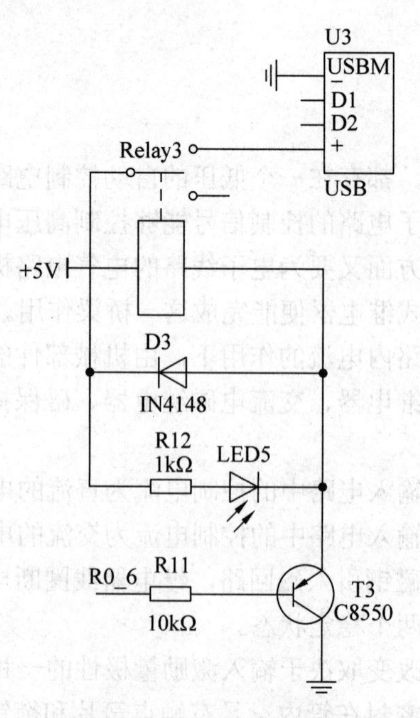

图10.3　控制电路原理图

三极管 T5 的基极 B 接到 CC2530 的 P0_6，三极管的发射极 E 接到继电器线圈的一端，线圈的另一端接到＋5V 电源 VCC 上；继电器线圈两端并接一个二极管 IN4148，用于吸收释放继电器线圈断电时产生的反向电动势，防止反向电动势击穿三极管 T3 及干扰其他电路；R12 和发光二极管 LED5 组成一个继电器状态指示电路，当继电器吸合的时候，LED5 点亮，这样就可以直观地看到继电器的状态了。

（1）当 CC2530 的 P0_6 引脚输出低电平时，三极管 T5 饱和导通，＋5V 电源加到继电器线圈两端，继电器吸合，同时状态指示的发光二极管也点亮，继电器的常开触点闭合，相当于开关闭合，USB 接口接到＋5V 电源 VCC 上，可以为各种 USB 执行器提供电源。

（2）当 CC2530 的 P0_6 引脚输出高电平时，三极管 T5 截止，继电器线圈两端没有电位差，继电器衔铁释放，同时状态指示的发光二极管也熄灭，继电器的常开触点释放，相当于开关断开。注：在三极管截止的瞬间，由于线圈中的电流不能突变为零，继电器线圈两端会产生一个较高电压的感应电动势，线圈产生的感应电动势则可以通过二极管 IN4148 释放，从而保护了三极管免被击穿，也消除了感应电动势对其他电路的干扰，这就是二极管的保护作用。

10.2.3　智能温室系统控制功能的实现

根据需求，工程 SimpleApp 基本能满足下位机的功能要求。下位机需要一个协调器节点、一个传感器节点和一个控制器节点，传感器节点与智能家居系统类似，只是多了一个光照传感器。但在大棚项目中控制器节点与智能家居有很大区别，智能家居的控制器主要是控制红外发送的，但智能温室项目的控制器是通过继电器控制 USB 接口，进而控制各种设备的。

上位机通过串口向协调器发送指令，协调器向控制板发送指令，控制板控制继电器开关加热器、加湿器、风扇等设备。

（1）控制功能仍然依照灯开关实验来做，在建立绑定关系后，控制节点在开关节点发送命令后，在函数 void zb_ReceiveDataIndication()中记录下开关节点的短地址。

代码如下：

```
if (command == TOGGLE_LIGHT_CMD_ID)
  {
    controlAdd=source;
  }
```

（2）控制节点在 sapi.c 的事件处理函数 UINT16 SAPI_ProcessEvent()中加入如下代码来处理串口传过来的命令：

```
case SPI_INCOMING_ZAPP_DATA:
        buf=(unsigned char*)(pMsg+1);
        processUARTMSG(buf);

        break;
```

（3）在文件SimpleController.c中，加入处理串口传过来的命令的函数processUARTMSG（buf），代码如下：

```
void processUARTMSG(unsigned char *buf)
{


   if(controlAdd!=0&&buf[0]== 't')
   zb_SendDataRequest(controlAdd, TOGGLE_LIGHT_CMD_ID, 0, buf, 0, AF_ACK_
REQUEST, 0 );

}
```

（4）在开关节点的文件SimpleSwitch.c的函数void zb_ReceiveDataIndication()中操作继电器：

```
if (command == TOGGLE_LIGHT_CMD_ID)
  {
    P0_6=^ P0_6;
  }
```

10.3 智能温室系统休眠功能的实现

智能温室系统的各种传感器件工作在没有电源的场所，所以电源管理成为智能温室系统的重要功能。

电池供电的End-Devices采用电源管理来最小化两个短暂无线通信周期之间的功耗。通常，在空闲时，一个End-Device会关闭大功耗的功能外设和进入休眠模式。Z-Stack提供两种休眠模式，分别为TIMER sleep和DEEP sleep。当系统需要在一个预定的延时后被唤醒执行任务时，采用TIMER sleep模式。当系统未来没有预定的任务需要执行时，采用DEEP sleep模式。系统进入DEEP sleep模式后，需要一个外部触发（例如按下按键）来唤醒设备。TIMER sleep模式下工作电流通常降为几毫安，而DEEP sleep模式通常降为若干微安。

Z-Stack电池供电的End-Devices采用电源管理来最小化两个短暂预定活动的周期之间或者长时间的非活动期（DEEP sleep）内的功耗。在OSAL主控制循环中，每个任务完成它预定的处理后对系统活动进行监控。如果没有任务有预定的事件发生，那么电源管理功能被使能，系统决定是否休眠。设备必须满足下面所有的条件才能进入休眠模式：

（1）休眠功能被POWER_SAVING编译选项使能。

（2）ZDO节点描述符指定“RX is off when idle”，这需要在f8wConfig.cfg文件中将RFD_RCVC_ALWAYS_ON设为FALSE来实现。

（3）所有的Z-Stack任务“赞同”允许节省能源。

（4）Z-Stack 各个任务都没有预定的活动。

（5）MAC 层没有预定的活动。

Z-Stack 中的 End-Devices 工程默认配置为不具有电源管理的功能。为了使能该功能，在工程建立时必须指定 POWER_SAVING 编译选项。

是否启用节能模式是在 OSAL 主循环的末尾决定的。如果所有的 Z-Stack 任务都没有任何处理要执行，变量 activity 的值变为 false。如下所示，POWER_SAVING 编译选项决定是否调用 osal_pwrmgr_powerconserve()函数来启动休眠，代码如下：

```
#if defined( POWER_SAVING )
  else  //Complete pass through all task events with no activity?
  {
    osal_pwrmgr_powerconserve();  //Put the processor/system into sleep
  }
#endif
```

10.4 协调器直接访问 Web 服务器

随着技术的发展，很多无线传感网项目的数据保存在 Web 服务器，甚至是“云”端。这一节将介绍如何将协调器直接与 Wi-Fi 模块相连，将温度数据传到 Web 服务器。

10.4.1 设置 wificp210x 模块

这里选择的 wificp210x 模块是大连东软睿道公司开发的支持透传的 Wi-Fi 模块，设置简单，使用方便。

（1）如果用户已经配置好了串口透传，想重新进行设置，可以 5 秒长按 Reload 按键恢复出厂设置。然后将 wificp210x 模块板上跳线帽处于如图 10.4 所示的位置，这时模块可与用户使用串口进行交互。

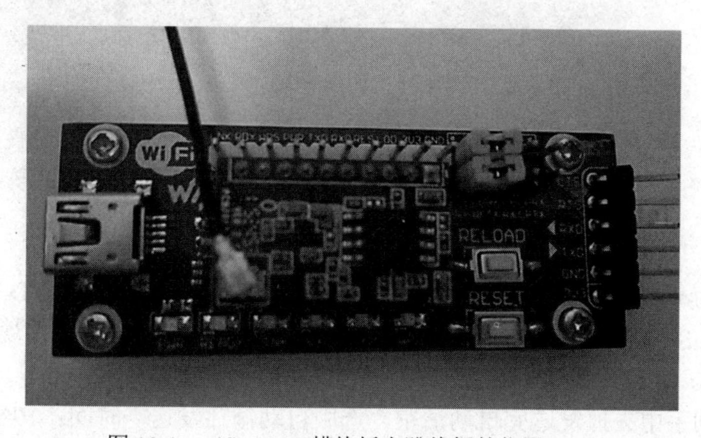

图 10.4 wificp210x 模块板上跳线帽的位置

（2）复位一下 Wi-Fi 模块（短按 Wi-Fi 模块的 RESET 键），然后在串口助手输入窗口输入+++切换到命令模式。如果 Wi-Fi 应答成功，会返回一个 a，显示在雪莉蓝串口助手的接收框，因为需要使用发送完自动清空功能，这里推荐使用雪莉蓝串口助手。注意发送框设置成了发送完自动清空，所以在这里看不到+++的命令了。在三秒内迅速输入 a，应答+ok 说明成功切换到命令模式。

（3）修改无线的工作模式至 sta 模式。输入命令 at+wmode=sta 后按 Enter 键应答为+ok 就是正常。

（4）下一步通过无线路由器连到无线网，输入命令 at+wscan 后按 Enter 键，浏览路由器，扫描已有的无线网络，然后会出现所有可用的无线局域网 SSID 号，路由器的 SSID 是 Service Set Identifier 的缩写，意思是服务集标识,通俗地说是无线局域网的名称，选择要连接的路由器（SSID 号按照实际路由器选择）。

选择连接到无线网，输入命令 at+wsssid=SSID 后按 Enter 键，应答为+ok 就是正常。

（5）网络是有密码的，加密模式及密码加密方法设置输入命令 at+wskey=wpa2psk,aes, 12345678 后按 Enter 键，其中 12345678 为无线局域网的连接密码。应答正常为+ok。

（6）设置服务器地址。输入命令 at+netp=tcp,client,8080,192.168.1.105 后按 Enter 键，192.168.1.105 为 Web 服务器的地址，会根据实际服务器地址发生变化。应答正常为+ok。

（7）切回到透传模式。输入命令 at+entm 后按 Enter 键，应答正常为+ok。

10.4.2 使用 wificp210x 模块访问 Web 服务器

（1）黄色跳线帽横着移动一位让串口数据通过插针输出，如图 10.5 所示。

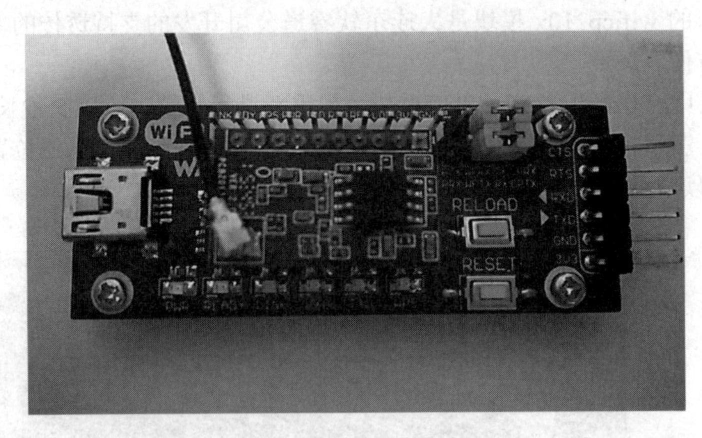

图 10.5 串口数据通过插针输出

（2）因为 wificp210x 工作在 Wi-Fi 模式下，将 cp210x 模块的 RXD,TXD,GND,3V3 这几个引脚与 USB 转 TTL rs232 模块相连，要求 USB 转 TTL rs232 模块支持 3.3V 电压，cp210x 模块与 USB 转 TTL rs232 模块 RX,TX 引脚要交叉。

在串口助手中去掉发送完自动清空，选中自动循环发送，时间：10*100ms，发送以下字符串。

```
GET /temp.jsp?temp=25
HTTP/1.1
Host: 192.168.1.105:8080
```

注意上面的回车不能省，最后一行需要两次回车。返回 HTML 串，说明访问成功。也可以在浏览器中先试着访问一下 http://192.168.1.105:8080//temp.jsp?temp=25。

10.4.3 编程实现 ZigBee 协调器数据上传至 Web 服务器

（1）使用一个将 RX,TX 引脚引出的 ZigBee 模块与 cp210x 模块相连，注意 RX,TX 引脚要交叉连接。

（2）用 GenericApp 实现协调器将温度数据发送给 Web 服务器，就是定义一个定时发生的事件，将记录温度的变量的值写到串口上。

在 GenericApp.c 中的定义部分加入如下代码：

```
#define SEND_DATA_EVENT 0x01                //定义发送数据事件
char buf[50];
char * temp="25";                           //记录当前温度
char * req1 = "GET /temp.jsp?temp=";        //定义发送字符串前半段
char * req2 = " \r\nHTTP/1.1\r\nHost: 192.168.1.105:8080\r\n\r\n";
                                            //定义发送字符串后半段
```

在 GenericApp.c 文件的初始化函数 void GenericApp_Init(byte task_id)中加入如下代码，初始化串口并设置定时器触发事件 SEND_DATA_EVENT：

```
uartConfig.configured           =TRUE;
   uartConfig.baudRate          =HAL_UART_BR_115200;
   uartConfig.flowControl       =FALSE;
   uartConfig.callBackFunc      =NULL;
   HalUARTOpen(0,&uartConfig);
    osal_start_timerEx(GenericApp_TaskID,SEND_DATA_EVENT,10000);
```

在 GenericApp.c 文件的应用层事件处理函数 UINT16 GenericApp_ProcessEvent(byte tadk_id,UINT16 events)中加入如下代码，处理事件 SEND_DATA_EVENT 发送数据并设置定时器触发事件 SEND_DATA_EVENT：

```
if(events&SEND_DATA_EVENT)
    {
        GenericApp_SendTheMessage();
        osal_start_timerEx(GenericApp_TaskID,SEND_DATA_EVENT,1000);

        return (events^SEND_DATA_EVENT);
    }
```

函数 GenericApp_SendTheMessage()用来发送字符串，通过透传方式用 Wi-Fi 模块将数据发送给 Web 服务器。

```
void GenericApp_SendTheMessage( void )
{
  strcat(buf,req1);
  strcat(buf,temp);
  strcat(buf,req2);

  HalUARTWrite(0,(uint8*)buf,strlen(buf));
}
```

第 11 章 CHAPTER 11 学生考勤管理系统

11.1 学生考勤管理系统设计

随着高校管理信息化的不断深入，校园一卡通在各级高校得到广泛的应用。校园一卡通使用 RFID（射频识别）技术，利用射频信号通过空间耦合自动识别目标对象并获取数据。校园一卡通被广泛应用于图书馆、校内消费等各种校园服务，为学校的信息化管理以及学生的日常生活提供便利并提高了管理效率。然而，在学生日常上课考勤的管理方面，目前大多数高校依然采用传统的老师点名或学生签到的方式进行人工考勤。这种考勤方式既浪费老师和学生宝贵的课堂时间，也使考勤数据的处理效率低下。目前已经出现了一些校园一卡通学生考勤管理系统，实现了学生上课的自动考勤和对考勤数据的智能化处理。但现有的校园一卡通学生考勤管理系统大多需要在教室安装计算机并具备网络环境，高校很多教室不具备这种条件，所以影响了学生考勤管理系统在高校的推广。基于 ZigBee 技术的校园一卡通学生考勤管理系统克服了这种局限性，利用 ZigBee 技术实现了考勤信息的网络传输，在没有安装计算机和没有网络环境甚至没有电源的教室也可以很好地工作。

11.1.1 校园一卡通学生考勤管理系统的组成

校园一卡通学生考勤管理系统由校园一卡通卡、读卡器节点和服务器组成。

（1）读卡器节点：是考勤系统的主要设备，由 RFID 读卡电路和 ZigBee 无线传输电路组成，每个教室一个，一个教学楼内的所有读卡器节点组成一个无线传感网络。只要有一卡通卡进入读卡器天线射频能量范围，读卡器便通过射频信号与一卡通卡通信，读取一卡通卡中的学生数据，并将其传给服务器。

（2）校园一卡通卡：读卡器通过一卡通卡内磁力线圈产生感应电流读取卡内信息，完成读卡操作。

（3）服务器：服务器通过串口与一个 ZigBee 节点相连，读卡器节点读取的考勤信息传输到服务器，服务器将考勤信息存入数据库。在服务器上搭建一个支持 Servlet 的 Web 服务器，使用 Java 语言对考勤信息进行管理，可以使用 Android 平板电脑作为服务器。

11.1.2 校园一卡通学生考勤管理系统的可行性分析

ZigBee 节点经实测在室内有阻挡情况下传输距离为 50m，而 ZigBee 网络可以为星状网络结构、树状网络结构和网状网络结构，最大节点数为 65 000 个，能够充分满足在一个教学楼内组建一个无线传感网的要求，而在室外没有阻挡的情况下 ZigBee 节点传输最大距离为 2000m，在需要的情况下，可以组建一个校园范围内的一卡通学生考勤管理系统。另外，考勤系统传输的数据很少，ZigBee 网络 256kb/s 的传输速率足够满足数据速率的要求。

11.1.3 校园一卡通学生考勤管理系统的需求分析

（1）学生进入教室后，刷卡考勤，读卡器节点读取学生考勤信息，并将数据传输到服务器，服务器将考勤信息存入数据库。

（2）服务器上运行着一个基于 Web 的应用程序，对考勤信息进行管理，主要包括学生管理、教师管理、课程管理、考勤信息管理、考勤信息统计、考勤信息通知等功能。

11.2 学生考勤管理系统的时钟功能的实现

11.2.1 DS1302 实时时钟电路

DS1302 是美国 DALLAS 公司推出的一种高性能、低功耗、带 RAM 的实时时钟电路，它可以对年、月、日、周、日、时、分、秒进行计时，具有闰年补偿功能，工作电压为 2.5～5.5V。采用三线接口与 CPU 进行同步通信，并可采用突发方式一次传送多字节的时钟信号或 RAM 数据。DS1302 内部有一个 31×8 的用于临时性存放数据的 RAM 寄存器。DS1302 是 DS1202 的升级产品，与 DS1202 兼容，但增加了主电源/后备电源双电源引脚，同时提供了对后备电源进行涓细电流充电的能力。

11.2.2 DS1302 实时时钟模块

（1）DS1302实时时钟模块参数如下：

① PCB为标准双面板，全贴片设计，尺寸为4.7cm×1.8cm。

② 带定位孔，直径为3mm，方便固定。

③ 备用电池为正品CR1220电池，电压3V，非可充电电池。

④ 晶振32.768kHz。

⑤ 模块工作电压兼容3.3V/5V，可与5V及3.3V单片机连接。

⑥ 工作温度：0～70℃。

（2）DS1302实时时钟模块接口说明。

① V_{CC}外接3.3～5V电压（可以直接与5V单片机和3.3V单片机相连）。

② GND外接GND。

③ SCLK时钟接口，可以接单片机任意I/O端口。

④ I/O数据接口，可以接单片机任意I/O端口。

⑤ RST 复位接口，可以接单片机任意 I/O 端口。

11.2.3 DS1302 实时时钟模块的操作说明

（1）单字节写时序如图11.1所示。

单字节写
CE
SCLK
I/O
R/W̄
A0
A1
A2
A3
A4
R/C̄
1
D0
D1
D2
D3
D4
D5
D6
D7

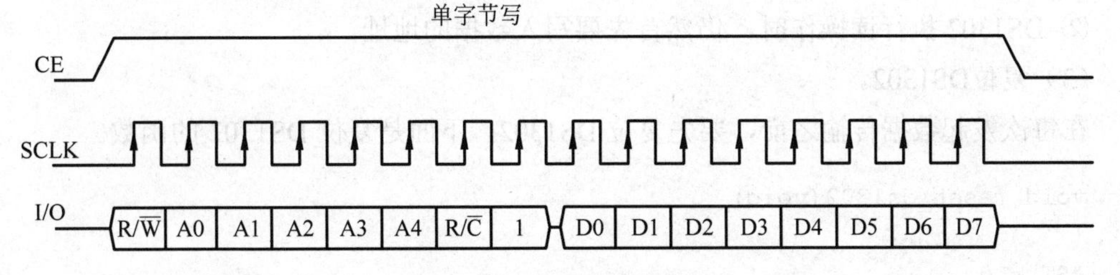

图 11.1 单字节写时序图

```
void write_ds1302_byte(char dat)
{
    char i;

    for (i=0;i<8;i++)
    {
        SDA = dat & 0x01;
        SCK = 1;
        dat >>= 1;
        SCK = 0;
    }
}
```

① DS1302 执行写操作时，需要 SCK 从低电平到高电平的跳变。

② DS1302 执行写操作时，首先要写入数据的地址。

（2）单字节读时序如图11.2所示。

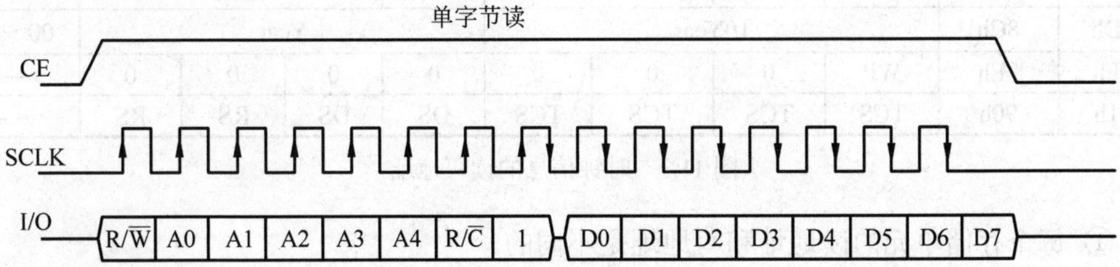

单字节读
CE
SCLK
I/O
R/W̄
A0
A1
A2
A3
A4
R/C̄
1
D0
D1
D2
D3
D4
D5
D6
D7

图 11.2 单字节读时序图

```
uint8 read_ds1302_byte(void)
{
uint8 i, dat=0;

    for (i=0;i<8;i++)
    {
        dat >>= 1;
        if(SDA)
            dat |= 0x80;
        SCK = 1;
        SCK = 0;
    }
    return dat;
}
```

① DS1302 执行读操作时，需要 SCK 从高电平到低电平的跳变。

② DS1302 执行读操作时，仍然首先要写入数据的地址。

（3）复位DS1302。

在每次发起数据传输之前，要先复位 DS1302，下面是复位 DS1302 的函数。

```
void reset_ds1302(void)
{
RST = 0;
SCK = 0;
RST = 1;
}
```

（4）DS1302中时钟信息的地址。

每次的读写操作是对 DS1302 的相应地址进行操作，图 11.3 中列出了各个时钟信息的读写地址。

<table>
<tr><th>READ</th><th>WRITE</th><th>BIT 7</th><th>BIT 6</th><th>BIT 5</th><th>BIT 4</th><th>BIT 3</th><th>BIT 2</th><th>BIT 1</th><th>BIT 0</th><th>RANGE</th></tr>
<tr><td>81h</td><td>80h</td><td>CH</td><td colspan="3">10Seconds</td><td colspan="4">Seconds</td><td>00～59</td></tr>
<tr><td>83h</td><td>82h</td><td></td><td colspan="3">10Minutes</td><td colspan="4">Minutes</td><td>00～59</td></tr>
<tr><td>85h</td><td>84h</td><td>$12/\overline{24}$</td><td>0</td><td>10
$\overline{\text{AM}}$/PM</td><td>Hour</td><td colspan="4">Hour</td><td>1～12
0～23</td></tr>
<tr><td>87h</td><td>86h</td><td>0</td><td>0</td><td colspan="2">10Date</td><td colspan="4">Date</td><td>1～31</td></tr>
<tr><td>89h</td><td>88h</td><td>0</td><td>0</td><td>0</td><td>10
Month</td><td colspan="4">Month</td><td>1～12</td></tr>
<tr><td>8Bh</td><td>8Ah</td><td>0</td><td>0</td><td>0</td><td>0</td><td>0</td><td colspan="3">Day</td><td>1～7</td></tr>
<tr><td>8Dh</td><td>8Ch</td><td colspan="4">10Year</td><td colspan="4">Year</td><td>00～99</td></tr>
<tr><td>8Fh</td><td>8Eh</td><td>WP</td><td>0</td><td>0</td><td>0</td><td>0</td><td>0</td><td>0</td><td>0</td><td>—</td></tr>
<tr><td>91h</td><td>90h</td><td>TCS</td><td>TCS</td><td>TCS</td><td>TCS</td><td>DS</td><td>DS</td><td>RS</td><td>RS</td><td>—</td></tr>
</table>

图 11.3　时钟信息的读写地址

① 每个存储单元的读地址和写地址是不同的。

② 下一个时钟单位的存储单元的地址=上一个时钟单位的存储单元的地址+2。

③ DS1302 时钟信息在存储单元中以 BCD 码形式存放。

11.2.4 DS1302 时钟模块例程

1. 例程功能

设置 DS1302 时钟模块时间，并读出显示在液晶上。

2. 代码

```
#include<ioCC2530.h>
#include "exboard.h"
#include "lcd.h"

#define SCK P1_1                              //时钟
#define SDA P1_0                              //数据
#define RST  P1_7                             //DS1302 复位(片选)

#define DS1302_W_ADDR 0x80
#define DS1302_R_ADDR 0x81

char time[7]={10,10,23,12,7,7,11};//秒分时日月周年 11-07-12 23:10:10
char timestr[]={'0','0',': ','0','0',': ','0','0','\0'};

void delayn(uint n)
{
    while (n--);
}

/**
 * 写 1 字节
*/
void write_ds1302_byte(char dat)
{
    char i;

    for (i=0;i<8;i++)
    {
        SDA = dat & 0x01;
        SCK = 1;
        dat >>= 1;
        SCK = 0;
    }
}

/**
 * 读 1 字节
*/
char read_ds1302_byte(void)
```

```
{
    char i, dat=0;
    P1DIR &= ~0x01;
    for (i=0;i<8;i++)
    {
        dat >>= 1;
        if(SDA)
            dat |= 0x80;
        SCK = 1;
        SCK = 0;
    }
      P1DIR |= 0x01;
    return dat;
}

void reset_ds1302(void)
{
    RST = 0;
    SCK = 0;
    RST = 1;
}

/**
 * 清除写保护
*/
void clear_ds1302_WP(void)
{
    reset_ds1302();
    RST = 1;
    write_ds1302_byte(0x8E);
    write_ds1302_byte(0);
    SDA = 0;
    RST = 0;
}

/**
 * 设置写保护
*/
void set_ds1302_WP(void)
{
    reset_ds1302();
    RST = 1;
    write_ds1302_byte(0x8E);
    write_ds1302_byte(0x80);
    SDA = 0;
    RST = 0;
}
```

```
/**
 * 写入DS1302
*/
void write_ds1302(char addr, char dat)
{
    reset_ds1302();
    RST = 1;
    write_ds1302_byte(addr);
    write_ds1302_byte(dat);
    SDA = 0;
    RST = 0;
}

/**
 * 读出DS1302数据
*/
char read_ds1302(char addr)
{
    char temp=0;

    reset_ds1302();
    RST = 1;
    write_ds1302_byte(addr);
    temp = read_ds1302_byte();
    SDA = 0;
    RST = 0;

    return (temp);
}

/**
 * 设定时钟数据
*/
void set_time(char *timedata)
{
    char i, tmp;

    for (i=0; i<7; i++)            //转换为BCD格式
    {
        tmp = timedata[i] / 10;
        timedata[i] = timedata[i] % 10;
        timedata[i] = timedata[i] + tmp*16;
    }

    clear_ds1302_WP();
    tmp = DS1302_W_ADDR;           //传写地址
```

```
    for (i=0; i<7; i++)          //7 次写入秒分时日月周年
    {
        write_ds1302(tmp, timedata[i]);
        tmp += 2;
    }
    set_ds1302_WP();
}

/**
 * 读时钟数据(BCD 格式)
*/
void read_time()
{
    char i, tmp,t;

    tmp = DS1302_R_ADDR;
    for (i=0; i<3; i++)      //分 3 次读取秒分时并将其转换格式存入数组 timestr 中
    {
        t = read_ds1302(tmp);
              timestr[6-3*i]=t/16+0x30;
              timestr[7-3*i]=t%16+0x30;
        tmp += 2;
    }
}

main()
{

       P1SEL &= ~0x83;
       P1DIR |= 0x83;
       lcd_init();

        set_time(time);     //设定时间值

        read_time();        //秒分时
        lcd_WriteString((char*)"Current time",timestr);


}
```

11.2.5 Z-Stack 中使用 DS1302 时钟模块实现显示时间的功能

Z-Stack 中使用 DS1302 时钟模块实现显示时间的功能的步骤如下：

（1）将文件 lcd.h，lcd.c、exboard.h 复制到 SimpleApp 工程的 Source 目录下。

（2）在 IAR 集成环境中，将上面的文件加入到 SimpleApp 工程中。

（3）将 11.2.4 节例程中的函数复制到 SimpleApp 工程文件 sapi.c 中。

（4）在文件 sapi.c 的初始化函数 void SAPI_Init()中加入如下引脚初始化、LCD 初始化代码：

```
P1SEL &= ~0x83;
  P1DIR |= 0x83;
lcd_init();
osal_start_timerEx(sapi_TaskID, SHOW_TIME_EVENT, 1000);   //定期触发事件
SHOW_TIME_EVENT
```

事件 SHOW_TIME_EVENT 在文件 sapi.h 中定义：

```
#define SHOW_TIME_EVENT                    0x0100
```

（5）文件 sapi.c 的应用层初始化函数 UINT16 SAPI_ProcessEvent()中加入事件 SHOW_TIME_EVENT 的处理代码：

```
if ( events & SHOW_TIME_EVENT )
  {
    //Send bind confirm callback to application
    read_time(time);   //秒分时日月周年
    lcd_WriteString((char*)"Current time",timestr);
    osal_start_timerEx(sapi_TaskID, SHOW_TIME_EVENT, 500);
    return (events ^ SHOW_TIME_EVENT);
  }
```

11.3 学生考勤管理系统读卡功能的实现

11.3.1 RFID 介绍

1. RFID的概念

无线射频识别（Radio Fequency Idenfication，RFID）技术是一种非接触的自动识别技术，其基本原理是利用射频信号和空间耦合（电感或电磁耦合）或雷达反射的传输特性，实现对被识别物体的自动识别。

2. RFID系统组成

（1）阅读器（Reader）：读取（或写入）标签信息的设备，可设计为手持式或固定式。

（2）标签（Tag）：由耦合元件及芯片组成，每个标签具有唯一的电子编码，附着在物体上标识目标对象；UID是在制作芯片时放在ROM中的，无法修改。用户数据区（DATA）是供用户存放数据的，可以进行读写、覆盖、增加的操作。

（3）阅读器对标签的操作主要有以下三类。

① 识别（Identify）：读取UID。

② 读取（Read）：读取用户数据。

③ 写入（Write）：写入用户数据。

3. Mifare One S50标签

Mifare One S50标签是目前较为常见的一种RFID标签，Mifare One S50标签采用飞利浦（NXP）原装的 Mifare IC S50芯片，符合IEC/ISO 14443A空气接口协议。其具有先进的数据加密及双向密码验证系统，以及16个完全独立的扇区，有着极高的稳定性和广泛的应用范围。

1）主要指标

（1）容量为8KB的EEPROM。

（2）分为16个扇区，每个扇区为4块，每块16B，以块为存取单位。

（3）每个扇区有独立的一组密码及访问控制。

（4）每张卡有唯一序列号，为32b。

（5）具有防冲突机制，支持多卡操作。

（6）无电源，自带天线，内含加密控制逻辑和通信逻辑电路。

（7）数据保存期为10年，可改写10万次，读无限次。

（8）工作温度：-20～50℃（湿度为90%）。

（9）工作频率：13.56MHz。

（10）通信速率：106kb/s。

（11）读写距离：10cm以内（与读写器有关）。

2）Mifare One S50卡特点

（1）支持多卡同时操作。

（2）卡芯片与读写芯片中都内嵌防冲突模块，可实现真正的（硬件）防冲突，可高速识别天线范围内的多张卡，适应多人同时刷卡。

（3）密码认证：所有扇区需通过密码认证才能进行读/修改操作。

（4）存取控制：所有块可通过设置存取控制条件限制存取。

3）工作原理

卡片的电气部分只由一个天线和ASIC组成。

天线：卡片的天线是只有几组绕线的线圈，很适于封装到ISO卡片中。

ASIC：卡片的ASIC由一个高速（106KB/s）的RF接口、一个控制单元和一个8KB EEPROM组成。

读写器向Mifare One S50发出一组固定频率的电磁波，卡片内有一个LC串联谐振电路，其频率与读写器发射的频率相同，在电磁波的激励下，LC谐振电路产生共振，从而使电容内有了电荷。在这个电容的另一端，接有一个单向导通的电子泵，将电容内的电荷送到另一个电容内存储，当所积累的电荷达到2V时，此电容可作为电源为其他电路提供工作电压，将卡内数据发射出去或接取读写器的数据。

4. 读写器

RFID阅读器（读写器）通过天线与RFID电子标签进行无线通信，可以实现对标签识别码和内存数据的读出或写入操作。典型的阅读器包含高频模块（发送器和接收器）、控制单元以及阅读器天线。

读写器的作用：

（1）读写器与电子标签之间的通信功能。

（2）读写器与计算机之间的通信功能。

（3）对读写器与电子标签之间要传送的数据进行编码、解码。

（4）对读写器与电子标签之间要传送的数据进行加密、解密。

（5）能够在读写作用范围内实现多标签同时识读功能，具备防碰撞功能。

11.3.2　M104BPC读写模块

M104BPC 系列读写模块采用13.56MHz非接触射频技术，内嵌低功耗射频芯片MFRC522。用户不必关心射频基站的复杂控制方法，只需通过简单地选定UART接口发送命令就可以实现对卡片完全的操作。该系列读写模块支持Mifare One S50，S70，FM11RF08及其兼容卡片。

（1）功能特点：

① 支持Mifare one S50，S70，FM11RF08及其兼容卡片。

② 天线一体，也可天线分体。

③ 超小体积，不含天线：25mm×15.6mm，含天线尺寸：43.5mm×35.5mm。

④ 读卡平均电流35mA左右，该型号模块不能进入低功耗状态。

⑤ 简单的命令集可完成对卡片的全部操作。

⑥ 可提供 C51函数库（例程）供二次开发。

⑦ 基于模块的扩展功能很强，可根据用户要求修改软件定制个性化模块，不用改变线路板。

⑧ 自带看门狗。

（2）通过模块操作Mifare One S50卡步骤简述如图11.4所示。

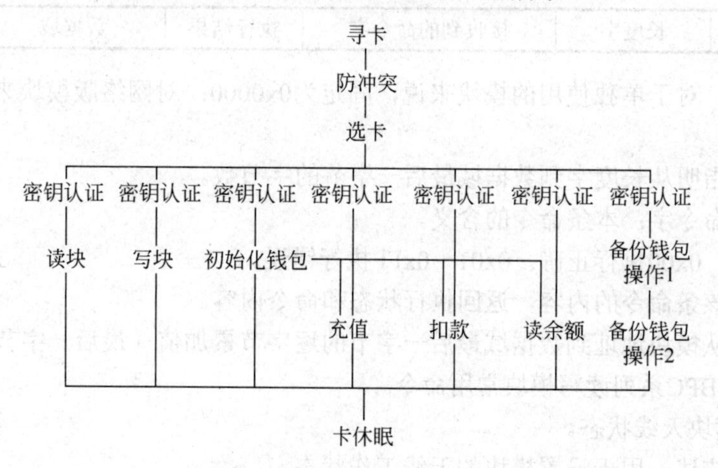

图 11.4　操作Mifare One S50卡步骤

① 寻卡，防冲突，选卡成功之后才可以进行块的读写以及钱包功能等操作。

② 在进行块的读写、钱包等相关操作之前还需要进行密钥认证，只有通过才可以进行相应操作。

③ 若想将某块作为钱包功能时，第一次必须用初始化钱包指令将该块进行初始化。

④ 在做钱包备份时，必须在同一扇区内进行操作。

（3）异步半双工UART协议。

UART接口一帧的数据格式为1个起始位，8个数据位，无奇偶校验位，1个停止位。

波特率：19 200。

发送数据封包格式：

数据包帧头02	数据包内容	数据包帧尾03

注：0x02、0x03被使用为起始字符、结束字符，0x10被使用为0x02，0x03的辨识字符。因此在通信的传输数据之中（起始字符0x02至结束字符0x03之中）的0x02、0x03、0x10字符之前，皆必须补插入0x10作为数据辨识之用。例如，起始字符0x02至结束字符0x03之中有一原始数据为0x020310，补插入辨识字符之后，将变更为0x100210031010。

数据包内容：

模块地址	长度字	命令字	数据域	校验字

模块地址：对于单独使用的模块来说，固定为0x0000；对网络版模块来说，为0x0001～0xFFFE；0xFFFF为广播。

长度字：指明从长度字到校验字的字节数。

命令字：本条命令的含义。

数据域：该条命令的内容，此项可以为空。

校验字：从模块地址到数据域最后一字节的逐字节累加值（最后一字节）。

返回数据封包格式：同发送数据封包格式相同。

数据包内容：

模块地址	长度字	接收到的命令字	执行结果	数据域	校验字

模块地址：对于单独使用的模块来说，固定为0x0000；对网络版模块来说，为本身的地址。

长度字：指明从长度字到数据域最后一字节的字节数。

接收到的命令字：本条命令的含义。

执行结果：0x00执行正确。0x01～0xFF执行错误。

数据域：该条命令的内容，返回执行状态和命令内容。

校验字：从模块地址到数据域最后一字节的逐字节累加值（最后一字节）。

（4）M104BPC系列读写模块常用命令。

① 设置模块天线状态。

- 功能描述：用于设置模块的天线工作状态。
- 发送数据序列：

帧头	发送数据包内容					帧尾
	模块地址	长度	命令	发送数据	校验	
0x02	0x00，0x00	0x04	0x05	0x00或者 0x01	0x09或者 0x0A	0x03

注：发送数据=0x00关闭天线；发送数据=0x01开启天线。

- 正确返回数据序列：

帧头	正确返回数据包内容							帧尾
	模块地址	长度		命令	执行结果	返回数据	校验	
0x02	0x00，0x00	0x10	0x03	0x05	0x00	空	0x08	0x03

注：阴影部分为模块在返回数据时，在帧头0x02 帧尾0x03之间出现了0x02或0x10或0x03后自动增加的，故在操作接收数据时需过滤掉。

- 错误返回数据序列：

帧头	错误返回数据包内容							帧尾
	模块地址	长度		命令	执行结果	返回数据	校验	
0x02	0x00，0x00	0x10	0x03	0x05	非零	空	xxxx	0x03

注：阴影部分为模块在返回数据时，在帧头0x02帧尾0x03之间出现了0x02或0x10或0x03后自动增加的，故在操作接收数据时需过滤掉。

② 设置模块工作在ISO14443 TYPE A模式。

- 功能描述：用于设置模块工作于ISO14443 TYPE A工作模式。
- 发送数据序列：

帧头	发送数据包内容					帧尾
	模块地址	长度	命令	发送数据	校验	
0x02	0x00，0x00	0x04	0x3A	0x41	0x7F	0x03

注：数据部分为1字节模式控制字；发送数据="A"表示使模块工作于ISO14443 TYPE A模式，对应ASC码为0x41。

- 正确返回数据序列：

帧头	正确返回数据包内容							帧尾
	模块地址	长度		命令	执行结果	返回数据	校验	
0x02	0x00，0x00	0x10	0x03	0x3A	0x00	空	0x3D	0x03

注：阴影部分为模块在返回数据时，在帧头0x02帧尾0x03之间出现了0x02或0x10或0x03后自动增加的，故在操作接收数据时需过滤掉。

- 错误返回数据序列：

帧头	正确返回数据包内容							帧尾
	模块地址	长度		命令	执行结果	返回数据	校验	
0x02	0x00，0x00	0x10	0x03	0x3A	非零	空	xxxx	0x03

注：阴影部分为模块在返回数据时，在帧头0x02帧尾0x03之间出现了0x02或0x10或0x03后自动增加的，故在操作接收数据时需过滤掉。

③ Mifare One卡寻卡。

- 功能描述：用于Mifare One卡的寻卡，返回卡片类型。
- 发送数据序列：

帧头	发送数据包内容					帧尾
	模块地址	长度	命令	发送数据	校验	
0x02	0x00，0x00	0x04	0x46	0x26或者	0x70或者	0x03
				0x52	0x9C	

注：数据部分为1字节寻卡模式；发送数据=“0x26”寻未进入睡眠状态的卡；发送数据=“0x52”寻天线范围内的所有状态的卡。

- 正确返回数据序列：

帧头	正确返回数据包内容					帧尾
	模块地址	长度	命令	执行结果	返回数据	校验	
0x02	0x00，0x00	0x04	0x46	0x00	0x04 0x00	0x4F	0x03
					0x10 0x02 0x00	0x4D	

返回2字节卡类型：返回数据=0x04 0x00表示Mifare one S50卡；返回数据=0x02 0x00表示Mifare one S70卡。

注：阴影部分为模块在返回数据时，在帧头0x02帧尾0x03之间出现了0x02或0x10或0x03后自动增加的，故在操作接收数据时需过滤掉。

④ Mifare One卡防冲突。

- 功能描述：用于Mifare One卡的防冲突指令，返回卡片唯一序列号。注：该指令发送之前必须先发送寻卡指令，并且如果需要对卡进行读写等操作，在该条指令之后还要发送选卡指令。
- 发送数据序列：

帧头	发送数据包内容					帧尾
	模块地址	长度	命令	发送数据	校验	
0x02	0x00，0x00	0x04	0x47	0x04	0x4F	0x03

注：数据部分为1字节卡序列号字节数；发送数据=“0x04”，Mifare S50/S70卡序列号为4字节，故数据为0x04。

- 正确返回数据序列：

帧头	正确返回数据包内容						帧尾
	模块地址	长度	命令	执行结果	返回数据	校验	
0x02	0x00，0x00	0x07	0x47	0x00	4字节卡号	xxxx	0x03

返回4字节卡序列号。

- 错误返回数据序列：

帧头	正确返回数据包内容								帧尾
	模块地址	长度		命令	执行结果	返回数据	校验		
0x02	0x00，0x00	0x10	0x03	0x47	非零	空	xxxx		0x03

注：阴影部分为模块在返回数据时，在帧头 0x02 帧尾 0x03 之间出现了 0x02 或 0x10 或 0x03 后自动增加的，故在操作接收数据时需过滤掉。

11.3.3 例程

1. 程序功能

读出S50卡号，并在LCD上显示。

2. 程序

```
#include "ioCC2530.h"
#include "exboard.h"
#include "lcd.h"
//RFID模块串口命令集
#define COMM_MIFARE1_PCD_REQUEST 0x46        //寻卡命令
#define COMM_MIFARE1_PCD_ANTICOLL 0x47       //认证命令
#define COMM_MIFARE1_PCD_SELECT 0x48         //选卡命令
#define COMM_MIFARE1_ANTENNA_SET 0x05        //天线状态设置命令
#define COMM_MIFARE1_TYPEA 0x3A              //防冲突命令

char g_bReceiveOK;
char  g_cCheckSu;
char g_cCheckSum;
char g_cReceiveCounter;
char g_cPackageStarted;
char g_cBuzzerDelay;
char g_b0x10Received;
char g_cComReceiveBuffer[50];
//串口初始化函数
void initUART0(void)
{
    CLKCONCMD &= ~0x40;                      //设置系统时钟源为32MHz晶振
    while(CLKCONSTA & 0x40);                 //等待晶振稳定
    CLKCONCMD &= ~0x47;                      //设置系统主时钟频率为32MHz

    PERCFG = 0x00;                           //位置1 P0口
    P0SEL |= 0x0C;                           //P0用作串口
    P2DIR &= ~0xC0;                          //P0优先作为UART0
    U0CSR |= 0x80;                           //串口设置为UART方式
    U0GCR |= 9;
```

```
    U0BAUD |= 59;                                    //波特率设为19 200
    UTX0IF = 1;                                      //UART0 TX中断标志初始置为1
    U0CSR |= 0x40;                                   //允许接收
    IEN0 |= 0x84;                                    //开总中断,接收中断
}
void Uart0_T_Byte(unsigned char i)
{
    U0DBUF = i;
    while(UTX0IF == 0);
    UTX0IF = 0;

}

//延时100μs
void Delay100μs(int n)
{
    while(n--)
        {
    delay_us(100);
}
}
//发送命令函数
void UartSend(unsigned char * cpBUFFER)
{
    unsigned char i;
    g_bReceiveOK = 0;

    g_cCheckSum = 0;

    Uart0_T_Byte(0x02);                              //发送帧头

    for (i = 0; i < (cpBUFFER[2] + 1); i++)
    {
        if(( cpBUFFER[i] == 0x02 ) || ( cpBUFFER[i] == 0x03 ) || ( cpBUFFER[i]
== 0x10))                                            //判断是否需要加入辨别字符0x10
        {
            Uart0_T_Byte(0x10);
        }
        Uart0_T_Byte(cpBUFFER[i]);

        g_cCheckSum += cpBUFFER[i];
    }
    if (( g_cCheckSum == 0x02 ) || ( g_cCheckSum == 0x03 ) || ( g_cCheckSum
== 0x10))
    {
        Uart0_T_Byte(0x10);
    }
```

```
    Uart0_T_Byte(g_cCheckSum);                    //发送校验和

    Uart0_T_Byte(0x03);
    g_cReceiveCounter = 0;

}

//串口中断处理函数
#pragma vector = URX0_VECTOR
 __interrupt void UART0_ISR(void)
{
     char  i;

    if(1)
    {
        i   = U0DBUF;
        URX0IF = 0;
        if (!g_bReceiveOK)                        //接收该包数据
        {

            if ((0x02 == i) && (0 == g_b0x10Received)) //接收到帧头
            {
                g_cPackageStarted = 1;
                g_cReceiveCounter = 0;
                g_cCheckSum = 0;
            }
            else if (( 0x03 == i) && (0 == g_b0x10Received) &&
(g_cPackageStarted))                              //接收到帧尾
            {                   //check package
                g_cPackageStarted = 0;
                if(g_cReceiveCounter < sizeof(g_cComReceiveBuffer) - 2)
                {
                    g_bReceiveOK = 1;
                    g_cPackageStarted = 0;
                    g_cReceiveCounter = 0;
                }
            }
            else if (( 0x10 == i ) && (0 == g_b0x10Received))
            {
                g_b0x10Received = 1;
            }
            else if (g_cPackageStarted)
            {
                g_b0x10Received = 0;

                if (g_cReceiveCounter < sizeof(g_cComReceiveBuffer) - 2)
                {
```

```
                    if (g_cReceiveCounter != 0)
                    {
                        g_cCheckSum +=
g_cComReceiveBuffer[g_cReceiveCounter-1];           //计算校验和
                    }
                    g_cComReceiveBuffer[g_cReceiveCounter++] = i;
                                                    //将收到数据存入缓冲区
                }
                else
                {
                    g_cPackageStarted     = 0;     //标准串口接收包起始标志
                    g_cReceiveCounter     = 0;
                }
            }
            else
            {
                g_b0x10Received = 0; //没收到02头时,若收到10就永远不再接收
            }
        }
    }
    UTX0IF = 0;
}

unsigned char  COMM_MIFARE1_ANTENNA_CLOSE_[]
= {0x00,0x00,
  0x04,
  COMM_MIFARE1_ANTENNA_SET,
  0x00};
unsigned char  COMM_MIFARE1_ANTENNA_OPEN_[]
= {0x00,0x00,
  0x04,
  COMM_MIFARE1_ANTENNA_SET,
  0x01};
unsigned char  COMM_MIFARE1_TYPEA_[]
= {0x00,0x00,
  0x04,
  COMM_MIFARE1_TYPEA,
  0x41};
unsigned char  COMM_MIFARE1_PCD_REQUEST_[]
= {0x00,0x00,
  0x04,
  COMM_MIFARE1_PCD_REQUEST,
  0x52};
unsigned char  COMM_MIFARE1_PCD_ANTICOLL_[]
= {0x00,0x00,
  0x06,
  COMM_MIFARE1_PCD_ANTICOLL,
```

```
    0x04};
//RFID模块初始化函数
unsigned char Init_Device(void)
{
    unsigned char cCnt;
        //关闭天线
        UartSend(COMM_MIFARE1_ANTENNA_CLOSE_);
    for(cCnt=200;(cCnt > 0) && !g_bReceiveOK;cCnt--)
    {
        Delay100uS(2);
    }
        //判断命令是否正确执行
    if ((0 == cCnt))
    {
        return 0;
    }
    if((g_cComReceiveBuffer[4]))
    {
      return 1;
    }
        //设置RFID模块工作在ISO14443 TYPE A 模式
        UartSend(COMM_MIFARE1_TYPEA_);
    for(cCnt=200;(cCnt > 0)&&!g_bReceiveOK;cCnt--)
    {
        Delay100uS(2);
    }
    if((0 == cCnt))
    {
        return 0;
    }
    if((g_cComReceiveBuffer[4]))
    {
      return 1;
    }
        //打开天线
        UartSend(COMM_MIFARE1_ANTENNA_OPEN_);
    for(cCnt=200;(cCnt > 0)&&!g_bReceiveOK; cCnt--)
    {
        Delay100uS(2);
    }
    if ((0 == cCnt))
    {
        return 0;
    }
    if((g_cComReceiveBuffer[4]))
    {
      return 1;
```

```
    }

}
//RFID模块读卡函数
unsigned char UartTesting__1()
{


        unsigned char cCnt;

        //寻卡
    UartSend(COMM_MIFARE1_PCD_REQUEST_);
    for (cCnt=200; (cCnt > 0) && !g_bReceiveOK; cCnt--)
    {
        Delay100uS(2);
    }
    if ((0 == cCnt))
    {
        return 0;
    }
    if((g_cComReceiveBuffer[4]))
    {
      return 1;
    }
       //防冲突
    UartSend(COMM_MIFARE1_PCD_ANTICOLL_);
    for (cCnt=200; (cCnt > 0) && !g_bReceiveOK; cCnt--)
    {
        Delay100uS(2);
    }
    if (0 == cCnt)
    {
        return 0;
    }
    if((g_cComReceiveBuffer[4]))
    {
      return 3;
    }


    return 2;

}
void main()
{
    unsigned char i;
       initUART0();
```

```
    lcd_init();
    i=Init_Device();

  while(1)
  {

     i = UartTesting__1();
     if(0 == i)
     {
         lcd_WriteString((char*)"card ",(char*)"scan error");
     }
     else if(2 != i)
     {

          lcd_WriteString((char*)"card ",(char*)"error");
     }
          else
          {
            g_cComReceiveBuffer[9]='\0';

       lcd_WriteString((char*)"card number",&g_cComReceiveBuffer[5]);
          }
   Delay100uS(811);

  }
}
```

11.3.4 Z-Stack 实现读卡功能

（1）将 HAL 层中文件_hal_uart_isr.c 中串口的中断处理函数替换成例程中的串口 0 的中断处理函数，代码如下：

```
#if defined HAL_SB_BOOT_CODE
static void halUartRxIsr(void);
static void halUartRxIsr(void)
#else
#if(HAL_UART_ISR == 1)
HAL_ISR_FUNCTION(halUart0RxIsr,URX0_VECTOR)
#else
HAL_ISR_FUNCTION(halUart1RxIsr,URX1_VECTOR)
#endif
#endif
{
  char  i;

   if(1)
```

```
        {
            i   = U0DBUF;
            URX0IF = 0;
            if(!g_bReceiveOK)                                  //接收该包数据
            {

                if((0x02 == i)&&(0 == g_b0x10Received))//接收到帧头
                {
                    g_cPackageStarted = 1;
                    g_cReceiveCounter = 0;
                    g_cCheckSum = 0;
                }
                else if(( 0x03 == i)&&(0 ==
g_b0x10Received)&&(g_cPackageStarted))                 //接收到帧尾
                {               //check package
                    g_cPackageStarted = 0;
                    if(g_cReceiveCounter < sizeof(g_cComReceiveBuffer) - 2)
                    {
                        g_bReceiveOK = 1;
                        g_cPackageStarted = 0;
                        g_cReceiveCounter = 0;
                    }
                }
                else if(( 0x10 == i )&&(0 == g_b0x10Received))
                {
                    g_b0x10Received = 1;
                }
                else if(g_cPackageStarted)
                {
                    g_b0x10Received = 0;

                    if(g_cReceiveCounter < sizeof(g_cComReceiveBuffer) - 2)
                    {
                        if(g_cReceiveCounter != 0)
                        {
                            g_cCheckSum += g_cComReceiveBuffer
[g_cReceiveCounter-1];                                 //计算校验和
                        }
                        g_cComReceiveBuffer[g_cReceiveCounter++] = i;
                                                       //将收到数据存入缓冲区

                    }
                    else
                    {
                        g_cPackageStarted       = 0;   //标准串口接收包起始标志
                        g_cReceiveCounter       = 0;
                    }
                }
```

```
            else
            {
                g_b0x10Received = 0;    //没收到02头时,若收到10就永远不再接收
            }
        }
    }
    UTX0IF = 0;
}
```

（2）将例程中函数 void UartSend(unsigned char * cpBUFFER)；void Uart0_T_Byte (unsigned char i)；拷贝到文件_hal_uart_isr.c 中。

（3）将例程中函数 unsigned char Init_Device(void)；void Delay100uS(int n)；void delay_us (int n)；unsigned char UartTesting-1(void)；拷贝到文件 hal_uart.c 中，并将函数 unsigned char UartTesting-1(void)；声明成全局函数。

（4）文件 sapi.c 的初始化函数 void SAPI_Init()中加入如下代码 osal_start_timerEx (sapi_TaskID，RFID_EVENT，80)；

定期触发事件 RFID_EVENT，事件 RFID_EVENT 在文件 sapi.h 中定义：

```
#define RFID_EVENT                    0x0200
```

（5）文件 sapi.c 的应用层事件处理函数 UINT16 SAPI_ProcessEvent()中加入事件 RFID_EVENT 的处理代码，调用函数 UartTesting—1()读卡，并在最后再次定期触发事件 RFID_EVENT，代码如下：

```
if ( events & RFID_EVENT )
  {
    if(UartTesting__1()==2) lcd_WriteString((char*)"CARD",(char*)"OK");

    osal_start_timerEx( sapi_TaskID, RFID_EVENT, 80 );
    return (events ^ RFID_EVENT);
  }
```

（6）将串口速率改为19 200，将MT_UART.H文件中的宏定义：

```
#define MT_UART_DEFAULT_BAUDRATE        HAL_UART_BR_38400
```

改为：

```
#define MT_UART_DEFAULT_BAUDRATE        HAL_UART_BR_19200
```

参考文献

[1] 王殊，阎毓杰，胡富平，等.无线传感器网络的理论及其应用[M].北京：北京航空航天大学出版社，2007.

[2] 郑霖，曾志民，万济萍，等.基于 IEEE 802.15.4 标准的无线传感器网络[J].传感器技术，2005，24（7）：86-88.

[3] 王东，张金荣，等.利用 ZigBee 技术构建无线传感器网络[J].重庆大学学报，2006，29（8）：95-110.

[4] 孙静，陈佰红.ZigBee 协议栈及应用实现[J].通化师范学院学报，2007，28（4）：35-37.

[5] 高守纬，吴灿阳，等.ZigBee 技术实践教程——基于 CC2430/31 的无线传感器网络解决方案[M].北京：北京航空航天大学出版社，2011.

[6] 李晓维.无线传感器网络技术[M].北京：北京理工大学出版社，2007.

[7] 王小强，欧阳骏，等.无线传感器网络设计与实现[M].北京：化学工业出版社，2012.

图书资源支持

感谢您一直以来对清华版图书的支持和爱护。为了配合本书的使用，本书提供配套的资源，有需求的读者请扫描下方的“书圈”微信公众号二维码，在图书专区下载，也可以拨打电话或发送电子邮件咨询。

如果您在使用本书的过程中遇到了什么问题，或者有相关图书出版计划，也请您发邮件告诉我们，以便我们更好地为您服务。

我们的联系方式：

地　　址：北京海淀区双清路学研大厦 A 座 707

邮　　编：100084

电　　话：010－62770175－4604

资源下载：http://www.tup.com.cn

电子邮件：weijj@tup.tsinghua.edu.cn

QQ：883604（请写明您的单位和姓名）

资源下载、样书申请

书圈

用微信扫一扫右边的二维码，即可关注清华大学出版社公众号“书圈”。